Seefried · Müller

Frequenzgesteuerte Drehstrom-Asynchronantriebe

Frequenzgesteuerte Drehstrom-Asynchronantriebe

Betriebsverhalten und Entwurf

Prof. Dr. sc. techn. Eberhard Seefried
Prof. Dr.-Ing. habil. Germar Müller

Herausgeber:
Prof. Dr.-Ing. habil. Germar Müller

VEB VERLAG TECHNIK BERLIN

Seefried, Eberhard:
Frequenzgesteuerte Drehstrom-Asynchronantriebe : Betriebsverhalten u. Entwurf / Eberhard Seefried ; Germar Müller. Hrsg.: Germar Müller. - 1. Aufl. - Berlin : Verl. Technik, 1988. - 195 S. : 129 Bilder, 18 Taf.
ISBN 3-341-00304-5
NE: Müller, Germar:

ISBN 3-341-00304-5

1. Auflage

Lizenz 201 · 370/203/88
Printed in the German Democratic Republic
Schreibsatz: VEB Verlag Technik
Druck und buchbinderische Verarbeitung:
Druckerei „Thomas Müntzer", Bad Langensalza
Lektoren: Ing. Inge Epp, HS-Ing. Hans G. Schüler
Einband: Kurt Beckert
LSV 3515 · VT 3/5834-1
Bestellnummer: 553 725 8
02600

Vorwort

Die Elektrifizierung begann in den 80er Jahren des vorigen Jahrhunderts mit Hilfe von Gleichstrom, ausgehend von den galvanischen Elementen als Stromquellen. In den ersten Kraftwerken waren Gleichstromgeneratoren aufgestellt, und die Verbraucher benutzten Gleichstrommotoren. Mit dem Ausbau der Elektroenergieversorgung wurde zum Wechsel- bzw. Drehstrom übergegangen. Dabei kann der Energietransport durch Zwischenschalten von Transformatoren mit einer der jeweiligen Leistung angepaßt hohen Spannung und entsprechend niedrigem Strom erfolgen. Damit wurde es möglich, elektrische Energie über große Entfernungen zu transportieren. Es begann der Ausbau der Elektroenergieversorgungsnetze. Gleichzeitig stand in Form des sogenannten Asynchronmotors ein Energiewandler zur Verfügung, der zwar nur am Drehstrom- bzw. Wechselstromnetz betrieben werden kann, aber aufgrund seines einfachen Aufbaus äußerst robust, zuverlässig und billig ist. Er weist allerdings den Nachteil auf, daß seine Drehzahl praktisch durch die Frequenz des speisenden Netzes festgelegt ist. Trotzdem wurden in den 20er und 30er Jahren dominierend Antriebe mit Asynchronmotoren eingesetzt. Im Zusammenhang mit dem Wunsch, technologische Prozesse aller Art gesteuert bzw. geregelt zu betreiben, entstand das Bedürfnis nach einem Motor, dessen Drehzahl bequem stellbar ist. Diese Eigenschaft besitzt aber gerade der Gleichstrommotor, der durch den Übergang zur Elektroenergieversorgung mit Wechsel- bzw. Drehstrom verdrängt worden war. Seine Drehzahl läßt sich durch Ändern der Ankerspannung sehr einfach stellen. Aus diesem Grund kam es, beginnend in den 50er Jahren, zur großen Renaissance des Gleichstrommotors. Diese wurde unterstützt durch die Verfügbarkeit gesteuerter Gleichrichter auf der Basis von Halbleiterbauelementen. Heute ist die Entwicklung der Leistungs- und Mikroelektronik so weit gediehen, daß sich sogenannte Umrichter, die, ausgehend vom Netz der Elektroenergieversorgung, eine in Amplitude und Frequenz einstellbare Spannung betriebssicher verfügbar machen, vollelektronisch realisieren lassen. Sie ermöglichen es, drehzahlvariable Antriebe unter Verwendung der billigen und zuverlässigen Asynchronmotoren zu realisieren. Daneben lassen sich mit ihrer Hilfe auch drehzahlvariable Antriebe mit Synchronmotoren aufbauen.

Die vorliegende Monographie beschränkt sich auf die Behandlung von Antrieben mit frequenzgesteuerten Drehstrom-Asynchronmotoren. Sie setzt sich das Ziel, das Betriebsverhalten derartiger Antriebe aus systemtheoretischer Sicht darzustellen und daraus Aussagen über deren Projektierung abzuleiten. In diese Projektierung ist außer der Auswahl des Motors die Auslegung des Stromrichterstellglieds sowie die Realisierung der stromrichternahen Signalverarbeitung und der Regelung eingeschlossen. Dabei werden neben konventionellen analogen Lösungen auch digitale Ausführungen der Signalverarbeitung und der Regelung behandelt. Die Monographie wendet sich in erster Linie an die in der Praxis tätigen Ingenieure, die entweder mit der Projektierung von Antrieben mit frequenzgesteuerten Drehstrom-Asynchronmotoren befaßt sind oder derartige Antriebe betreiben. Darüber hinaus kann die Schrift Studierender elektrotechnischer Fachrichtungen zur Vertiefung der Kenntnisse auf dem Gebiet der automatisierten Elektroantriebe empfohlen werden. Die Monographie hat eine langjährige Forschungs- und Entwicklungsarbeit auf dem Gebiet der frequenzgesteuerten Asynchronmotoren an der Sektion Elektrotechnik der Technischen Universität Dresden und im VEB Kombinat Elektromaschinenbau zur Grundlage.

Die Verfasser bedanken sich an dieser Stelle bei allen Mitarbeitern beider Institutionen, die bei der Anfertigung des Manuskripts mitgewirkt haben, vor allem bei Frau Marina Geipel für die sorgfältige Ausführung der Schreibarbeiten. Ein besonderer Dank gilt Frau Inge Epp und Herrn Schüler als Lektoren des VEB Verlag Technik für die gute Zusammenarbeit und ihre Bereitschaft, auf Wünsche einzugehen.

Dresden Eberhard Seefried Germar Müller

Inhaltsverzeichnis

Formelzeichenverzeichnis

$\vec{A}$	Systemmatrix
a_ν	Fourierkoeffizient
$\vec{B}$	Steuermatrix
B	Flußdichte
b	Fourierkoeffizient
$\vec{C}$	Ausgangsmatrix
C	Kapazität
$\vec{D}$	Durchgangsmatrix
D	Durchmesser, Dämpfung
$\vec{F}$	Filtermatrix
f	Frequenz
f'	bezogenes Drehmoment
f_L	Lückfaktor
f_P	Pulsfrequenz
f_W	Welligkeitsfaktor
G	Übertragungsfunktion
g	allgemeine Variable
i, I	Stromstärke
i	laufende Zahl
Im	Imaginärteil
J	Massenträgheitsmoment
j	Einheit der imaginären Zahlen
k	Koppelfaktor
k'	laufende Zahl, k-tes Intervall
k_i	Faktor der Induktivitätsverringerung
k_r	Faktor der Widerstandsvergrößerung
L	Induktivität
L'	transiente Induktivität
$\mathcal{L}$	Laplace-Transformierte
l	Länge
M	Ordnungszahl des Zündmusters
m, M	Drehmoment, m-tes Intervall
m_W	Widerstandsmoment
n	Drehzahl
n_0	synchrone Drehzahl
p, P	Leistung
p	Laplaceoperator
$\mathcal{p}$	Polpaarzahl
q	Signal
$\vec{R}$	Rückführmatrix
R	Widerstand
Re	Realteil
s	Schlupf
T	Zeitkonstante, Periodendauer
T'	transiente Zeitkonstante
t	Zeit
t_H	Freihaltezeit
t_p	Taktfrequenz
u, U	Spannung
$\vec{u}$	Steuervektor
V	Verstärkungsfaktor
W	Energie
w	Welligkeit
w	Führungsgröße
X	Reaktanz
x	Eingangssignal
$\vec{x}$	Zustandsvektor
$\vec{y}$	Ausgangsvektor
y	Ausgangssignal
Z	Scheinwiderstand
z	Anzahl
z	Variable im Z-Bereich

α	Winkel, Zündwinkel, Tastverhältnis, Dämpfung, Komponenten in Ständerkoordinaten
β	Winkel, Stromverstärkung, bezogene Eigenfrequenz, Komponenten in Ständerkoordinaten
γ	Winkel, normierter Schwingstrom, Koordinate, Frequenzverhältnis
δ	Diracimpuls, Winkel
Δ	kleine Größe
ϵ	Abweichung, Fehler
ϑ	Winkel zwischen Ständer- und Läuferkoordinate, Übertemperatur
$\varkappa$	Leitfähigkeit
λ	Einschaltdauer
μ	Permeabilität
ν	Ordnungszahl der Harmonischen
ξ	Leitdauer
σ	Streufaktor
τ	Lebensdauer der Ladungsträger
φ	Winkel, Phasenwinkel
ψ, Ψ	Flußverkettung, Winkel
ω, Ω	Kreisfrequenz, Winkelgeschwindigkeit, Drehzahlregelkreis

Kleine Buchstaben bezeichnen Momentanwerte, große Buchstaben stationäre Größen.

Indizes

M	Motor
max	Maximalwert
mech	mechanisch
min	Minimalwert
N	Netz-, Netzkoordinatensystem
n	Nenn-
o	offener Kreis, Oberschwingungen
p	Puls, Pulsation
r	Läufer-
s	Ständer-
st	Steuer-
T	Thyristor
th	thermisch
u	spannungsgesteuert, der Spannung zugeordnet, der Ummagnetisierung zugeordnet
v	Verlust-; Ventil-
W	Wirbelstrom-
w	Welligkeit, der Wicklung zugeordnet, Stromwärme
x, y	Komponenten im allgemeinen Koordinatensystem
z	Zusatz-
zul	zulässig
μ	Magnetisierung, allgemeiner Wicklungsstrang
0	Anfangswert
1	Grundschwingung

0. Einführung

0.1. Vorbemerkungen

Der Drehstrom-Asynchronmotor mit Kurzschlußläufer ist extrem einfach aufgebaut. Er benötigt keine Stromübertragung zum Läufer und damit keine Gleitkontakte; seine Läuferwicklung besteht aus einem Kurzschlußkäfig, der nicht gegen das Läuferblechpaket isoliert ist. Dadurch stellt er einen Motor dar, der einerseits zuverlässig und wartungsarm ist und sich andererseits mit geringem Aufwand produzieren läßt. Unter Verwendung von Asynchronmotoren mit Kurzschlußläufer werden heute etwa 90% der insgesamt in elektrischen Antrieben umgesetzten Energie in mechanische Energie umgewandelt. Dieser Massenbedarf von Asynchronmotoren wiederum hat dazu geführt, daß für seine Produktion hochproduktive automatisierte Fertigungsstätten aufgebaut wurden. Diese Wechselwirkung zwischen einfachem Aufbau, hohem Bedarf und hochproduktiver Fertigung hat zur Folge, daß der Asynchronmotor mit Kurzschlußläufer heute gegenüber jeder anderen Motorart und insbesondere gegenüber dem Gleichstrommotor wesentlich billiger ist. Der entscheidende Nachteil des Asynchronmotors ist, daß seine Drehzahl praktisch durch die Umlaufgeschwindigkeit des Drehfelds gegeben ist und damit nur von der Frequenz der Speisespannung abhängt.

Deshalb wurden schon in den 20er und 30er Jahren Vorschläge für den frequenzgesteuerten Betrieb von Asynchronmotoren zur Realisierung drehzahlvariabler Antriebe veröffentlicht. Als Stellglieder fanden dabei, entsprechend dem damaligen Entwicklungsstand, i. allg. rotierende Umformer Verwendung. In den 30er Jahren wurden aber auch erste Versuche unternommen, Stromrichter zur Frequenzwandlung einzusetzen. Als Ventile standen damals Gasentladungsventile, vor allem in Form von Mehranoden-Quecksilberdampfventilen, zur Verfügung, deren große Freiwerdezeit erhebliche Probleme bei der Realisierung zwangsgelöschter Schaltungen aufwarf, so daß keine technisch ausgereiften Lösungen entstehen konnten.

Die Entwicklung der leistungselektronischen Bauelemente auf Halbleiterbasis in den letzten zwei Jahrzehnten hat neue Dimensionen für die Stromrichtertechnik eröffnet. Die günstigen Parameter dieser Ventile, insbesondere bezüglich der Freiwerdezeit sowie der Strom- und Spannungs-Anstiegsgeschwindigkeit, haben es möglich gemacht, zwangsgelöschte Schaltungen technisch sicher und ökonomisch tragfähig zu realisieren /1.1/ bis /1.5/.

Die dadurch mögliche Frequenzwandlung mit leistungselektronischen Mitteln gestattet es, drehzahlvariable Antriebe unter Verwendung von Asynchronmotoren oder auch Synchronmotoren in Parameterbereichen zu realisieren, die dem Gleichstromantrieb verschlossen sind. Eine Substitution von bisher eingesetzten Gleichstromantrieben wird möglich, wenn der Drehstromantrieb höhere Gebrauchswerte ausweist und diese vermarktbar sind, bzw. wenn der höhere Preis des Umrichters gegenüber dem gesteuerten Gleichrichter durch den niedrigeren Preis des Asynchronmotors gegenüber dem Gleichstrommotor kompensiert wird.

Gegenstand der vorliegenden Monographie ist die Analyse des Verhaltens der Asynchronmaschine sowie die des Verhaltens des geregelten Antriebs. Als Umrichter werden die technisch wichtigen Formen zwangsgelöschter Stromrichterstellglieder einschließlich solcher mit abschaltbaren Thyristoren (GTO) und Leistungstransistoren behandelt. Auf die Behandlung der direkten Umrichter als Stellglied für frequenzgesteuerte Drehstrom-Asynchronmotoren wird hier verzichtet.

Schwerpunkte der Ausführungen bilden:

- das Verhalten der Dreiphasen-Asynchronmaschine bei Speisung mit nichtsinusförmigen Strömen und Spannungen sowie deren Verlustleistungen
- der Einfluß der Speisung mit nichtsinusförmigen Strömen auf den stationären Betrieb der Dreiphasen-Asynchronmaschine sowie deren Verhalten als Regelstrecke und damit auch im nichtstationären Betrieb

– der Entwurf zwangsgelöschter Stromrichterstellglieder und der zugehörigen stromrichternahen Elektronik
– die Grundprinzipien der Regelung von Antrieben mit frequenzgesteuerten Asynchronmotoren.

0.2. Umrichterkonzepte

Die dominierenden Ausführungsformen von Umrichtern haben einen Zwischenkreis, in dem Gleichgrößen existieren. Man bezeichnet sie als Zwischenkreisumrichter. Der Umrichter besteht dann aus einem netzseitigen Stromrichter als Gleichrichter und einem maschinenseitigen Stromrichter als Wechselrichter. Der Wechselrichter benötigt stets steuerbare Ventile. Dafür werden heute im oberen Leistungsbereich bevorzugt bzw. notwendigerweise Thyristoren und im unteren Transistoren eingesetzt. Die Leistungsbereiche überschneiden sich, und darüber hinaus besteht die Tendenz, daß sich in einem mittleren Leistungsbereich abschaltbare Thyristoren (GTO) durchsetzen. Normale Thyristoren erfordern zum Abschalten bzw. Löschen schaltungstechnische Maßnahmen, die im Abschnitt 4 näher behandelt werden. Transistoren und GTO stellen abschaltbare Ventile dar.

Es existieren zwei grundsätzliche Umrichterausführungen; solche mit Gleichstrom-Zwischenkreis und solche mit Gleichspannungs-Zwischenkreis (Bild 0.1).

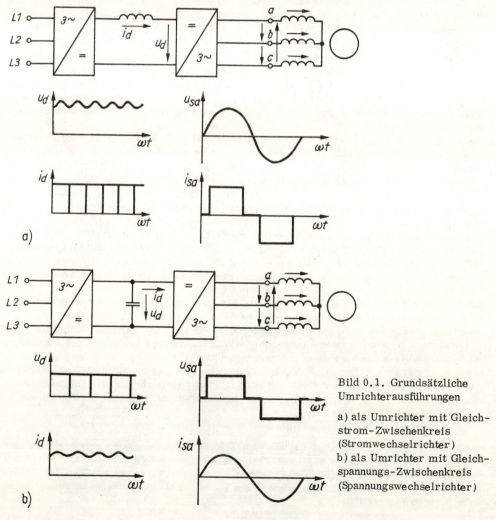

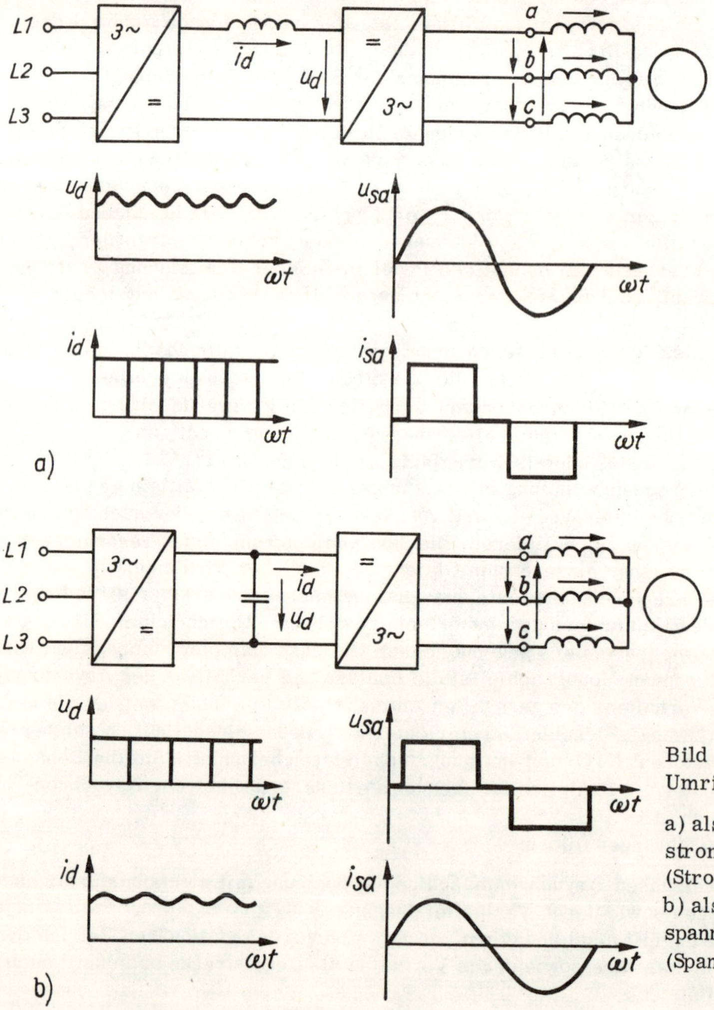

Bild 0.1. Grundsätzliche Umrichterausführungen

a) als Umrichter mit Gleichstrom-Zwischenkreis (Stromwechselrichter)
b) als Umrichter mit Gleichspannungs-Zwischenkreis (Spannungswechselrichter)

Bei Umrichtern mit einer großen Induktivität im Zwischenkreis werden die Wechselrichterventile durch die Spannungen auf der Maschinenseite gelöscht. Infolge des Löschvorgangs entstehen aufgrund der Induktivitäten der Maschinen Überspannungen an den Ventilen und Löschkondensatoren. Eine derartige Anordnung wirkt für die Asynchronmaschine wie eine Stromquelle (Stromwechselrichter - Bild 0.1a). Bei Umrichtern ohne Induktivität im Zwischenkreis werden die Wechselrichterventile durch die Zwischenkreisspannung gelöscht. Als Energiespeicher muß im Zwischenkreis eine Kapazität vorhanden sein. Für die Asynchronmaschine wirkt ein solcher Umrichter wie eine Spannungsquelle (Spannungswechselrichter - Bild 0.1b). Aus diesen Überlegungen erkennt man, daß Stromwechselrichter eine lastabhängige Ausgangsspannung liefern, während Spannungswechselrichter ein lastunabhängiges Spannungssystem erzeugen.

0.3. Bildung der Ausgangsspannung beim Spannungswechselrichter

Der maschinenseitige Stromrichter zur Speisung von Dreiphasen-Asynchronmotoren wird praktisch ausschließlich in Drehstrombrückenschaltung ausgeführt. Für den Spannungswechselrichter ist die Prinzipschaltung im Bild 0.2 dargestellt.

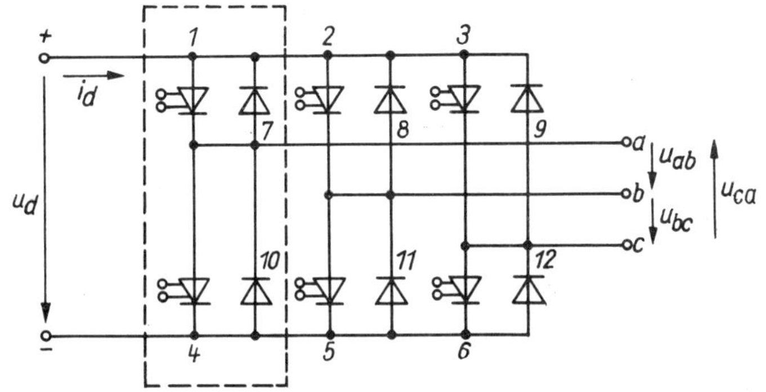

Bild 0.2. Prinzipschaltung des Spannungswechselrichters in Drehstrombrückenschaltung unter Verwendung beliebig ein- und ausschaltbarer Ventile 1 ... 6

Dabei besteht jeder Ventilzweig aus der Antiparallelschaltung eines beliebigen ein- und ausschaltbaren Ventils und einer Rückstrom- (Blindstrom-)Diode. Bei symmetrischem Betrieb und zyklischer, periodischer Betätigung der Ventile ergeben sich 6 Takte innerhalb einer Periode der Ausgangsspannung.

Es existieren zwei grundsätzliche Betriebsarten des maschinenseitigen Stromrichters, der getaktete Betrieb und der gepulste Betrieb oder auch Pulsbetrieb. Beim getakteten Betrieb bleibt das jeweilige Ventil während des gesamten Taktes eingeschaltet, und zwar mit einer Einschaltdauer λ von $\lambda = 2\pi/3$, d. h. einem Drittel der Periodendauer, oder von $\lambda = \pi$, d. h. einer halben Periodendauer. Bei gepulstem Betrieb werden die Ventile zusätzlich innerhalb eines Taktes periodisch ein- und ausgeschaltet. Dadurch erhält man die Möglichkeit, die Amplitude der gewünschten ersten Harmonischen der Ausgangsspannung zu steuern. Unter Vernachlässigung der Spannungsabfälle über den Ventilen lassen sich die Zeitverläufe der Ausgangsspannungen für die verschiedenen Betriebsarten berechnen bzw. konstruieren /1.6/. Die beiden grundsätzlichen Betriebsarten werden in den folgenden Abschnitten näher behandelt.

0.3.1. Getakteter Betrieb

Im getakteten Betrieb ist der Steuerungsaufwand am geringsten. Bild 0.3 zeigt die möglichen Betriebszustände und die sich dabei ergebenden Spannungen. Entsprechend den Bezeichnungen im Bild 0.2 sind im Bild 0.3a die Leitphasen der Hauptventile T1 bis T6 und der Blindstromdioden D7 bis D12 für eine Einschaltdauer $\lambda = 2\pi/3$ bei lückendem und nichtlückendem Strom sowie für eine Einschaltdauer $\lambda = \pi$ dargestellt.

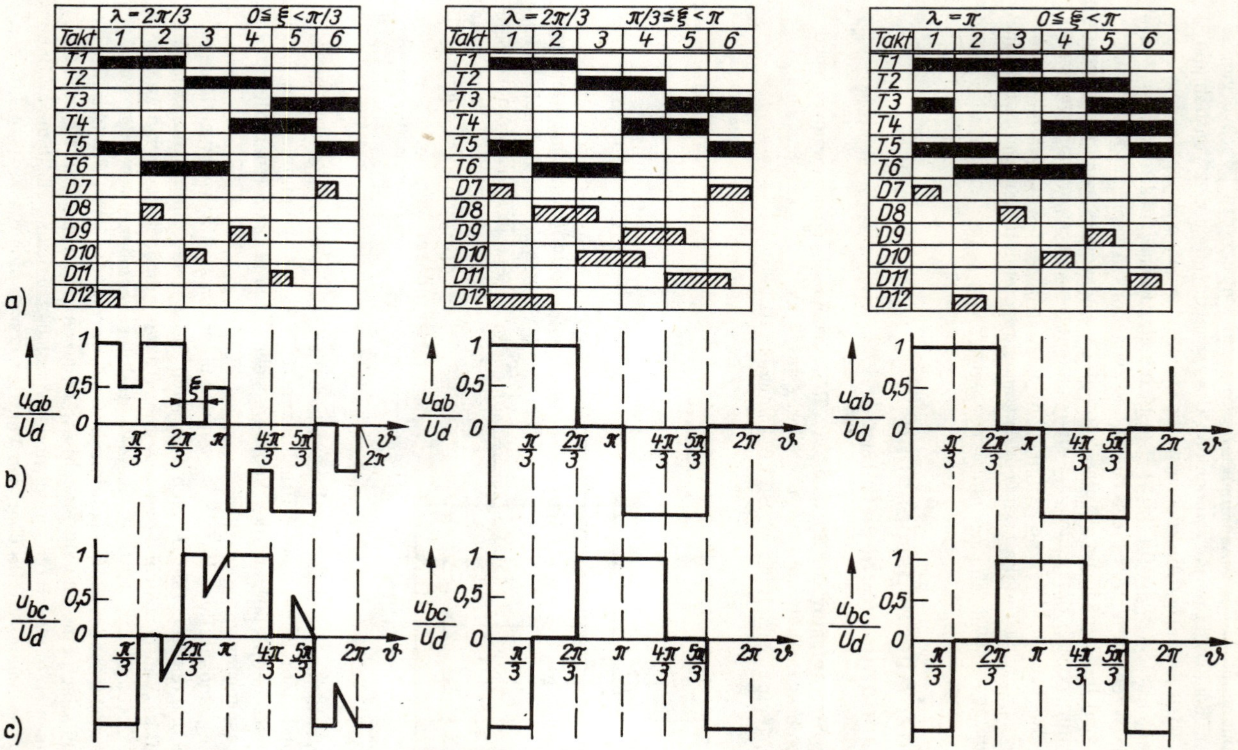

Bild 0.3. Bildung der Ausgangsspannung beim getakteten Spannungswechselrichter für $\lambda = 2\pi/3$ und $\lambda = \pi$ mit lückendem und nichtlückendem Strom $\left(\xi < \pi/3 \text{ bzw. } \xi \geqq \pi/3\right)$

a) Leitschema der Ventile; b) Ausgangsspannung bei passiver Last; c) Ausgangsspannung bei aktiver Last (Die Bezeichnungen der Ventile und Klemmen beziehen sich auf Bild 0.2)

Die Hauptventile bleiben durch entsprechende Steuersignale während der gesamten Einschaltdauer leitend. Dagegen befinden sich die Blindstromdioden nur so lange im leitenden Zustand, wie tatsächlich Strom fließt. Im Bild 0.3b ist als Beispiel die Ausgangsklemmenspannung u_{ab} des Umrichters für passive Last und im Bild 0.3c die Ausgangsklemmenspannung u_{bc} für aktive Last (Motorlast), jeweils bezogen auf die Zwischenkreisspannung, dargestellt.

Zunächst wird der Betrieb mit einer Einschaltdauer $\lambda = 2\pi/3$ betrachtet. Jeder Takt hat die Länge $\omega t = \pi/3$. Bei nichtlückendem Strom (Leitdauer der Blindstromdioden $\xi \geq \pi/3$) ist die Bildung der Ausgangsspannung verhältnismäßig übersichtlich. Wie man im Bild 0.3 erkennt, ist die Kurvenform der Klemmenspannung lastunabhängig. Bei lückendem Strom beeinflußt die Last die Klemmenspannung infolge der verkürzten Leitdauer der Blindstromdioden ($\xi < \pi/3$). Der Einfluß einer aktiven Last auf die Spannungskurvenform ist dann feststellbar, wenn die Phasenverschiebung der Grundschwingungen von Spannung und Strom kleiner als $\pi/3$ ist /1.7/. Aufgrund dieser veränderlichen Spannungskurvenform können bei Speisung eines Asynchronmotors durch einen Spannungswechselrichter mit $\lambda = 2\pi/3$ selbsterregte Schwingungen im System Wechselrichter - Motor auftreten, so daß diese Betriebsart bei Motorspeisung vermieden werden sollte. Aus diesem Grund werden auch bei Pulsbetrieb nur die Spannungskurvenformen für $\lambda = \pi$ betrachtet. Aus dem Leitschema für diese Einschaltdauer im Bild 0.3a erkennt man, daß selbst für den hier dargestellten Fall des lückenden Stroms (Leitdauer der Blindstromdioden $\xi < \pi/3$) zu jedem Zeitpunkt mindestens drei Ventile leitend sind und damit das Potential der Motorklemmen a,b und c festgelegt ist.

0.3.2. Pulsbetrieb

Im Pulsbetrieb werden die steuerbaren Ventile 1 bis 6 innerhalb eines Taktes mehrfach gezündet und gelöscht. Im Bild 0.4 ist als Beispiel eine sechsfache Pulsung dargestellt, d. h., es ergeben sich innerhalb eines Taktes sechs Ausgangsspannungsimpulse. Die Bezeichnungen im Bild 0.4 beziehen sich wieder auf Bild 0.2. Im folgenden werden zwei wesentliche Methoden der Pulsung betrachtet.

Bei der sog. Wechsellöschung (Bild 0.4a) werden die Ventile der oberen und unteren Brückenhälfte um jeweils einen Puls versetzt gezündet und gelöscht. Setzt man nichtlückenden Strom voraus, übernehmen nach dem Löschen des Hauptventils die jeweiligen Blindstromdioden den Strom. Damit ist die Spannung zwischen den Ausgangsklemmen des Wechselrichters entweder gleich dem positiven bzw. negativen Wert der Zwischenkreisspannung oder Null. Bei der sog. Vollöschung (Bild 0.4b) werden die Ventile der oberen und unteren Brückenhälfte gleichzeitig gezündet und gelöscht. Damit kann die Spannung zwischen den Ausgangsklemmen des Wechselrichters aber nur entweder den positiven oder den negativen Wert der Zwischenkreisspannung annehmen. Die im Bild 0.4 angeführten Spannungskurven gelten für eine konstante Pulsfrequenz innerhalb einer Ausgangsspannungsperiode (symmetrische Pulsbreitenmodulation).

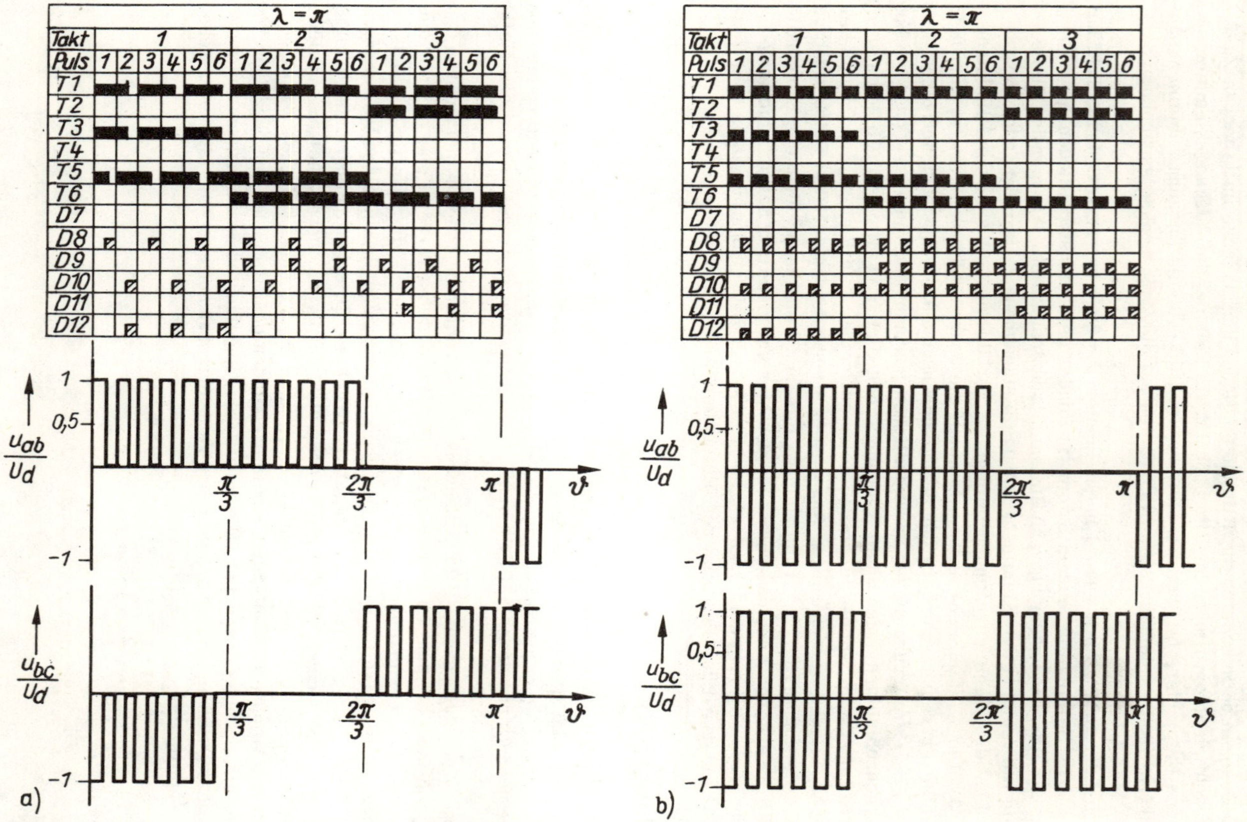

Bild 0.4. Leitschema der Ventile und Ausgangsspannungen beim gepulsten Spannungswechselrichter

a) Wechsellöschung; b) Vollöschung
(Die Bezeichnungen der Ventile und Klemmen beziehen sich auf Bild 0.2)

1. Allgemeine Beschreibung des Betriebsverhaltens der Dreiphasen-Asynchronmaschine

1.1. Grundlagen der analytischen Behandlung

Gegenüber dem stationären Betrieb der Asynchronmaschine am symmetrischen Netz sinusförmiger Spannungen sind unter dem Aspekt der Betrachtung umrichtergespeister geregelter Antriebe mit Asynchronmaschinen folgende Erscheinungen zu berücksichtigen:

- beliebiges Zeitverhalten aller Variablen einschließlich der Drehzahl,
- Aufprägen nichtsinusförmiger Spannungen bzw. Ströme durch den Umrichter auch im stationären Betrieb.

Das erfordert die Verwendung eines allgemeinen Gleichungssystems der Asynchronmaschine, das keinerlei Einschränkungen hinsichtlich des Zeitverhaltens aller Variablen macht. Man erhält eine handhabbare und hinreichend treffsichere Form dieses Gleichungssystems, wenn folgendes Modell der Asynchronmaschine zugrunde gelegt wird:

- Der magnetische Kreis ist magnetisch linear (μ = konst. bzw. $\mu_{Fe} = \infty$) und frei von Wirbelströmen ($\varkappa_{Fe} = 0$).
- Die Wicklungen bestehen aus quasilinienhaften Leitern, so daß keine Stromverdrängungserscheinungen auftreten, und haben konstante Widerstände.
- Zwischen Wicklungssträngen auf dem Ständer und solchen auf dem Läufer herrscht das Prinzip der Grundwellenverkettung, d. h., sie sind nur über die räumliche Grundwelle des Luftspaltfeldes miteinander gekoppelt.
- Die Flußverkettungsanteile der Wicklungsstränge, die nicht von der räumlichen Grundwelle des Luftspaltfeldes, sondern von den Streufeldern herrühren, sind unabhängig von der Läuferbewegung.
- Der Läufer ist als Schleifringläufer oder als stromverdrängungsfreier Einfachkäfigläufer ausgeführt.
- Weder die Ständer- noch eine über Schleifringe zugängliche Läuferwicklung sind im Sternpunkt mit einem Neutralleiter verbunden. Damit gilt für die Ströme der Stränge a, b und c der in Sternschaltung gedachten Wicklungen auf beiden Hauptelementen

$$i_a + i_b + i_c = 0. \qquad (1.1)$$

Die zu betrachtenden Asynchronmaschinen tragen im Ständer eine symmetrische dreisträngige Wicklung. Eine derartige Wicklung besteht aus drei gleichartigen Wicklungssträngen, deren Achsen gegeneinander um 2/3 der Polteilung bzw. bei der zweipoligen Ausführung um räumlich $2\pi/3$ versetzt sind. Der Läufer in der Ausführung als Schleifringläufer trägt ebenfalls eine symmetrische dreisträngige Wicklung. Sie ist über Schleifringe von außen zugänglich, die für die hier zu betrachtenden Anwendungen betriebsmäßig kurzgeschlossen sind. Die dominierende Ausführung des Läufers ist der Käfigläufer in seinen verschiedenen Ausführungsformen. Ein Einfachkäfigläufer läßt sich unter Voraussetzung des Prinzips der Grundwellenverkettung durch eine äquivalente symmetrische, dreisträngige Wicklung ersetzen, deren Parameter wie Windungszahl, Widerstand und Streuinduktivität aus den Käfigparametern ermittelbar sind.[1)] Damit ist im weiteren eine Anordnung zu untersuchen, deren schematische zweipolige Darstellung Bild 1.1 zeigt. Im folgenden wird davon ausgehend versucht, das allgemeine Gleichungssystem der Asynchronmaschine aus der Anschauung abzuleiten, indem prinzipielle Überlegungen über die Induktivitäten, die zwischen den

---

1) Eine geschlossene Ableitung der Parameter zwei- und dreisträngiger Ersatzwicklungen von Einfach- und Doppelkäfigläufern befindet sich in /2.2/ Abschnitt 7.

Flußverkettungen und Strömen der Wicklungsstränge vermitteln, angestellt und diese Induktivitäten dann als Proportionalitätsfaktoren eingeführt werden.[1)]

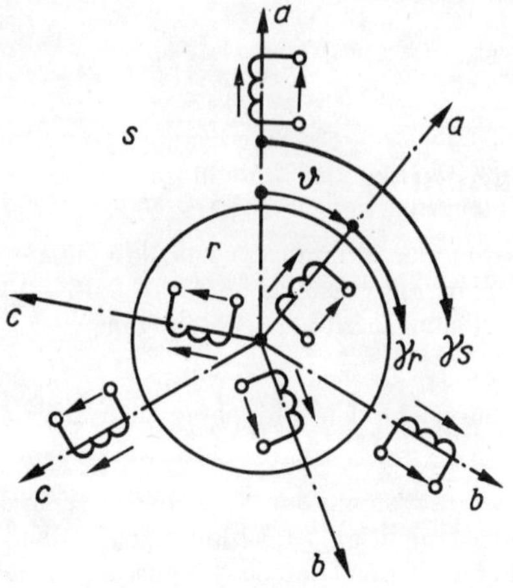

Bild 1.1. Schematische zweipolige Darstellung einer Dreiphasen-Asynchronmaschine mit kurzgeschlossenem dreisträngigem Schleifringläufer

1.2. Allgemeines Gleichungssystem

Die Spannungsgleichungen in allgemeiner Form lassen sich unmittelbar angeben. Man erhält für die Ständerstränge

$$u_{s\mu} = R_s i_{s\mu} + \frac{d\psi_{s\mu}}{dt} \tag{1.2}$$

und für die kurzgeschlossenen Läuferstränge

$$0 = u_{r\mu} = R_r i_{r\mu} + \frac{d\psi_{r\mu}}{dt}; \tag{1.3}$$

$u_{s\mu}$, $u_{r\mu}$ Spannungen der Stränge μ,

$i_{s\mu}$, $i_{r\mu}$ Ströme der Stränge μ,

$\psi_{s\mu}$, $\psi_{r\mu}$ Flußverkettungen der Stränge μ,

$\mu =$ a, b oder c.

Die Flußverkettung jedes Wicklungsstrangs ist, wie eine Betrachtung von Bild 1.1 erkennen läßt, eine lineare Funktion der Ströme in allen Wicklungssträngen sowie eine Funktion der Lage des Läufers relativ zum Ständer, d.h. der Verschiebung bzw. des Winkels ϑ zwischen dem Ursprung des Ständerkoordinatensystems γ_s und dem des Läuferkoordinatensystems γ_r[2)], entsprechend

$$\gamma_s = \gamma_r + \vartheta.$$

---

1) Eine geschlossene Ableitung, die vom Feldaufbau ausgeht und die Induktivitäten in ihrer Abhängigkeit von der Geometrie und von der Lage zueinander liefert, befindet sich in /2.2/.

2) Ausgehend von der realen Maschine mit p Polpaaren lassen sich die Koordinaten γ als bezogene Koordinaten x deuten, die in Umfangsrichtung im Luftspalt zwischen Ständer und Läufer verlaufen bzw. als p-fachen Wert der zugehörigen Winkel in der realen Anordnung (s. /2.2/ Abschnitt 4.2).

Die Winkelgeschwindigkeit $d\vartheta/dt$ des Läufers relativ zum Ständer in der schematischen zweipoligen Anordnung ist mit der tatsächlichen mechanischen Winkelgeschwindigkeit $\omega_{mech} = 2\pi n$ über die Polpaarzahl p verknüpft entsprechend

$$\frac{d\vartheta}{dt} = p\omega_{mech} = 2\pi p n. \tag{1.5}$$

Die Annahme des Prinzips der Grundwellenverkettung, nach dem ein betrachteter Wicklungsstrang auf einem der beiden Hauptelemente (Ständer bzw. Läufer der Maschine) nur mit der Grundwelle des Luftspaltfeldes verkettet ist, das ein stromführender Wicklungsstrang des anderen Hauptelements aufbaut, bewirkt, daß sich die Flußverkettung des betrachteten Strangs bei konstant gedachtem Strom im stromführenden Wicklungsstrang sinusförmig mit ϑ ändert. Ihr Maximalwert wird erreicht, wenn die Achsen der beiden Wicklungsstränge zusammenfallen. Dieser Maximalwert wird als $(2/3)L_m$ eingeführt, wobei L_m dann über $X_m = \omega_s L_m$ der Reaktanz entspricht, die in der komplexen Darstellung der Spannungsgleichungen der Stränge a von Ständer und Läufer für den stationären Betrieb erscheint.

Die Gegeninduktivitäten zwischen jeweils zwei Ständersträngen und ebenso die zwischen jeweils zwei Läufersträngen sind aufgrund der Symmetrie des Aufbaus, d. h. der gleichmäßigen Verteilung der drei gleichartigen Stränge entlang dem Umfang, gleich. Der Anteil der Flußverkettung eines betrachteten Strangs auf einem Hauptelement (z. B. Strang a), der von den Strömen in den anderen beiden Strängen dieses Hauptelements herrührt (im Beispiel Strang b und c) ist damit der Summe der Ströme dieser beiden Stränge proportional (im Beispiel also $i_b + i_c$). Da aber (1.1) sowohl im Ständer als auch im Läufer gilt, läßt sich diese Summe durch den Strom des betrachteten Strangs ausdrücken (im Beispiel als $i_b + i_c = -i_a$). Damit ist der Anteil der Flußverkettung eines betrachteten Strangs, der von den Strömen aller Stränge des gleichen Hauptelements herrührt, dem Strom im betrachteten Strang proportional (im Beispiel dem Strom i_a). Aufgrund der Symmetrie des Aufbaus sind die zugehörigen Proportionalitätsfaktoren, die Induktivitäten darstellen, für alle Stränge eines Hauptelements gleich. Sie werden als Ständerinduktivität L_s und als Läuferinduktivität L_r eingeführt. Auch diese Induktivitäten sind über $X_s = \omega_s L_s$ und $X_r = \omega_s L_r$ den Reaktanzen zugeordnet, die in den Spannungsgleichungen des stationären Betriebs auftreten.

Unter Beachtung der eben angestellten Überlegungen erhält man für die zu untersuchende Anordnung nach Bild 1.1 aus der Anschauung heraus die Flußverkettungsgleichungen. Dabei ergeben sich die Flußverkettungsgleichungen des Läufers aus denen des Ständers, indem die Reziprozität der Gegeninduktivitäten beachtet wird. Man erhält:

$$\left.\begin{aligned}
\psi_{sa} &= L_s i_{sa} + L_m \frac{2}{3}\left[i_{ra}\cos\vartheta + i_{rb}\cos\left(\vartheta + \frac{2\pi}{3}\right) + i_{rc}\cos\left(\vartheta - \frac{2\pi}{3}\right)\right]\\
\psi_{sb} &= L_s i_{sb} + L_m \frac{2}{3}\left[i_{ra}\cos\left(\vartheta - \frac{2\pi}{3}\right) + i_{rb}\cos\vartheta + i_{rc}\cos\left(\vartheta + \frac{2\pi}{3}\right)\right]\\
\psi_{sc} &= L_s i_{sc} + L_m \frac{2}{3}\left[i_{ra}\cos\left(\vartheta + \frac{2\pi}{3}\right) + i_{rb}\cos\left(\vartheta - \frac{2\pi}{3}\right) + i_{rc}\cos\vartheta\right]
\end{aligned}\right\} \tag{1.6}$$

$$\left.\begin{aligned}
\psi_{ra} &= L_r i_{ra} + L_m \frac{2}{3}\left[i_{sa}\cos\vartheta + i_{sb}\cos\left(\vartheta - \frac{2\pi}{3}\right) + i_{sc}\cos\left(\vartheta + \frac{2\pi}{3}\right)\right]\\
\psi_{rb} &= L_r i_{rb} + L_m \frac{2}{3}\left[i_{sa}\cos\left(\vartheta + \frac{2\pi}{3}\right) + i_{sb}\cos\vartheta + i_{sc}\cos\left(\vartheta - \frac{2\pi}{3}\right)\right]\\
\psi_{rc} &= L_r i_{rc} + L_m \frac{2}{3}\left[i_{sa}\cos\left(\vartheta - \frac{2\pi}{3}\right) + i_{sb}\cos\left(\vartheta + \frac{2\pi}{3}\right) + i_{sc}\cos\vartheta\right]
\end{aligned}\right\} \tag{1.7}$$

Die Gln. (1.2), (1.3) und (1.6), (1.7) beschreiben die elektromagnetischen Vorgänge in der betrachteten Dreiphasen-Asynchronmaschine allgemein, d. h. bei beliebigem Zeitverhalten der Variablen. In diesen Gleichungen tritt als nichtelektrische Variable der Winkel ϑ zwischen den Achsen der Stränge a von Ständer und Läufer auf, der im allgemeinen Fall ebenfalls eine beliebige Funktion der Zeit ist. Die Lösung des Gleichungssystems erfordert deshalb, die Bewegungsgleichung hinzuzunehmen. Sie lautet bekanntermaßen

$$m - m_w = J\frac{1}{p}\frac{d^2\vartheta}{dt^2}; \tag{1.8}$$

m	von der Asynchronmaschine entwickeltes Drehmoment
m_w	Widerstandmoment des Antriebs
J	Massenträgheitsmoment des Antriebs, auf die Welle der Asynchronmaschine bezogen
$\frac{1}{p}\frac{d^2\vartheta}{dt^2}$	mechanische Winkelbeschleunigung.

Das von der Asynchronmaschine entwickelte Drehmoment entsteht durch die Wechselwirkung der Ströme und Felder in Ständer und Läufer. Man gewinnt seine Abhängigkeit von den elektrischen Variablen über eine allgemeine Energiebilanz unter Beachtung der Änderung der in der Maschine gespeicherten magnetischen Energie. Die Beziehung, die hier übernommen werden muß, lautet[1])

$$m = \frac{p}{2}\sum_{\nu=1}^{n} i_\nu \frac{\partial\psi_\nu(i_\nu, \vartheta)}{\partial\vartheta}. \tag{1.9}$$

Dabei ist die Summe über alle elektrischen Kreise der Maschine zu erstrecken, d. h. sowohl über die Ständerstränge als auch über die Läuferstränge. Die Plausibilität dieser Beziehung folgt aus der Überlegung, daß

$$\frac{\partial\psi}{\partial\vartheta}\;\frac{d\vartheta}{dt}$$

offenbar die in den einzelnen Wicklungssträngen durch Rotation induzierte Spannung ist und

$$m\frac{1}{p}\frac{d\vartheta}{dt}$$

die mechanisch umgesetzte Leistung. Gleichung (1.9) bringt damit zum Ausdruck, daß für den Leistungsumsatz in der Maschine die Bewegungsspannungen verantwortlich sind.

1.3. Einführung komplexer Augenblickswerte

In den Flußverkettungsgleichungen (1.6) und (1.7) treten Kombinationen der Strangströme von Ständer und Läufer in Erscheinung, die eine einfache Darstellung des Gleichungssystems der Maschine erwarten lassen, wenn man für die Ströme, Spannungen und Flußverkettungen der beiden Wicklungssysteme die komplexen Augenblickswerte

$$\vec{g}_s^{\,s} = \frac{2}{3}\left[g_{sa} + \vec{a}\,g_{sb} + \vec{a}^{\,2}\,g_{sc}\right] \tag{1.10}$$

$$\vec{g}_r^{\,r} = \frac{2}{3}\left[g_{ra} + \vec{a}\,g_{rb} + \vec{a}^{\,2}\,g_{rc}\right] \tag{1.11}$$

einführt, mit

$$\vec{a} = e^{j\,2\pi/3} = -\frac{1}{2} + j\frac{1}{2}\sqrt{3} \quad\text{und}\quad \vec{a}^{\,2} = e^{-j\,2\pi/3} = -\frac{1}{2} - j\frac{1}{2}\sqrt{3}. \tag{1.12}$$

Die komplexen Augenblickswerte werden in der Literatur auch als Vektoren oder Raumzeiger bezeichnet. Dabei besteht eine sinnvolle räumliche Interpretation nur für die Strangströme über die von ihnen hervorgerufenen Durchflutungsgrundwellen, indem $\vec{i}_s^{\,s}$ und $\vec{i}_r^{\,r}$ die

---

1) s. z. B. /2.2/.

Lage der Durchflutungsamplituden in einer in den Maschinenquerschnitt gelegten komplexen Ebene angeben. Die zu (1.10) und (1.11) umgekehrten Beziehungen, die es gestatten, die Stranggrößen aus den komplexen Augenblickswerten zu bestimmen, erhält man unter Beachtung der Gln. (1.12) für den betrachteten Sonderfall mit $g_a + g_b + g_c = 0$ zu

$$g_a = \mathrm{Re}\left\{\vec{g}\right\}, \quad g_b = \mathrm{Re}\left\{\vec{a}^2 \vec{g}\right\}, \quad g_c = \mathrm{Re}\left\{\vec{a}\,\vec{g}\right\}. \tag{1.13}$$

Zu den Spannungsgleichungen für die komplexen Augenblickswerte kommt man, indem man die komplexen Spannungen $\vec{u}_s^s$ und $\vec{u}_r^r$ entsprechend (1.10) und (1.11) bildet, für die Strangspannungen die Spannungsgleichungen nach (1.2) bzw. (1.3) einsetzt und in den so gewonnenen Beziehungen mit Hilfe wiederum der Gln. (1.10) und (1.11) die Ströme zu $\vec{i}_s^s$ und $\vec{i}_r^r$ sowie die Flußverkettungen zu $\vec{\psi}_s^s$ und $\vec{\psi}_r^r$ zusammenfaßt. Auf diese Weise erhält man

$$\vec{u}_s^s = R_s \vec{i}_s^s + \frac{d\vec{\psi}_s^s}{dt}, \tag{1.14}$$

$$0 = \vec{u}_r^r = R_r \vec{i}_r^r + \frac{d\vec{\psi}_r^r}{dt}. \tag{1.15}$$

Die Flußverkettungsgleichungen für die komplexen Augenblickswerte werden analog abgeleitet. Dabei empfiehlt es sich, die Kombinationen der Strangströme in (1.6) und (1.7) bereits vor der Einführung in die entsprechend (1.10) und (1.11) zu bildenden komplexen Flußverkettungen $\vec{\psi}_s^s$ und $\vec{\psi}_r^r$ unter Verwendung der Beziehung $\cos\alpha = \frac{1}{2}(e^{j\alpha} + e^{-j\alpha})$ durch die komplexen Augenblickswerte der Ströme $\vec{i}_s^s$ und $\vec{i}_r^r$ ausdrücken. Auf diese Weise erhält man schließlich:

$$\vec{\psi}_s^s = L_s \vec{i}_s^s + L_m \vec{i}_r^r e^{j\vartheta} \tag{1.16}$$

$$\vec{\psi}_r^r = L_m \vec{i}_s^s e^{-j\vartheta} + L_r \vec{i}_r^r. \tag{1.17}$$

Zur Vorbereitung einer Darstellung, bei der allein die Flußverkettungen als Systemgrößen Verwendung finden, kann man in (1.16) bzw. (1.17) die gegeninduktiven Anteile mit Hilfe der jeweils anderen der beiden Gleichungen durch die Flußverkettung des anderen Hauptelements ausdrücken. Man erhält:

$$\vec{\psi}_s^s = L'_s \vec{i}_s^s + k_r \vec{\psi}_r^r e^{j\vartheta} \tag{1.18}$$

$$\vec{\psi}_r^r = L'_r \vec{i}_r^r + k_s \vec{\psi}_s^s e^{-j\vartheta}. \tag{1.19}$$

Dabei wurden eingeführt:

$L'_s = \sigma L_s$	transiente Ständerinduktivität	(1.20)
$L'_r = \sigma L_r$	transiente Läuferinduktivität	(1.21)
$k_s = \dfrac{L_m}{L_s}$	Koppelfaktor des Ständers	(1.22)
$k_r = \dfrac{L_m}{L_r}$	Koppelfaktor des Läufers	(1.23)
$\sigma = 1 - \dfrac{L_m^2}{L_s L_r} = 1 - k_s k_r$	Streufaktor der Gesamtstreuung.	(1.24)

Unter Verwendung der komplexen Augenblickswerte lassen sich, ausgehend von (1.9), als allgemeine Beziehung für das von der Maschine entwickelte Drehmoment einfache Ausdrücke gewinnen, deren Entstehung im folgenden angedeutet wird. Um die Flußverkettungsgleichungen (1.6) und (1.7) beim Einführen in (1.9) bequem handhaben zu können, empfiehlt es sich, die Kombinationen der Strangströme, die als Faktor vor L_m stehen, durch die komplexen Augenblickswerte der Ströme $\vec{i}_s^s$ und $\vec{i}_r^r$ auszudrücken. Für die Flußverkettung des Ständerstrangs a erhält man z. B. $\psi_{sa} = L_s i_{sa} + L_m \operatorname{Re}\{\vec{i}_r^r e^{j\vartheta}\}$. Für die Flußverkettungen der anderen Stränge von Ständer und Läufer ergeben sich ähnliche Ausdrücke. Wenn diese in (1.9) eingeführt werden, lassen sich folgende Beziehungen für das Drehmoment der Maschine gewinnen:

$$m = -\frac{3}{2} p L_m \operatorname{Im}\{\vec{i}_r^r \vec{i}_s^{s*} e^{j\vartheta}\} = \frac{3}{2} p L_m \operatorname{Im}\{\vec{i}_s^s \vec{i}_r^{r*} e^{-j\vartheta}\}$$

$$= -\frac{3}{2} p \operatorname{Im}\{\vec{\psi}_s^s \vec{i}_s^{s*}\} = \frac{3}{2} p \operatorname{Im}\{\vec{\psi}_r^r \vec{i}_r^{r*}\}, \tag{1.25}$$

bzw. mit (1.18) und (1.19)

$$m = -\frac{3}{2} p k_r \operatorname{Im}\{\vec{\psi}_r^r \vec{i}_s^{s*} e^{j\vartheta}\} = \frac{3}{2} p k_s \operatorname{Im}\{\vec{\psi}_s^s \vec{i}_r^{r*} e^{-j\vartheta}\}. \tag{1.26}$$

1.4. Allgemeine Beschreibung des Betriebsverhaltens in einem gemeinsamen Koordinatensystem

In den Beziehungen des Abschnitts 1.3, die das Betriebsverhalten der Asynchronmaschine allgemein beschreiben, tritt der Winkel ϑ zwischen den Achsen der Stränge a von Ständer und Läufer bzw. zwischen dem Ständerkoordinatensystem γ_s und dem Läuferkoordinatensystem γ_r [s. Bild 1.1 und Gl. (1.4)] in Form der Ausdrücke $\vec{g}_r^r e^{j\vartheta}$ und $\vec{g}_s^s e^{-j\vartheta}$ auf. Wenn man, davon ausgehend, die komplexe Ebene, in der die Ständergrößen $\vec{g}_s^s$ beschrieben werden, gegenüber jener Ebene, die der Beschreibung der Läufergrößen $\vec{g}_r^r$ dient, um den Winkel ϑ gegeneinander gedreht dargestellt, ergibt sich mit Bild 1.2 eine anschauliche Interpretation der sich anbietenden Substitution neuer Variabler. Man erhält

$$\vec{g}_r^s = \vec{g}_r^r e^{j\vartheta} \tag{1.27}$$

als in der komplexen Ebene der Ständergrößen bzw. als in Ständerkoordinaten beschriebene Läufergröße und analog

$$\vec{g}_s^r = \vec{g}_s^s e^{-j\vartheta} \tag{1.28}$$

als in der komplexen Ebene der Läufergrößen bzw. als in Läuferkoordinaten beschriebene Ständergröße.

Es bietet sich an, die Gln. (1.27) und (1.28) als Transformationsbeziehungen zu deuten, mit deren Hilfe neue Variable eingeführt werden, um alle Vorgänge in der Maschine entweder vom Ständer aus, d. h. im Koordinatensystem des Ständers, oder vom Läufer aus, d. h. im Koordinatensystem des Läufers, zu beschreiben. In Verallgemeinerung dieser Überlegungen liegt es nahe, ein *allgemeines Koordinatensystem* K einzuführen, das gegenüber dem Ständerkoordinatensystem um den Winkel ϑ_s verschoben ist, so daß mit Bild 1.3 gilt

$$\gamma_s = \gamma_K + \vartheta_s. \tag{1.29}$$

Dabei ist ϑ_s eine beliebige, zunächst noch nicht festgelegte Funktion der Zeit. $\frac{d\vartheta_s}{dt}$ ist die Winkelgeschwindigkeit, mit der das allgemeine Koordinatensystem K relativ zum Ständer umläuft. Wenn man analog zu Bild 1.2 eine um ϑ_s gegenüber jener komplexen Ebene, in der die Größen vom Ständer aus gesehen beschrieben werden, verschobene komplexe Ebene zur Beschreibung der Größen in dem allgemeinen Koordinatensystem K einführt, erhält man in Erweiterung von Bild 1.2 die Darstellung nach Bild 1.4.

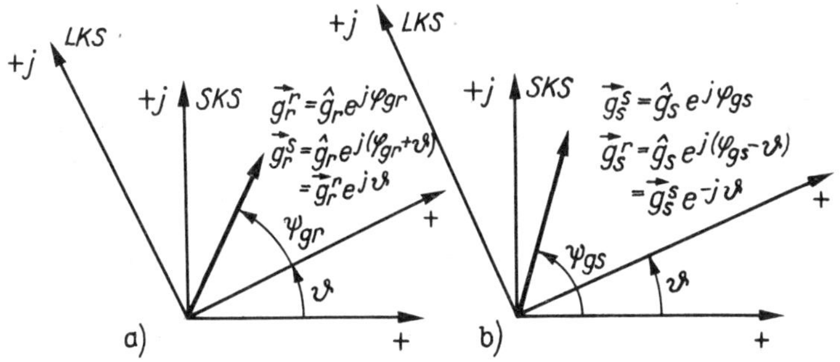

Bild 1.2. Zur Darstellung der komplexen Augenblickswerte in einem gemeinsamen Koordinatensystem

a) Beschreibung einer Läufergröße $\vec{g}_r^r$ im Koordinatensystem des Ständers (SKS) als $\vec{g}_r^s$

b) Beschreibung einer Ständergröße $\vec{g}_s^s$ im Koordinatensystem des Läufers (LKS) als $\vec{g}_s^r$

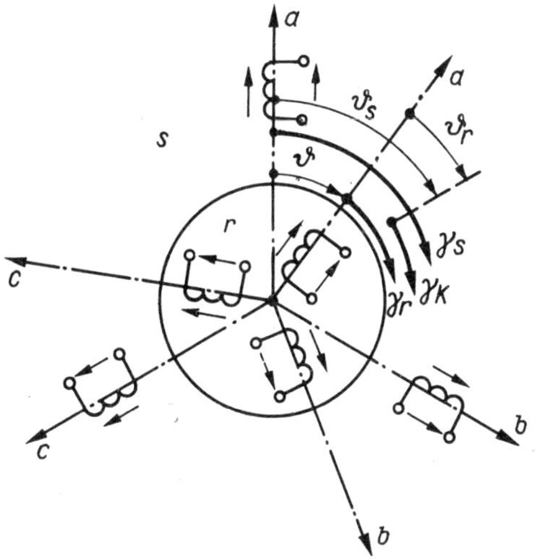

Bild 1.3. Einführung des allgemeinen Koordinatensystems K in der schematischen zweipoligen Darstellung einer Dreiphasen-Asynchronmaschine

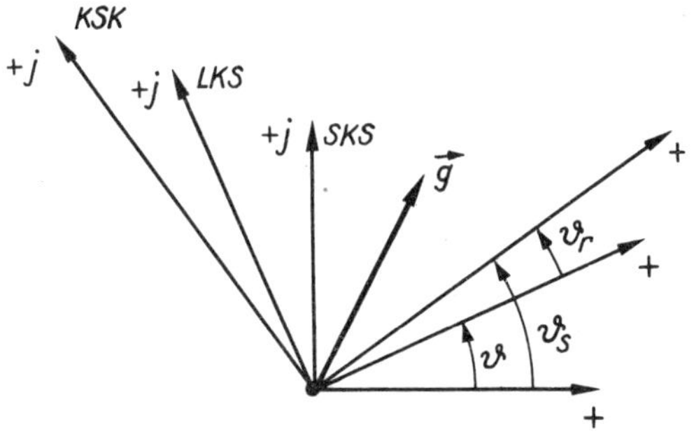

Bild 1.4. Zur Darstellung der komplexen Augenblickswerte in einem gemeinsamen Koordinatensystem - Einführung des allgemeinen Koordinatensystems K (KSK)

Daraus folgen unmittelbar die Transformationsbeziehungen

$$\vec{g}_s^K = \vec{g}_s^s \, e^{-j\vartheta_s}, \tag{1.30}$$

$$\vec{g}_r^K = \vec{g}_r^r \, e^{-j(\vartheta_s - \vartheta)} = \vec{g}_r^r \, e^{-j\vartheta_r}. \tag{1.31}$$

Dabei wurde zur Vereinfachung der Schreibweise der Winkel ϑ_r eingeführt, um den das allgemeine Koordinatensystem K mit (Bild 1.3 entsprechend)

$$\gamma_r = \gamma_K + \vartheta_r \tag{1.32}$$

gegenüber dem Koordinatensystem des Läufers verschoben ist, so daß mit (1.4) und (1.29) gilt

$$\gamma_s - \gamma_r = \vartheta = \vartheta_s - \vartheta_r. \tag{1.33}$$

$\frac{d\vartheta_r}{dt}$ ist dann die Winkelgeschwindigkeit, mit der das allgemeine Koordinatensystem K relativ zum Läufer umläuft. Aus (1.33) folgt

$$\frac{d\vartheta_r}{dt} = \frac{d\vartheta_s}{dt} - \frac{d\vartheta}{dt}. \tag{1.34}$$

Da die Beschreibung des Betriebsverhaltens im folgenden stets in einem gemeinsamen Koordinatensystem erfolgt und dafür zunächst stets das allgemeine Koordinatensystem K Verwendung findet, soll auf die besondere Kennzeichnung der Variablen als in diesem Koordinatensystem beschrieben verzichtet werden. Damit gilt

$$\left.\begin{aligned} \vec{g}_s &= \vec{g}_s^K, \\ \vec{g}_r &= \vec{g}_r^K, \end{aligned}\right\} \tag{1.35}$$

Über die speziellen Eigenschaften des im jeweiligen Anwendungsfall zu verwendenden Koordinatensystems entscheidet die dann zu treffende Festlegung über $\vartheta_s(t)$ bzw. $\vartheta_r(t)$. Den Sonderfall der Beschreibung in Ständerkoordinaten erhält man mit $\vartheta_s = 0$ und den der Beschreibung in Läuferkoordinaten mit $\vartheta_r = 0$ bzw. $\vartheta_s = \vartheta$. Die Spannungsgleichungen bei der

Die Spannungsgleichungen bei der Beschreibung des Betriebsverhaltens in dem gemeinsamen Koordinatensystem K erhält man, ausgehend von (1.14) und (1.15), indem die Veränderlichen $\vec{g}_s^s$ mit Hilfe von (1.30) durch $\vec{g}_s^K = \vec{g}_s$ und die Veränderlichen $\vec{g}_r^r$ mit Hilfe von (1.31) durch $\vec{g}_r^K = \vec{g}_r$ ausgedrückt werden. Dabei ist zu beachten, daß sowohl ϑ als auch ϑ_s und ϑ_r beliebige Zeitfunktionen darstellen. Dadurch entstehen beim Bilden der Ableitungen $\frac{d\vec{\psi}_r^r}{dt}$ und $\frac{d\vec{\psi}_s^s}{dt}$ zusätzliche Glieder. Man erhält:

$$\vec{u}_s = R_s \vec{i}_s + \frac{d\vec{\psi}_s}{dt} + j\frac{d\vartheta_s}{dt}\vec{\psi}_s \tag{1.36}$$

$$0 = \vec{u}_r = R_r \vec{i}_r + \frac{d\vec{\psi}_r}{dt} + j\frac{d\vartheta_r}{dt}\vec{\psi}_r. \tag{1.37}$$

Auf analoge Weise ergeben sich die Flußverkettungsgleichungen ausgehend von (1.16) und (1.17) bzw. (1.18) und (1.19) zu

$$\vec{\psi}_s = L_s \vec{i}_s + L_m \vec{i}_r = L'_s \vec{i}_s + k_r \vec{\psi}_r, \tag{1.38}$$

$$\vec{\psi}_r = L_m \vec{i}_s + L_r \vec{i}_r = L'_r \vec{i}_r + k_s \vec{\psi}_s. \tag{1.39}$$

Die Beziehungen für das Drehmoment nach (1.25) und (1.26) gehen über in

$$m = \frac{3}{2} p L_m \ \mathrm{Im}\left\{\vec{i}_s \vec{i}_r^{\,*}\right\} = -\frac{3}{2} p \ \mathrm{Im}\left\{\vec{\psi}_s \vec{i}_s^{\,*}\right\} = \frac{3}{2} p \ \mathrm{Im}\left\{\vec{\psi}_r \vec{i}_r^{\,*}\right\}$$

$$= -\frac{3}{2} p k_r \ \mathrm{Im}\left\{\vec{\psi}_r \vec{i}_s^{\,*}\right\} = \frac{3}{2} p k_s \ \mathrm{Im}\left\{\vec{\psi}_s \vec{i}_r^{\,*}\right\}. \tag{1.40}$$

Wenn als elektromagnetische Systemgrößen nur die Flußverkettungen Verwendung finden sollen, müssen die Ströme mit Hilfe der aus (1.38) und (1.39) folgenden Beziehungen

$$\vec{i}_s = \frac{1}{L'_s} \vec{\psi}_s - \frac{k_r}{L'_s} \vec{\psi}_r, \tag{1.41}$$

$$\vec{i}_r = \frac{1}{L'_r} \vec{\psi}_r - \frac{k_s}{L'_r} \vec{\psi}_s \tag{1.42}$$

eliminiert werden. Damit erhält man aus (1.36) und (1.37) für die Spannungsgleichungen

$$\vec{u}_s = \left(\frac{1}{T'_s} + j \frac{d\vartheta_s}{dt}\right) \vec{\psi}_s - \frac{k_r}{T'_s} \vec{\psi}_r + \frac{d\vec{\psi}_s}{dt}, \tag{1.43}$$

$$0 = \vec{u}_r = \left(\frac{1}{T'_r} + j \frac{d\vartheta_r}{dt}\right) \vec{\psi}_r - \frac{k_s}{T'_r} \vec{\psi}_s + \frac{d\vec{\psi}_r}{dt}, \tag{1.44}$$

wobei die Kurzschlußzeitkonstanten (transiente Zeitkonstanten) des Ständers und des Läufers entsprechend

$$T'_s = \frac{L'_s}{R_s}, \tag{1.45}$$

$$T'_r = \frac{L'_r}{R_r} \tag{1.46}$$

eingeführt wurden. Für das Drehmoment folgt aus (1.40)

$$m = \frac{3}{2} p \frac{k_r}{L'_s} \ \mathrm{Im}\left\{\vec{\psi}_s \vec{\psi}_r^{\,*}\right\} = \frac{3}{2} p \frac{k_s}{L'_r} \ \mathrm{Im}\left\{\vec{\psi}_s \vec{\psi}_r^{\,*}\right\}. \tag{1.47}$$

1.5. Komponentendarstellung der allgemeinen Beschreibung des Betriebsverhaltens in einem gemeinsamen Koordinatensystem

Die Zustandsbeschreibung der Asynchronmaschine, die im Abschnitt 1.8 eingeführt werden wird, und die zugeordnete Aufstellung von Signalflußbildern erfordern reelle Veränderliche. Dazu werden im folgenden die komplexen Augenblickswerte bei Beschreibung im allgemeinen Koordinatensystem K in ihre Real- und Imaginärteile zerlegt und diese als Komponenten der Variablen verwendet. Für die Zerlegung gilt mit Bild 1.5 allgemein

$$\vec{g} = g_x + j\, g_y. \tag{1.48}$$

Damit erhält man aus den Spannungsgleichungen (1.43) und (1.44):

$$u_{sx} = \frac{1}{T'_s} \psi_{sx} + \frac{d\psi_{sx}}{dt} - \frac{d\vartheta_s}{dt} \psi_{sy} - \frac{k_r}{T'_s} \psi_{rx} \tag{1.49}$$

$$u_{sy} = \frac{1}{T'_s}\psi_{sy} + \frac{d\psi_{sy}}{dt} + \frac{d\vartheta_s}{dt}\psi_{sx} - \frac{k_r}{T'_s}\psi_{ry} \tag{1.50}$$

$$0 = u_{rx} = \frac{1}{T'_r}\psi_{rx} + \frac{d\psi_{rx}}{dt} - \frac{d\vartheta_r}{dt}\psi_{ry} - \frac{k_s}{T'_r}\psi_{sx} \tag{1.51}$$

$$0 = u_{ry} = \frac{1}{T'_r}\psi_{ry} + \frac{d\psi_{ry}}{dt} + \frac{d\vartheta_r}{dt}\psi_{rx} - \frac{k_s}{T'_r}\psi_{sy}. \tag{1.52}$$

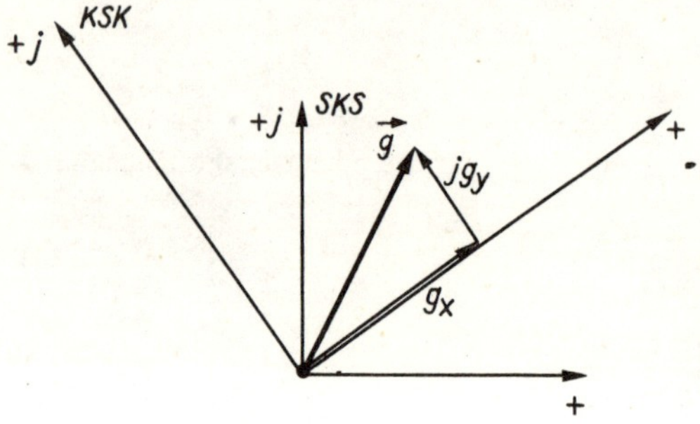

Bild 1.5. Zerlegung einer komplexen Veränderlichen $\vec{g}$ in ihre Komponenten g_x und g_y im allgemeinen Koordinatensystem K (KSK)

Ferner liefert (1.47) für das Drehmoment

$$m = \frac{3}{2}p\frac{k_r}{L'_s}(\psi_{sy}\,\psi_{rx} - \psi_{sx}\,\psi_{ry}). \tag{1.53}$$

Zu den Komponenten der Ströme bestehen, ausgehend von (1.41) und (1.42), die Beziehungen:

$$i_{sx} = \frac{1}{L'_s}\psi_{sx} - \frac{k_r}{L'_s}\psi_{rx} \tag{1.54}$$

$$i_{sy} = \frac{1}{L'_s}\psi_{sy} - \frac{k_r}{L'_s}\psi_{ry} \tag{1.55}$$

$$i_{rx} = \frac{1}{L'_r}\psi_{rx} - \frac{k_s}{L'_r}\psi_{sx} \tag{1.56}$$

$$i_{ry} = \frac{1}{L'_r}\psi_{ry} - \frac{k_s}{L'_r}\psi_{sy}. \tag{1.57}$$

1.6. Behandlung des stationären Betriebs am symmetrischen Netz sinusförmiger Spannungen

Der zu untersuchende stationäre Betrieb ist dadurch gekennzeichnet, daß bei einer nach Maßgabe des Schlupfes s von der synchronen abweichenden Winkelgeschwindigkeit

$$\frac{d\vartheta}{dt} = (1-s)\,\Omega_s = p\,\omega_{mech} \tag{1.58}$$

der zweipoligen Prinzipanordnung bzw. bei einer Drehzahl

$$n = (1-s)\frac{f_s}{p} = (1-s)\, n_0 \tag{1.59}$$

der tatsächlichen $2p$-poligen Ausführung alle Ständergrößen symmetrische Dreiphasensysteme der Netzfrequenz f_s darstellen entsprechend

$$\left.\begin{aligned} g_{sa} &= \hat{g}_s \cos(\Omega_s t + \varphi_{gs}), \\ g_{sb} &= \hat{g}_s \cos(\Omega_s t + \varphi_{gs} - 2\pi/3), \\ g_{sc} &= \hat{g}_s \cos(\Omega_s t + \varphi_{gs} - 4\pi/3), \end{aligned}\right\} \tag{1.60}$$

während die Läufergrößen symmetrische Dreiphasengrößen mit der Schlupffrequenz sf_s darstellen und damit angebbar sind als

$$\left.\begin{aligned} g_{ra} &= \hat{g}_r \cos(s\Omega_s t + \varphi_{gr}), \\ g_{rb} &= \hat{g}_r \cos(s\Omega_s t + \varphi_{gr} - 2\pi/3), \\ g_{rc} &= \hat{g}_r \cos(s\Omega_s t + \varphi_{gr} - 4\pi/3). \end{aligned}\right\} \tag{1.61}$$

Aus (1.58) erhält man für die Bewegung $\vartheta(t)$ des Läufers relativ zum Ständer

$$\vartheta = (1-s)\,\Omega_s t, \tag{1.62}$$

wobei zur Vereinfachung der Darstellung hier und im folgenden angenommen wird, daß die Achsen der Stränge a von Ständer und Läufer zur Zeit $t = 0$ übereinstimmen, d. h. $\vartheta_0 = 0$ ist. Die komplexen Augenblickswerte der Ständer- bzw. Läufergrößen folgen durch Einsetzen der Gln. (1.60) bzw. (1.61) in (1.10) bzw. (1.11) zu:

$$\vec{g}_s^{\,s} = \hat{g}_s e^{j(\Omega_s t + \varphi_{gs})} = \underline{g}_s e^{j\Omega_s t} \tag{1.63}$$

$$\vec{g}_r^{\,r} = \hat{g}_r e^{j(s\Omega_s t + \varphi_{gr})} = \underline{g}_r e^{js\Omega_s t}. \tag{1.64}$$

Dabei sind $\underline{g}_s = \underline{g}_{sa} = \hat{g}_s e^{j\varphi_{gs}}$ und $\underline{g}_r = \underline{g}_{ra} = \hat{g}_r e^{j\varphi_{gr}}$ die üblichen Darstellungen der Größen der Stränge a von Ständer und Läufer in der komplexen Wechselstromrechnung.[1)]

Zur Darstellung der komplexen Augenblickswerte der Ständer- und Läufergrößen in einem gemeinsamen Koordinatensystem empfiehlt es sich, ein sogenanntes *Netzkoordinatensystem* zu benutzen, dessen Bewegung relativ zum Ständer gegeben ist durch

$$\vartheta_s = \Omega_s t. \tag{1.65}$$

Es läuft also, bezogen auf die zweipolige Prinzipanordnung, mit der Winkelgeschwindigkeit

$$\frac{d\vartheta_s}{dt} = \Omega_s \tag{1.66}$$

um. Damit liefert (1.33) mit (1.62) für die Bewegung $\vartheta_r(t)$ des Netzkoordinatensystems relativ zum Läufer

$$\vartheta_r = \vartheta_s - \vartheta = s\Omega_s t. \tag{1.67}$$

---

1) Der Index a wurde unter dem Aspekt weggelassen, daß der Strang a üblicherweise als Bezugsstrang Verwendung findet, auf den sich alle Aussagen beziehen.

Diese Bewegung erfolgt also - wiederum bezogen auf die zweipolige Prinzipanordnung - mit der Winkelgeschwindigkeit

$$\frac{d\vartheta_r}{dt} = s\,\Omega_s = \Omega_r . \tag{1.68}$$

Mit $\vartheta_s(t)$ nach (1.65) bzw. $\vartheta_r(t)$ nach (1.67) erhält man für die Darstellung der Ständer- bzw. Läufergrößen nach (1.63) bzw. (1.64) im Netzkoordinatensystem unter Verwendung der Transformationsbeziehungen nach (1.30) bzw. (1.31):

$$\vec{g}_s = \vec{g}_s^{\,s}\, e^{-j\Omega_s t} = \underline{g}_s \tag{1.69}$$

$$\vec{g}_r = \vec{g}_r^{\,r}\, e^{-js\Omega_s t} = \underline{g}_r . \tag{1.70}$$

Die komplexen Augenblickswerte der Ständer- und Läufergrößen im stationären Betrieb bei Beschreibung im Netzkoordinatensystem sind zeitlich konstant, d. h., sie stellen Gleichgrößen dar. Damit entfallen in den Spannungsgleichungen die Glieder mit $d\psi/dt$. Man erhält aus (1.36) und (1.37) unter Einführung der Flußverkettungsgleichungen (1.38) und (1.39) sowie von Reaktanzen $X = \Omega_{sn} L$ und des Frequenzverhältnisses $\gamma = f_s/f_{sn}$

$$\left.\begin{aligned} \underline{u}_s &= R_s \underline{i}_s + j\,\Omega_s \underline{\psi}_s = R_s \underline{i}_s + j\gamma X_s \underline{i}_s + j\gamma X_m \underline{i}_r ,\\ 0 = \underline{u}_r &= R_r \underline{i}_r + j\,s\,\Omega_s \underline{\psi}_r = R_r \underline{i}_r + j\,s\gamma X_r \underline{i}_r + j\,s\gamma X_m \underline{i}_s . \end{aligned}\right\} \tag{1.71}$$

Darin ist mit $\gamma = 1$ die übliche Form der Spannungsgleichungen der Asynchronmaschine im stationären Betrieb am symmetrischen Netz sinusförmiger Spannungen der Frequenz f_{sn} enthalten.

Für die spätere Untersuchung des Steuer- und Regelverhaltens der Asynchronmaschine spielt der stationäre Betrieb als Anfangs- und Endzustand von Übergangsvorgängen eine Rolle. Außerdem wird es sich als erforderlich erweisen, eine Linearisierung des allgemeinen Gleichungssystems vorzunehmen und sich auf das Kleinsignalverhalten zu beschränken. Dazu müssen sich die Variablen darstellen lassen als

$$g = G + \Delta g, \tag{1.72}$$

wobei G die Gleichgröße im stationären Ausgangszustand ist und Δg die Änderung gegenüber dieser darstellt. Dieses Vorgehen setzt aber voraus, daß das Betriebsverhalten der Asynchronmaschine in einem Netzkoordinatensystem dargestellt wird, da nur in diesem Fall - wie gezeigt wurde - im stationären Ausgangszustand Gleichgrößen vorliegen.

Da die Untersuchung der Steuer- und Regelvorgänge auf der Grundlage der im Abschnitt 1.5 bereitgestellten Komponentendarstellung erfolgen soll, muß auch der stationäre Betrieb als Ausgangszustand in dieser Darstellung behandelt werden. Wenn man für die Variablen im stationären Ausgangszustand große Buchstaben verwendet und berücksichtigt, daß die Glieder $d\psi/dt$ verschwinden, erhält man, ausgehend von (1.49) bis (1.53) unter Beachtung der Gln. (1.66) und (1.68):

$$U_{sx} = \frac{1}{T'_s}\Psi_{sx} - \Omega_s \Psi_{sy} - \frac{k_r}{T'_s}\Psi_{rx} \tag{1.73}$$

$$U_{sy} = \frac{1}{T'_s}\Psi_{sy} + \Omega_s \Psi_{sx} - \frac{k_r}{T'_s}\Psi_{ry} \tag{1.74}$$

$$0 = U_{rx} = \frac{1}{T'_r}\Psi_{rx} - \Omega_r \Psi_{ry} - \frac{k_s}{T'_r}\Psi_{sx} \tag{1.75}$$

$$0 = U_{ry} = \frac{1}{T'_r}\Psi_{ry} + \Omega_r \Psi_{rx} - \frac{k_s}{T'_r}\Psi_{sy} \tag{1.76}$$

$$M = \frac{3}{2} p \frac{k_r}{L_s}(\Psi_{sy}\Psi_{rx} - \Psi_{sx}\Psi_{ry}). \tag{1.77}$$

Dabei ist zu beachten, daß mit (1.58), (1.66) und (1.68) gilt

$$p\,\omega_{mech} = 2\pi p n = \Omega_s - \Omega_r. \tag{1.78}$$

1.7. Linearisierung des Gleichungssystems

Die Nichtlinearität des allgemeinen Gleichungssystems in der Formulierung der Gln. (1.36) bis (1.40) oder der Gln. (1.43) bis (1.47) bzw. in der Komponentendarstellung der Gln. (1.49) bis (1.53) ist durch das Auftreten der Produkte von Variablen gegeben. Derartige Produkte treten in den Spannungsgleichungen in Form der Komponenten $\frac{d\vartheta}{dt}\psi$ - den sog. Bewegungsspannungen - sowie in allen Komponenten der Beziehungen für das Drehmoment m auf. Die Linearisierung erfolgt von der Überlegung ausgehend, daß sich alle Variablen bei geeigneter Wahl des der Beschreibung zugrunde liegenden Koordinatensystems entsprechend (1.72) als $g = G + \Delta g$ darstellen lassen, indem die Produkte der Änderungen vernachlässigt werden. Da die Anfangswerte $\Delta g_{(a)} = \Delta g|_{t=0}$ der Änderungen Δg definitionsgemäß stets Null sind, erhält man für die Laplace-Transformierte der zeitlichen Ableitung

$$\mathcal{L}\left\{\frac{d\Delta g}{dt}\right\} = p\,\Delta g, \tag{1.79}$$

wobei p der Laplace-Operator ist und auf eine besondere Kennzeichnung der Variablen im Unterbereich der Laplace-Transformation verzichtet wird. Im Abschnitt 1.6 war bereits erkannt worden, daß mit Rücksicht auf die Linearisierung ein Netzkoordinatensystem Verwendung finden muß, damit die Variablen im stationären Ausgangszustand Gleichgrößen G darstellen. Im anschließenden Übergangsvorgang sollen sich die Variablen dann entsprechend (1.72) angeben lassen, um nach dessen Abklingen, d. h. im neuen stationären Betriebszustand, wiederum Gleichgrößen darzustellen. Das macht es erforderlich, das Koordinatensystem während des Gesamtvorgangs mit dem Netz mitzuführen. Um die damit verbundenen Konsequenzen zu überschauen, sind einige weitere, im folgenden dargestellte Überlegungen erforderlich.

Die Netzspannung - dargestellt als Spannung des Strangs a - ändere sich in irgendeiner Weise von dem eingeschwungenen sinusförmigen Anfangsverlauf

$$u = \hat{u}_{(a)} \cos\left[\Omega_s t + \varphi u(a)\right] \tag{1.80}$$

auf den eingeschwungenen sinusförmigen Endverlauf

$$u = \hat{u}_{(e)} \cos\left[(\Omega_s + \Delta\Omega_s) t + \varphi u(e)\right]. \tag{1.81}$$

Das Argument der cos-Funktion geht während des Übergangsvorgangs vom Anfangsverlauf $\alpha_{(a)}(t) = \Omega_s t + \varphi u(a)$ in den Endverlauf $\alpha_{(e)}(t) = (\Omega_s + \Delta\Omega_s)\,t + \varphi u(e)$ über. Dieser Übergang soll durch den Verlauf $\Delta\alpha(t)$ beschrieben werden, wobei sich $\Delta\alpha$ von $\Delta\alpha_{(a)} = 0$ auf $\Delta\alpha_{(e)} = \Delta\Omega_s t + \varphi u(e) - \varphi u(a)$ ändert. Die Verhältnisse sind im Bild 1.6 dargestellt. Die allgemeine Formulierung der durch das Netz vorgegebenen Strangspannungen lautet dann

$$\left.\begin{aligned} u_{sa} &= \hat{u}_s(t) \cos \alpha(t), \\ u_{sb} &= \hat{u}_s(t) \cos[\alpha(t) - 2\pi/3], \\ u_{sc} &= \hat{u}_s(t) \cos[\alpha(t) - 4\pi/3]. \end{aligned}\right\} \tag{1.82}$$

Daraus erhält man mit (1.10) für den komplexen Augenblickswert $\vec{u}_s^s$ der Ständerspannungen im Koordinatensystem des Ständers

$$\vec{u}_s^s = \hat{u}_s(t)\, e^{j\alpha(t)}. \tag{1.83}$$

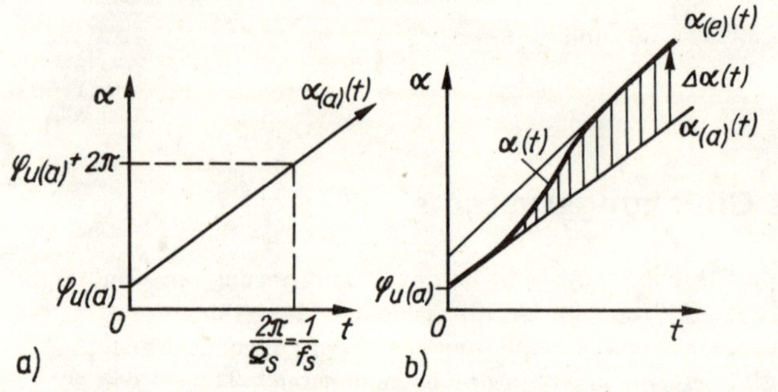

Bild 1.6. Übergangsvorgang des Arguments α der sinusförmigen Netzspannungen

a) stationärer Ausgangszustand

b) Übergangsvorgang und stationärer Endzustand

Bei Übergang in das Netzkoordinatensystem und wenn man dieses gewissermaßen an die Spannung des Strangs a anbindet, d. h., wenn man seinen Ursprung so festlegt, daß $\vartheta_S(t) = \alpha(t)$ wird, erhält man mit (1.30)

$$\vec{u}_s = \hat{u}_s(t). \tag{1.84}$$

Es ist natürlich auch möglich und - wie sich zeigen wird - sinnvoll, das Netzkoordinatensystem an eine andere Variable g in der Darstellung in Ständerkoordinaten anzubinden, z. B. an die Ständer- oder Läuferflußverkettung. Man erhält allgemein aus

$$\vec{g}^s = \hat{g}(t)\, e^{j\alpha_g(t)} \tag{1.85}$$

die Beziehung

$$\vec{g} = \hat{g}(t), \tag{1.86}$$

wenn

$$\vartheta_s(t) = \alpha_g(t) \tag{1.87}$$

gewählt wird.

Bild 1.7 zeigt zwei ausgezeichnete Möglichkeiten der Fixierung des Netzkoordinatensystems im stationären Betrieb.

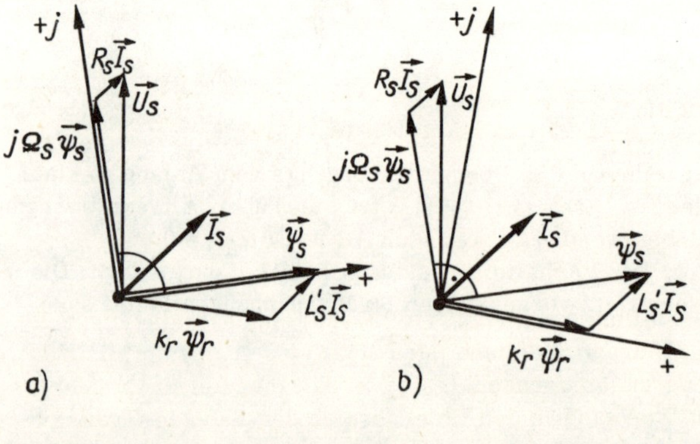

Bild 1.7. Fixierung des Netzkoordinatensystems im stationären Betrieb

a) an der Ständerflußverkettung

b) an der Läuferflußverkettung

Im Bild 1.7a ist es an die Ständerflußverkettung und im Bild 1.7b an die Läuferflußverkettung angebunden. Wenn dieses Anbinden an die Ständer- oder Läuferflußverkettung auch im nichtstationären Betrieb aufrechterhalten bleibt, d. h. wenn sich das allgemeine Koordinatensystem K so bewegt, daß entweder $\vec{\psi}_s$ oder $\vec{\psi}_r$ stets in seiner reellen Achse liegen, spricht man von einer Beschreibung des Vorgangs in F e l d k o o r d i n a t e n .

Die Spannung $\vec{u}_s^s$ in Ständerkoordinaten nach (1.83) bzw. die allgemeine Variable $\vec{g}^s$ in Ständerkoordinaten nach (1.85) repräsentieren entsprechend (1.13) symmetrische Dreiphasensysteme quasisinusförmiger Größen, wobei sich sowohl die Amplitude als auch die Frequenz stetig als Funktion der Zeit ändern, so daß strenggenommen eine gewisse Deformation der Sinusgrößen auftritt. Diese Deformation ist offenbar um so geringer, je kleiner die Periodendauer im Vergleich zur Dauer des Übergangsvorgangs ist. Die Kreisfrequenz der quasisinusförmigen Größen ist mit (1.13) durch die Winkelgeschwindigkeit des komplexen Augenblickswerts $\vec{g}^s$ nach (1.85) gegeben. Es ist also

$$\omega_s(t) = \frac{d\alpha_g}{dt}. \qquad (1.88)$$

Ein Kriterium für die zu erwartende Deformation der quasisinusförmigen Größen aus Sicht der Änderung Δf der Frequenz erhält man aus der Überlegung, daß Δf offenbar innerhalb der Periodendauer $1/f$ klein sein muß, d. h. daß $\Delta f = \left(\frac{df}{dt}\right)\frac{1}{f}$ klein gegenüber der Frequenz f selbst sein muß. Daraus folgt

$$\frac{df}{dt} \ll f^2. \qquad (1.89)$$

Um die Linearisierung vornehmen zu können, ist es erforderlich, für die Variablen u, ψ und m entsprechend (1.72) $u = U + \Delta u$, $\psi = \Psi + \Delta\psi$ und $m = M + \Delta m$ einzuführen. Für die in der zweipoligen Prinzipanordnung auftretenden Winkelgeschwindigkeiten des Läufers, des Netzkoordinatensystems relativ zum Ständer sowie des Netzkoordinatensystems relativ zum Läufer erhält man ausgehend von (1.58), (1.66) und (1.68):

$$\frac{d\vartheta}{dt} = \Omega_{mech} + \frac{d\Delta\vartheta}{dt} = \Omega_{mech} + \Delta\omega \qquad (1.90)$$

$$\frac{d\vartheta_s}{dt} = \Omega_s + \frac{d\Delta\vartheta_s}{dt} = \Omega_s + \Delta\omega_s \qquad (1.91)$$

$$\frac{d\vartheta_r}{dt} = \Omega_r + \frac{d\Delta\vartheta_r}{dt} = \Omega_r + \Delta\omega_r. \qquad (1.92)$$

Für die Winkel zwischen den Koordinatensystemen ergeben sich auf der Grundlage der Gln. (1.62), (1.65) und (1.67) die Beziehungen

$$\vartheta = \Omega_{mech}\, t + \Delta\vartheta \qquad (1.93)$$

$$\vartheta_s = \Omega_s\, t + \Delta\vartheta_s \qquad (1.94)$$

$$\vartheta_r = \Omega_r\, t + \Delta\vartheta_r. \qquad (1.95)$$

Daraus folgt mit (1.33)

$$\Delta\vartheta = \Delta\vartheta_s - \Delta\vartheta_r \qquad (1.96)$$

bzw.

$$\Delta\omega = \Delta\omega_s - \Delta\omega_r. \qquad (1.97)$$

Wenn man die vorstehend eingeführten Ausdrücke für die Variablen in das allgemeine Gleichungssystem in Komponentendarstellung nach (1.49) bis (1.53) einführt, die zugeordneten Beziehungen für den stationären Ausgangszustand nach (1.73) bis (1.77) jeweils subtrahiert und die Produkte kleiner Änderungen vernachlässigt, erhält man als linearisiertes Gleichungssystem bei gleichzeitigem Übergang in den Unterbereich der Laplace-Transformation unter Beachtung der Gl. (1.79)

$$\Delta u_{sx} = \frac{1}{T'_s}\Delta\psi_{sx} + p\Delta\psi_{sx} - \Omega_s\,\Delta\psi_{sy} - \Psi_{sy}\,\Delta\omega_s - \frac{k_r}{T'_s}\Delta\psi_{rx} \tag{1.98}$$

$$\Delta u_{sy} = \frac{1}{T'_s}\Delta\psi_{sy} + p\,\Delta\psi_{sy} + \Omega_s\,\Delta\psi_{sx} + \Psi_{sx}\,\Delta\omega_s - \frac{k_r}{T'_s}\Delta\psi_{ry} \tag{1.99}$$

$$0 = \Delta u_{rx} = \frac{1}{T'_r}\Delta\psi_{rx} + p\Delta\psi_{rx} - \Omega_r\Delta\psi_{ry} - \Psi_{ry}\,\Delta\omega_r - \frac{k_s}{T'_r}\Delta\psi_{sx} \tag{1.100}$$

$$0 = \Delta u_{ry} = \frac{1}{T'_r}\Delta\psi_{ry} + p\Delta\psi_{ry} + \Omega_r\Delta\psi_{rx} + \Psi_{rx}\Delta\,\omega_r - \frac{k_s}{T'_r}\Delta\psi_{sy} \tag{1.101}$$

$$\Delta\,m = \frac{3}{2}\mathcal{P}\frac{k_r}{L'_s}\left(\Psi_{sy}\Delta\psi_{rx} + \Psi_{rx}\Delta\psi_{sy} - \Psi_{sx}\Delta\psi_{ry} - \Psi_{ry}\Delta\psi_{sx}\right) \tag{1.102}$$

Dazu tritt die Bewegungsgleichung, für die, ausgehend von (1.8), mit (1.90) folgt

$$\Delta m - \Delta m_w = J\frac{1}{\mathcal{P}}\,\frac{d^2\Delta\vartheta}{dt^2} = J\frac{1}{\mathcal{P}}\,\frac{d\Delta\omega}{dt}\,. \tag{1.103}$$

1.8. Zustandsbeschreibung

In den Abschnitten 1.4, 1.5 und 1.7 war bereits darauf hingearbeitet worden, eine solche Formulierung des allgemeinen Gleichungssystems zu erhalten, die eine Zustandsbeschreibung erlaubt. Dabei wurden als elektromagnetische Zustandsgrößen die Flußverkettungen eingeführt und die Ströme vollständig eliminiert. Die allgemeine Formulierung der Zustandsgleichungen eines linearen Systems ist durch folgende Matrixdarstellungen gegeben:

$$\vec{\dot{x}} = \vec{A}\,\vec{x} + \vec{B}\,\vec{u} \tag{1.104}$$

$$\vec{y} = \vec{C}\,\vec{x} + \vec{D}\,\vec{u}. \tag{1.105}$$

Dabei bedeuten:

$\vec{x}$ Vektor der Zustandsgrößen = Zustandsvektor

$\vec{u}$ Vektor der Steuergrößen = Steuervektor

$\vec{y}$ Vektor der Ausgangsgrößen = Ausgangsvektor

$\vec{A}$ Systemmatrix

$\vec{B}$ Steuermatrix

$\vec{C}$ Ausgangsmatrix

$\vec{D}$ Durchgangsmatrix.

Das Signalflußbild, das die Gln. (1.104) und (1.105) widerspiegelt, ist im Bild 1.8 dargestellt.

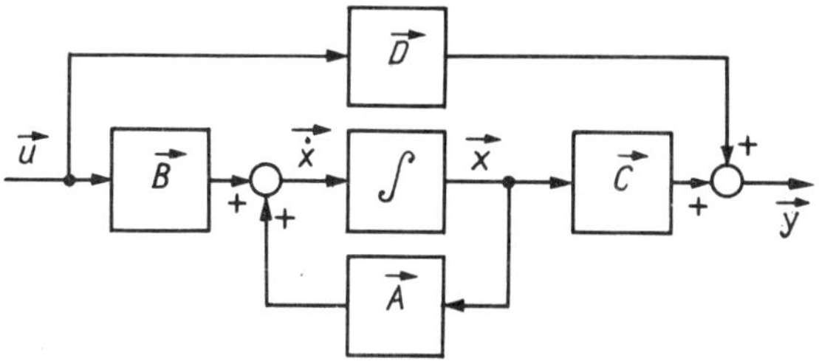

Bild 1.8. Signalflußbild entsprechend der allgemeinen Formulierung der Zustandsgleichungen nach den Gln. (1.104) und (1.105)

1.9. Koordinatentransformationen

Die Einführung komplexer Augenblickswerte im Abschnitt 1.3 hatte auf Beziehungen geführt, die es nahelegten, im Abschnitt 1.4 neue Variable zu substituieren. Diese Substitution erfolgte unter dem Aspekt, die Vorgänge im Ständer und im Läufer der Asynchronmaschine in einem gemeinsamen Koordinatensystem zu beschreiben, und entspricht demnach einem Wechsel des Koordinatensystems für die Beobachtung der zu substituierenden Variablen. Der Übergang von der Darstellung der komplexen Augenblickswerte im Ständerkoordinatensystem in eine Darstellung im allgemeinen Koordinatensystem K (s. Bild 1.3) wird durch (1.30) beschrieben, d. h., mit (1.35), als

$$\vec{g}_s = \vec{g}_s^{\,s} \, e^{-j\vartheta_s} . \qquad (1.106)$$

Der Übergang von der Darstellung der komplexen Augenblickswerte im Läuferkoordinatensystem in eine Darstellung im allgemeinen Koordinatensystem K ist durch (1.31) gegeben und lautet mit (1.35)

$$\vec{g}_r = \vec{g}_r^{\,r} \, e^{-j\vartheta_r} . \qquad (1.107)$$

Dabei ist entsprechend (1.33) bzw. nach Bild 1.3

$$\vartheta = \vartheta_s - \vartheta_r , \qquad (1.108)$$

und zwischen den Stranggrößen und den komplexen Augenblickswerten vermitteln (1.10) und (1.11), d. h., es ist

$$\vec{g}_s^{\,s} = \frac{2}{3}\left[g_{sa} + \vec{a}\, g_{sb} + \vec{a}^{\,2}\, g_{sc}\right] \qquad (1.109)$$

$$\vec{g}_r^{\,r} = \frac{2}{3}\left[g_{ra} + \vec{a}\, g_{rb} + \vec{a}^{\,2}\, g_{rc}\right] . \qquad (1.110)$$

Das allgemeine Koordinatensystem K, das sich gegenüber dem Ständer nach Maßgabe von $\vartheta_s(t)$ beliebig bewegt und damit auch relativ zum Läufer eine beliebige Bewegung $\vartheta_r(t) = \vartheta_s(t) - \vartheta(t)$ ausführt, geht mit

$$\vartheta_s = 0 \quad \text{bzw.} \quad \vartheta_r = -\vartheta \qquad (1.111)$$

über in das Ständerkoordinatensystem, und mit

$$\vartheta_r = 0 \quad \text{bzw.} \quad \vartheta_s = \vartheta \qquad (1.112)$$

in das Läuferkoordinatensystem.

Die Komponentendarstellung eines komplexen Augenblickswertes bei Beschreibung im allgemeinen Koordinatensystem K ist mit (1.48) als

$$\vec{g} = g_x + j\, g_y \qquad (1.113)$$

eingeführt worden. Im Sonderfall der Beschreibung in Ständerkoordinaten werden die Komponenten üblicherweise eingeführt als

$$\vec{g}^s = g_\alpha + j\, g_\beta \tag{1.114}$$

und im Sonderfall der Beschreibung im Läuferkoordinatensystem als

$$\vec{g}^r = g_d + j\, g_q . \tag{1.115}$$

Die Gln. (1.109) und (1.114) liefern unter Beachtung von $g_{sa} + g_{sb} + g_{sc} = 0$ sowie (1.12) als Beziehung zwischen den Komponenten $g_{s\alpha}$ und $g_{s\beta}$ einerseits und den Stranggrößen g_{sa}, g_{sb} und g_{sc} andererseits

$$\begin{pmatrix} g_{s\alpha} \\ g_{s\beta} \end{pmatrix} = \begin{pmatrix} 1 & 0 & 0 \\ 0 & \frac{1}{3}\sqrt{3} & -\frac{1}{3}\sqrt{3} \end{pmatrix} \begin{pmatrix} g_{sa} \\ g_{sb} \\ g_{sc} \end{pmatrix} . \tag{1.116}$$

Als Beziehungen zwischen den Komponenten $g_{s\alpha}$ und $g_{s\beta}$ von Ständergrößen in Ständerkoordinaten entsprechend (1.114) und den Komponenten g_{sx} und g_{sy} im allgemeinen Koordinatensystem nach (1.113) erhält man mit (1.106)

$$\begin{pmatrix} g_{sx} \\ g_{sy} \end{pmatrix} = \begin{pmatrix} \cos\vartheta_s & \sin\vartheta_s \\ -\sin\vartheta_s & \cos\vartheta_s \end{pmatrix} \begin{pmatrix} g_{s\alpha} \\ g_{s\beta} \end{pmatrix} . \tag{1.117}$$

Schließlich folgt aus (1.114) und (1.115) als Beziehung zwischen den Komponenten g_{sd} und g_{sq} von Ständergrößen bei Beschreibung im Läuferkoordinatensystem und deren Komponenten $g_{s\alpha}$ und $g_{s\beta}$ in Ständerkoordinaten mit $\vartheta_s = \vartheta$ entsprechend (1.112) aus (1.106)

$$\begin{pmatrix} g_{sd} \\ g_{sq} \end{pmatrix} = \begin{pmatrix} \cos\vartheta & \sin\vartheta \\ -\sin\vartheta & \cos\vartheta \end{pmatrix} \begin{pmatrix} g_{s\alpha} \\ g_{s\beta} \end{pmatrix} . \tag{1.118}$$

Die Beziehung zwischen den Komponenten g_{sd} und g_{sq} von Ständergrößen bei Beschreibung in Läuferkoordinaten und den Stranggrößen erhält man aus (1.106) mit $\vartheta_s = \vartheta$ entsprechend (1.112) und mit $\vec{g}_s^s$ nach (1.109) zu

$$\begin{pmatrix} g_{sd} \\ g_{sq} \end{pmatrix} = \begin{pmatrix} \frac{2}{3}\cos\vartheta & \frac{2}{3}\cos(\vartheta - 2\pi/3) & \frac{2}{3}\cos(\vartheta + 2\pi/3) \\ -\frac{2}{3}\sin\vartheta & -\frac{2}{3}\sin(\vartheta - 2\pi/3) & -\frac{2}{3}\sin(\vartheta + 2\pi/3) \end{pmatrix} \begin{pmatrix} g_{sa} \\ g_{sb} \\ g_{sc} \end{pmatrix} . \tag{1.119}$$

2. Verhalten der Dreiphasen-Asynchronmaschine bei Stromrichterspeisung [1)]

2.1. Ströme, Spannungen und Flußverkettungen

In den Abschnitten 0.2 und 0.3 der Einleitung wurde gezeigt, daß leistungselektronische Stellglieder, wie sie heute eingesetzt werden, mit Halbleiterschaltern arbeiten. Dadurch erhält man anstelle des gewünschten sinusförmigen Verlaufs der Ausgangsgrößen des Stromrichters und damit der Stranggrößen des Ständers der Asynchronmaschine Verläufe, die sich aus Abschnitten zusammensetzen, in denen diese Ausgangsgrößen entweder einen konstanten positiven oder negativen Wert aufweisen oder Null sind. Die Grundschwingung dieses Verlaufs bildet die gewünschte sinusförmige Ausgangsgröße des Stromrichters. Daneben treten, offensichtlich prinzipbedingt, Oberschwingungen in Erscheinung. Die durch den Stromrichter vorgegebenen Ausgangsgrößen sind beim Stromwechselrichter die Ströme und beim Spannungswechselrichter die Spannungen. Die prinzipbedingt auftretenden Oberschwingungen der Ausgangsgrößen des Stromrichters haben spezifische Erscheinungen zur Folge, die im weiteren für den Fall des stationären Betriebs näher untersucht werden.

Ausgehend von den vorstehenden Überlegungen lassen sich die Stranggrößen g_{sa}, g_{sb} und g_{sc} des Ständers formulieren als

$$\begin{aligned}
g_{sa} &= \sum_{\nu=1}^{\infty} \hat{g}_{s,\nu} \cos(\nu \Omega_s t + \varphi_{gs,\nu}),\\
g_{sb} &= \sum_{\nu=1}^{\infty} \hat{g}_{s,\nu} \cos(\nu \Omega_s t + \varphi_{gs,\nu} - \nu\, 2\pi/3),\\
g_{sc} &= \sum_{\nu=1}^{\infty} \hat{g}_{s,\nu} \cos(\nu \Omega_s t + \varphi_{gs,\nu} - \nu\, 4\pi/3).
\end{aligned} \tag{2.1}$$

Diese Formulierung folgt für die Stränge b und c aus der Überlegung, daß der Verlauf $g_{sb}(\Omega_s t)$ als Ganzes gegenüber dem Verlauf $g_{sa}(\Omega_s t)$ um $2\pi/3$ und der von $g_{sc}(\Omega_s t)$ um $4\pi/3$ verschoben ist, so daß $g_{sb}(\Omega_s t) = g_{sa}(\Omega_s t - 2\pi/3)$ und $g_{sc}(\Omega_s t) = g_{sa}(\Omega_s t - 4\pi/3)$ ist. Aus (2.1) folgt, daß alle Harmonischen mit durch 3 teilbarer Ordnungszahl phasengleich sind; ihre Summe ist dementsprechend Null. Sie können also vom Strom her nicht auftreten, solange - wie vorausgesetzt - kein Neutralleiter vorhanden und angeschlossen ist und sind dann, ohne den Beweis hier anzutreten, auch in den Spannungen und Flußverkettungen der Stränge nicht vorhanden. Darüber hinaus liegt bei den Verläufen $g_s(\Omega_s t)$ üblicherweise die Symmetrieeigenschaft $g_s(\Omega_s t + \pi) = - g_s(\Omega_s t)$ vor, die nur von Harmonischen mit ungerader Ordnungszahl befriedigt wird. Damit lassen sich die Ordnungszahlen ν der auftretenden Harmonischen der Stranggrößen darstellen als

$$\nu = 6k \overset{+}{(-)} 1 \tag{2.2}$$

mit $k = 0, 1, 2, \ldots$

Dabei liefert das positive Vorzeichen in (2.2), wie man leicht aus (2.1) erkennt, Harmonische, die Dreiphasensysteme mit positiver Phasenfolge bilden, während das negative, eingeklammerte Vorzeichen auf Dreiphasensysteme mit negativer Phasenfolge führt. Dem entspricht, daß die zugeordneten Grundwellendrehfelder in positiver bzw. negativer Richtung, bezogen auf das Ständerkoordinatensystem, umlaufen.

[1)] Detailuntersuchungen s. /2.1/ bis /2.13/

Der komplexe Augenblickswert einer Ständergröße g_s bei Beschreibung in Ständerkoordinaten folgt aus den Stranggrößen nach (2.1) mit (1.10) unter Beachtung von (1.12) zu

$$\vec{g}_s^s = \hat{g}_{s,1}\, e^{j(\Omega_s t + \varphi_{gs,1})} + \hat{g}_{s,5}\, e^{-j(5\Omega_s t + \varphi_{gs,5})} + \hat{g}_{s,7}\, e^{j(7\Omega_s t + \varphi_{gs,7})} + \ldots$$

$$= \sum_{\nu=1}^{\infty} \vec{g}_{s,\nu}^s = \sum_{\nu=1}^{\infty} \hat{g}_{s,\nu}\, e^{\overset{+}{(-)} j(\nu\Omega_s t + \varphi_{gs,\nu})}. \qquad (2.3)$$

Dabei gilt das positive Vorzeichen wiederum für solche Harmonischen, die eine positive Phasenfolge aufweisen, und das eingeklammerte negative für solche mit negativer Phasenfolge. In (2.3) kommt die Umlaufrichtung der den Harmonischen zugeordneten Grundwellendrehfelder zum Ausdruck.

Wenn man die Ständergrößen im Netzkoordinatensystem beschreibt, d. h. in einem Koordinatensystem, das sich relativ zum Ständer entsprechend $\vartheta_s = \Omega_s t$ und relativ zum Läufer entsprechend $\vartheta_r = \Omega_r t$ bewegt (s. (1.65) und (1.67)), folgt aus (2.3) mit (1.30) für die Stranggrößen nach (2.1)

$$\vec{g}_s^N = \hat{g}_{s,1}\, e^{j\varphi_{gs,1}} + \hat{g}_{s,5}\, e^{-j(6\Omega_s t + \varphi_{gs,5})} + \hat{g}_{s,7}\, e^{j(6\Omega_s t + \varphi_{gs,7})}$$

$$+ \hat{g}_{s,11}\, e^{-j(12\Omega_s t + \varphi_{gs,11})} + \hat{g}_{s,13}\, e^{j(12\Omega_s t + \varphi_{gs,13})} + \ldots$$

$$= \sum_{\nu=1}^{\infty} \vec{g}_{s,\nu}^N = \sum_{\nu=1}^{\infty} \hat{g}_{s,\nu}\, e^{\overset{+}{(-)} j\left[(\nu \overset{-}{(+)} 1)\Omega_s t + \varphi_{gs,\nu}\right]}. \qquad (2.4)$$

Dabei wurde die Zuordnung zum Netzkoordinatensystem hier durch den hochgestellten Index N angezeigt. Die eingeklammerten Vorzeichen gelten wiederum für Harmonische mit negativer Phasenfolge.

Schließlich erhält man als Darstellung der Ständergrößen im Läuferkoordinatensystem mit $\vartheta_s = \vartheta = (1-s)\Omega_s t$ (s. (1.58)) aus (2.3) mit (1.30) für die Stranggrößen nach (2.1)

$$\vec{g}_s^r = \hat{g}_{s,1}\, e^{j(s\Omega_s t + \varphi_{gs,1})} + \hat{g}_{s,5}\, e^{-j\left[(6-s)\Omega_s t + \varphi_{gs,5}\right]}$$

$$+ \hat{g}_{s,7}\, e^{j\left[(6+s)\Omega_s t + \varphi_{gs,7}\right]} + \hat{g}_{s,11}\, e^{-j\left[(12-s)\Omega_s t + \varphi_{gs,11}\right]}$$

$$+ \hat{g}_{s,13}\, e^{j\left[(12+s)\Omega_s t + \varphi_{gs,13}\right]} + \ldots$$

$$= \sum_{\nu=1}^{\infty} \vec{g}_{s,\nu}^r = \sum_{\nu=1}^{\infty} \hat{g}_{s,\nu}\, e^{\overset{+}{(-)} j\left\{\left[\nu \overset{-}{(+)} (1-s)\right]\Omega_s t + \varphi_{gs,\nu}\right\}}. \qquad (2.5)$$

Auch hier gelten die eingeklammerten Vorzeichen für Harmonische mit negativer Phasenfolge, deren Ordnungszahl sich aus (2.2) unter Verwendung des eingeklammerten Vorzeichens ergibt.

Ausgehend von den Verläufen der Ströme oder Spannungen, die der verwendete Wechselrichter den Ständersträngen der Asynchronmaschine aufprägt, lassen sich mit Hilfe der allgemeinen Gln. (1.36) bis (1.39) unter Beachtung des für die Beschreibung gewählten Koordinatensystems für einen vorgegebenen Wert des Schlupfs, wie er durch (1.58) bzw. (1.59) definiert ist, die übrigen Variablen einschließlich der Flußverkettungen bestimmen. Davon ausgehend liefert (1.40) das Drehmoment und seine Komponenten.

Im zu betrachtenden stationären Betrieb sind die Winkelgeschwindigkeiten $d\vartheta_s/dt$ bzw. $d\vartheta_r/dt$, die das der Beschreibung dienende Koordinatensystem relativ zum Ständer bzw. relativ zum Läufer aufweist, in jedem der betrachteten Fälle, d. h. für das Ständerkoordinatensystem mit $d\vartheta_s/dt = 0$ und $d\vartheta_r/dt = -(1-s)\Omega_s$, für das Läuferkoordinatensystem mit $d\vartheta_s/dt = (1-s)\Omega_s$ und $d\vartheta_r/dt = 0$ sowie für das Netzkoordinatensystem mit $d\vartheta_s/dt = \Omega_s$ und $d\vartheta_r/dt = s\,\Omega_s$ konstant. Damit ist das System der Spannungs- und Flußverkettungsgleichungen linear. Daraus folgt, daß zu jeder Komponente der Ständergrößen in (2.3), (2.4) bzw. (2.5) jeweils, d. h. entsprechend dem zur Beschreibung gewählten Koordinatensystem, hinsichtlich des Zeitverlaufs gleichartige Komponenten der Ströme, Spannungen und Flußverkettungen von Ständer und Läufer existieren und jede dieser Komponenten einzeln die Gln. (1.36) bis (1.39) erfüllt. Wenn der Wechselrichter also z. B. die Strangspannungen vorgibt und die Beschreibung in Läuferkoordinaten erfolgt, so liefert die Spannungsharmonische $\vec{u}^{\,r}_{s,13}$ mit $\nu = 13$ und dem Zeitglied $e^{j(12+s)\Omega_s t}$ über (1.36) bis (1.39) die zugehörigen Harmonischen $\vec{i}^{\,r}_{s,13}$, $\vec{i}^{\,r}_{r,13}$, $\vec{\psi}^{\,r}_{s,13}$ und $\vec{\psi}^{\,r}_{r,13}$ aller Ströme und Flußverkettungen mit dem gleichen Zeitglied. Aus diesen Überlegungen lassen sich wichtige allgemeine Schlußfolgerungen ziehen. Eine wichtige Frage z. B. ist, welche Frequenzen die Komponenten der Stranggrößen des Läufers besitzen, die den einzelnen Harmonischen der Stranggrößen des Ständers zugeordnet sind. Man erhält diese Aussage aus der Überlegung, daß zwischen den komplexen Augenblickswerten der Läufergrößen bei Beschreibung im Koordinatensystem des Läufers nach (1.11) und den Stranggrößen g_{ra}, g_{rb} und g_{rc} des Läufers dieselben Gln. (1.13) vermitteln, wie zwischen den komplexen Augenblickswerten der Ständergrößen bei Beschreibung im Koordinatensystem des Ständers nach (1.10) und den Stranggrößen des Ständers. Damit erhält man die Kreisfrequenz der Komponenten der Stranggrößen des Läufers aus dem Zeitglied dieser Komponenten in (2.5). In Tafel 2.1 sind die den Kreisfrequenzen der Ständergrößen nach (2.1) entsprechend den niedrigsten Werten der Ordnungszahlen nach (2.2) zugeordneten Kreisfrequenzen der Läufergrößen im interessierenden Arbeitsbereich zwischen Leerlauf (s=0) und Stillstand (s=1) dargestellt.

Tafel 2.1. Harmonische der Ständergrößen und Kreisfrequenzen der zugeordneten Komponenten der Läufergrößen

Harmonische der Ständergrößen		Kreisfrequenz der zugeordneten Komponente der Läufergrößen	
Ordnungszahl	Kreisfrequenz	allgemein	im Bereich $s = 0 \dots s = 1$
$\nu = 1$	Ω_s	$s\,\Omega_s$	$0 \dots \Omega_s$
$\nu = 5$	$5\,\Omega_s$	$(6-s)\,\Omega_s$	$6\,\Omega_s \dots 5\,\Omega_s$
$\nu = 7$	$7\,\Omega_s$	$(6+s)\,\Omega_s$	$6\,\Omega_s \dots 7\,\Omega_s$
$\nu = 11$	$11\,\Omega_s$	$(12-s)\,\Omega_s$	$12\,\Omega_s \dots 11\,\Omega_s$
$\nu = 13$	$13\,\Omega_s$	$(12+s)\,\Omega_s$	$12\,\Omega_s \dots 13\,\Omega_s$

Aus diesen Betrachtungen folgt, daß man offenbar die Strom-Spannungs-Beziehung für die höheren Harmonischen der Stranggrößen in Näherung als zwischen Leerlauf und Stillstand vom Schlupf unabhängig annehmen und im gesamten Bereich die im Stillstand geltende Beziehung verwenden kann. Diese Beziehung wiederum läßt sich aus der folgenden Überlegung gewinnen.

Die Spannungsgleichung (1.37) des Läufers bei Darstellung in Läuferkoordinaten nimmt mit $d\vartheta_r/dt = 0$ für die einzelnen Komponenten entsprechend (2.5) die Form

$$0 = R_r \vec{i}^{\,r}_{r,\nu} + \frac{d\vec{\psi}^{\,r}_{r,\nu}}{dt} \qquad (2.6)$$

an. Wenn die Kreisfrequenz Ω_s der Grundschwingung der Ständergrößen nicht zu klein ist, weisen alle Komponenten der Läufergrößen, die von den höheren Harmonischen der Ständergrößen herrühren, entsprechend (2.5) bzw. nach Tafel 2.1 so hohe Kreisfrequenzen auf, daß aus (2.6) folgt

$$\vec{\psi}^{r}_{r,\nu} = 0 \quad \text{bzw.} \quad \hat{\psi}_{r,\nu} = 0 \quad \text{für} \quad \nu > 1. \tag{2.7}$$

Damit vereinfacht sich die komplexe Darstellung der Läuferflußverkettung bei Darstellung in Läuferkoordinaten ausgehend von (2.5) zu

$$\vec{\psi}^{r}_{r} = \hat{\psi}_{r,1}\, e^{j(s\,\Omega_s t + \varphi_{\psi r,1})} \tag{2.8}$$

bzw. bei Darstellung in Netzkoordinaten zu

$$\vec{\psi}^{N}_{r} = \hat{\psi}_{r,1}\, e^{j\varphi_{\psi r,1}}. \tag{2.9}$$

Aus (1.38) folgt mit (2.7) als Beziehung zwischen Flußverkettung und Strom des Ständers für die höheren Harmonischen

$$\vec{\psi}'_{s,\nu} = L'_s\, \vec{i}_{s,\nu}. \tag{2.10}$$

Es vermittelt die transiente Ständerinduktivität nach (1.20). Aus (2.10) folgt mit (1.13), daß auch zwischen der ν-ten Harmonischen der Flußverkettung $\psi_{sa,\nu}$ und des Stroms $i_{sa,\nu}$ im Ständerstrang a die transiente Ständerinduktivität entsprechend

$$\psi_{sa,\nu} = L'_s\, i_{sa,\nu}$$

vermittelt. Damit erhält man als Spannungsgleichung der Harmonischen der Ordnungszahl ν in der Darstellung der komplexen Wechselstromrechnung

$$\begin{aligned} \underline{u}_{s,\nu} &= (R_s + j\,\nu\,\Omega_s L'_s)\,\underline{i}_{s,\nu} \\ &= (R_s + j\,\nu\gamma X'_s)\,\underline{i}_{s,\nu} \approx j\,\nu\gamma X'_s\,\underline{i}_{s,\nu}. \end{aligned} \tag{2.11}$$

Dabei ist $X'_s = \Omega_{sn} L'_s$ die transiente Reaktanz bzw. Gesamtstreureaktanz der Asynchronmaschine bei Nennfrequenz, die oft auch als ideelle Kurzschlußreaktanz X_i bezeichnet wird, und $\gamma = \Omega_s/\Omega_{sn} = f_s/f_{sn}$ das Verhältnis der Speisefrequenz zur Nennfrequenz. Unter dem Einfluß von Stromverdrängungserscheinungen, die sich bei höheren Frequenzen, d. h. für die höheren Harmonischen und insbesondere beim Käfigläufer, bemerkbar machen, wird die wirksame Reaktanz der Gesamtstreuung um einen Faktor $k_i < 1$ verringert. Dieser Sachverhalt ist bei quantitativen Berechnungen zu beachten, ebenso wie die durch die Stromverdrängung bedingte Vergrößerung des wirksamen Widerstands um einen Faktor $k_r > 1$, insbesondere beim Käfigläufer.

2.2. Drehmoment

Das Drehmoment erhält man über (1.40). Dabei ist an sich jede der dort angegebenen Beziehungen gleichberechtigt. Mit Rücksicht auf die Näherungsbeziehung für die komplexe Läuferflußverkettung, die als (2.8) bzw. (2.9) entwickelt wurde, und aufgrund der Überlegungen, die zu der Möglichkeit der genäherten Berechnung der Harmonischen des Ständerstroms als (2.11) führten, empfiehlt es sich jedoch, von der Beziehung

$$m = -\frac{3}{2}\, p\, k_r \,\mathrm{Im}\left\{\vec{\psi}^{N}_{r}\, \vec{i}^{N*}_{s}\right\} \tag{2.12}$$

auszugehen. Dabei wurde mit Rücksicht auf die später zu verwendende Formulierung für $\vec{\psi}_r$

nach (2.9) die Beschreibung in Netzkoordinaten vorgenommen. Damit gelten allgemein für $\vec{\psi}_r^N$ und $\vec{i}_s^N$ gleichartige Beziehungen entsprechend (2.4). Die Verwendung der Formulierungen für $\vec{\psi}_r$ und $\vec{i}_s$, die bei Beschreibung in einem anderen Koordinatensystem gelten, führt selbstverständlich auf die gleichen Aussagen für das Drehmoment.

Nach (2.12) liefert jede Komponente $\vec{\psi}_{r,\nu}^N$ der komplexen Läuferflußverkettung mit jeder Komponente $\vec{i}_{s,\nu}^N$ des komplexen Ständerstroms, die beide nach (2.4) aufgebaut sind, eine Komponente des Drehmoments. Es entsteht also eine Vielzahl derartiger Komponenten des Drehmoments. Dabei liefern die Komponenten von $\vec{\psi}_r^N$ und $\vec{i}_s^N$ gleicher Ordnungszahlen Beiträge zum mittleren Drehmoment, während solche unterschiedlicher Ordnungszahlen auf periodisch veränderliche Drehmomente, d. h. Pendelmomente, führen. Die Verhältnisse werden relativ übersichtlich, wenn man die Näherungsmöglichkeiten nutzt, die im Abschnitt 2.1 entwickelt wurden. Sie gehen davon aus, daß die höheren Harmonischen der Ständergrößen in ihrer Wirkung auf den Läufer im interessierenden Arbeitsbereich zwischen Leerlauf und Stillstand auf so hohe Werte der Frequenz der Stranggrößen des Läufers führen (s. Tafel 2.1), daß ihre Flußverkettungen entsprechend der Aussage des Induktionsgesetzes praktisch verschwinden. Damit existiert in der komplexen Läuferflußverkettung nur jener Anteil, der von der ersten Harmonischen der Ständergrößen herrührt und durch (2.9) gegeben ist. Der komplexe Ständerstrom in Netzkoordinaten lautet entsprechend (2.4)

$$\vec{i}_s^N = \hat{i}_{s,1} e^{j\varphi_{is,1}} + \hat{i}_{s,5} e^{-j(6\Omega_s t + \varphi_{is,5})} + \hat{i}_{s,7} e^{j(6\Omega_s t + \varphi_{is,7})}$$
$$+ \hat{i}_{s,11} e^{-j(12\Omega_s t + \varphi_{is,11})} + \hat{i}_{s,13} e^{j(12\Omega_s t + \varphi_{is,13})}$$
$$+ \dots \qquad (2.13)$$

Damit liefert (2.12) für das Drehmoment

$$m = \frac{3}{2} p k_r \hat{\psi}_{r,1} \hat{i}_{s,1} \Big[\sin(\varphi_{is,1} - \varphi_{\psi r,1})$$
$$- \frac{\hat{i}_{s,5}}{\hat{i}_{s,1}} \sin(6\Omega_s t + \varphi_{is,5} + \varphi_{\psi r,1}) + \frac{\hat{i}_{s,7}}{\hat{i}_{s,1}} \sin(6\Omega_s t + \varphi_{is,7} - \varphi_{\psi r,1})$$
$$- \frac{\hat{i}_{s,11}}{\hat{i}_{s,1}} \sin(12\Omega_s t + \varphi_{is,11} + \varphi_{\psi r,1}) + \frac{\hat{i}_{s,13}}{\hat{i}_{s,1}} \sin(12\Omega_s t + \varphi_{is,13} - \varphi_{\psi r,1})$$
$$\mp \dots \Big] \qquad (2.14)$$

Dabei ist

$$M = \frac{3}{2} p k_r \hat{\psi}_{r,1} \hat{i}_{s,1} \sin(\varphi_{is,1} - \varphi_{\psi r,1}) \qquad (2.15)$$

das zeitlich konstante Drehmoment der Grundschwingung. Daneben treten entsprechend (2.14) Pendelmomente der Frequenz

$$f_p = \nu_p f_s \qquad (2.16)$$

auf, wobei für die Ordnungszahl ν_p der Pendelmomente mit (2.2) gilt

$$\nu_p = 6k \; . \qquad (2.17)$$

Im ungünstigsten Fall addieren sich die Amplituden der jeweils beiden Pendelmomente gleicher Ordnungszahl in (2.14). Damit erhält man als Grundlage einer Abschätzung der Amplitude $\hat{m}_{p,\nu}$ des Pendelmoments der Ordnungszahl ν_p im Nennbetrieb, ausgehend von (2.14) und unter Beachtung von

$$\varphi_{is,1} - \varphi_{\psi r,1} \approx \frac{\pi}{2} - (\varphi_{us,1} - \varphi_{is,1}) = \frac{\pi}{2} - \varphi_s, \tag{2.18}$$

entsprechend Bild 1.7, d.h.

$$\sin(\varphi_{is,1} - \varphi_{\psi r,1}) \approx \cos\varphi_s:$$

$$\left(\frac{\hat{m}_{p,6}}{M_n}\right)_{max} \approx \frac{1}{\cos\varphi_{sn}}\left(\frac{\hat{i}_{s,5}}{\hat{i}_{s,1}} + \frac{\hat{i}_{s,7}}{\hat{i}_{s,1}}\right) \tag{2.19}$$

$$\left(\frac{\hat{m}_{p,12}}{M_n}\right)_{max} \approx \frac{1}{\cos\varphi_{sn}}\left(\frac{\hat{i}_{s,11}}{\hat{i}_{s,1}} + \frac{\hat{i}_{s,13}}{\hat{i}_{s,1}}\right). \tag{2.20}$$

Ausführliche Messungen /2.4/ haben ergeben, daß für getakteten Betrieb eines Spannungswechselrichters mit π-Einschaltung bei Standard-Asynchronmotoren mit Kurzschlußläufer folgende Pendelmomente zu erwarten sind:

$$\left.\begin{aligned} \frac{\hat{m}_{p,6}}{M_n} &= 0{,}10 \ldots 0{,}15 \\ \frac{\hat{m}_{p,12}}{M_n} &= 0{,}01 \ldots 0{,}05. \end{aligned}\right\} \tag{2.21}$$

Höherfrequente Pendelmomente sind kaum nachweisbar.

Die Pendelmomente führen zu Drehzahlschwankungen, wenn sie Torsionseigenfrequenzen des Läufersystems anregen oder wenn die Frequenz der Grundschwingung der Ständergrößen so klein wird, daß das Läufersystem als starrer Körper spürbare Pendelbewegungen ausführt. Im zweiten Falle erhält man aufgrund der zeitlichen Sinusförmigkeit der Pendelmomente, ausgehend von (1.8), für die Amplitude der Drehzahlpendelung

$$\Delta\hat{n}_{p,\nu} = \frac{\Delta\hat{m}_{p,\nu}}{2\pi J \nu_p \Omega_s}. \tag{2.22}$$

2.3. Verlustleistungen

2.3.1. Beeinflussung der Verlustleistungen der Grundschwingungsgrößen

Die Stromrichterspeisung der Asynchronmaschine erfolgt mit der Absicht, die Ständerstränge mit veränderlicher Frequenz einzuspeisen und damit eine Drehzahlstellung zu ermöglichen. Dazu ist es eigentlich erforderlich, sinusförmige Spannungen bzw. Ströme dieser veränderlichen Frequenz bereitzustellen. Damit ändern sich, wie im folgenden gezeigt wird, in einer gegebenen Maschine bei konstantem Drehmoment die einzelnen Verlustanteile. Das geschieht einerseits nach Maßgabe des Einflusses der Speisefrequenz bzw. der Leerlaufdrehzahl auf diese Verluste und andererseits nach Maßgabe der Steuerbedingung, nach der die Spannung aus verschiedenen Gründen in Abhängigkeit von der Frequenz geführt wird.

Mit Rücksicht auf die magnetische Beanspruchung der einzelnen Abschnitte des magnetischen Kreises, z.B. der mittleren Induktion über bestimmten Querschnitten, ist es erforderlich, die Spannung mit Verkleinerung der Frequenz ebenfalls abzusenken. Geht man davon aus, daß eine unveränderte Beanspruchung der Abschnitte des magnetischen Kreises dann vorliegt, wenn die Flußverkettung der Ständerstränge konstant bleibt, so folgt aus dem ersten Teil der Spannungsgleichung (1.71) als Steuerbedingung

$$\left|\frac{\underline{u}_s - R_s \underline{i}_s}{\Omega_s}\right| = \text{konst.} \qquad (2.23)$$

und bei Vernachlässigung des Einflusses des ohmschen Spannungsabfalls

$$\frac{\hat{u}_s}{\Omega_s} = \text{konst.} \qquad (2.24)$$

Die Steuerbedingungen nach (2.23) bzw. (2.24) lassen sich meist nicht im gesamten Stellbereich der Ständerfrequenz f_s realisieren. Ursache dafür ist hinsichtlich des Umrichters, daß dieser ohne Zwischenschaltung eines Transformators maximal nur eine Ausgangsspannung in Höhe der Spannung des speisenden Netzes zur Verfügung stellen kann. Hinsichtlich des Motors wird die eingeschränkte Realisierbarkeit der Steuerbedingung dadurch verursacht, daß der Anwender bestrebt ist, listenmäßige Serienerzeugnisse einzusetzen und diese für die üblichen Nennspannungen des speisenden Netzes ausgelegt sind. Im Normalfall läßt sich deshalb die Spannung zwar unterhalb der Nennfrequenz im erforderlichen Maß verkleinern, aber oberhalb der Nennfrequenz nicht vergrößern. In diesem Bereich muß dann mit konstanter Spannung gearbeitet werden, so daß sich die Ständerflußverkettung mit wachsender Frequenz verkleinert; es kommt zur Feldschwächung.

Die Ummagnetisierungsverluste ändern sich, wenn die magnetische Beanspruchung überall im magnetischen Kreis durch Einhalten der Steuerbedingungen konstant bleibt, nach Maßgabe ihrer Abhängigkeit von der Frequenz, d. h., der Hystereseanteil ist linear und der Wirbelstromanteil quadratisch von der Frequenz abhängig. Wenn die Steuerbedingung nicht mehr dafür sorgt, daß die magnetische Beanspruchung konstant bleibt, erhält man einen zusätzlichen Einfluß auf die Ummagnetisierungsverluste. Das gilt z. B. für den Feldschwächebereich, indem oberhalb einer bestimmten Frequenz mit konstanter Spannung gearbeitet wird. Die Ständerflußverkettung und damit die magnetische Beanspruchung der Abschnitte des magnetischen Kreises sinken dann proportional mit $1/f_s$. Sie beeinflussen die Ummagnetisierungsverluste etwa quadratisch, so daß in diesem Bereich der Wirbelstromanteil konstant bleibt und der Hystereseanteil sogar nach Maßgabe $1/f_s$ kleiner wird.

Die Wicklungsverluste setzen sich aus den Ständerwicklungsverlusten und den Läuferwicklungsverlusten zusammen. Erstere sind dem Quadrat des Ständerstroms und letztere dem Quadrat des Läuferstroms proportional. Beide Ströme sind aufgrund der magnetischen Kopplung zwischen Ständer und Läufer voneinander abhängig. Quantitativ erhält man, ausgehend von der ersten Gl. (1.38) in der Darstellung der komplexen Wechselstromrechnung

$$\underline{i}_r = -\frac{L_s}{L_m}\underline{i}_s + \frac{\psi_s}{L_m} = -\frac{L_s}{L_m}\left(\underline{i}_s - \frac{\psi_s}{L_s}\right). \qquad (2.25)$$

Dabei ist ψ_s/L_s offenbar der Ständerstrom bei $i_r = 0$, d. h. also der Magnetisierungsstrom, der bei hinreichendem Abstand vom Leerlauf gegenüber dem Ständerstrom selbst vernachlässigt werden kann, so daß dort

$$\hat{i}_r = \frac{L_s}{L_m}\hat{i}_s$$

ist.

Die gesamten Wicklungsverluste ändern sich dementsprechend bei konstantem Drehmoment nach Maßgabe der Änderung des Ständerstroms. Diese Änderung ist dadurch gegeben, daß sich je nach der Form, in der die Spannung in Abhängigkeit von der Frequenz geführt wird, sowohl der Betrag der für das Drehmoment verantwortlichen Ständerflußverkettung als auch deren Phasenlage zum Ständerstrom ändern können. Markante Erhöhungen der Wicklungsverluste würden im Feldschwächbereich auftreten, in dem die Ständerflußverkettung wegen der konstant gehaltenen Spannung proportional $1/f_s$ kleiner wird und damit die Ströme im gleichen Maß größer werden müßten, um das gleiche Drehmoment zu erzeugen. Das kann jedoch aus thermischen Gründen nicht zugelassen werden. Es ist deshalb erforderlich, das Drehmoment im Feldschwächbereich so weit herabzusetzen, daß die Ströme und damit die Wicklungsverluste unverändert bleiben.

2.3.2. Verlustleistungen durch Oberschwingungen

Der reale Wechselrichter auf Basis von Halbleiterbauelementen ist, wie die Betrachtungen im Abschnitt 0.3 der Einleitung gezeigt haben, wenn man von Pulsumrichtern mit gegenüber der Grundschwingung der Ausgangsgrößen extrem hohen Pulsfrequenzen absieht, nicht in der Lage, sinusförmige Ausgangsgrößen bereitzustellen. Seine Ausgangsgrößen stellen zwar als deren Grundschwingungen die gewünschte sinusförmige Größe zur Verfügung, sie bestehen aber daneben aus je einer Folge von Oberschwingungen der Spannungen und Ströme, von denen eine durch das Umrichterkonzept bedingt ist und die andere als Rückwirkung der Asynchronmaschine entsteht. Wenn man den Näherungsbetrachtungen im Abschnitt 2.2 folgt, so haben aber diese Oberschwingungen keinen Beitrag zum mittleren Drehmoment zur Folge [s. (2.14)]. Sie rufen jedoch Verlustleistungen hervor, die im folgenden zu betrachten sind.

Die Ummagnetisierungsverluste der Spannungsoberschwingungen werden durch die Komponente des magnetischen Feldes in der Maschine hervorgerufen, deren in den Wicklungssträngen induzierten Spannungen entsprechend dem Induktionsgesetz der jeweiligen Spannungsoberschwingungen bis auf den ohmschen Spannungsabfall über dem Wicklungswiderstand das Gleichgewicht halten. Diese Komponente ruft natürlich Ummagnetisierungsverluste hervor, deren Ursache die Spannungsoberschwingungen sind. Dabei kann man davon ausgehen, daß dieses Magnetfeld der Spannungsoberschwingungen, entsprechend den Überlegungen im Abschnitt 2.2, nicht in das Läuferblechpaket eindringt, sondern sich über Streuwege der Läuferwicklung schließt. Es entstehen dann im wesentlichen nur im Ständer Ummagnetisierungsverluste. Ihre quantitative Abschätzung kann wie folgt vorgenommen werden.

Da die Hystereseverluste als nichtlinear an die Materialeigenschaften des Eisens gebundener Effekt nicht dem Überlagerungsprinzip genügen, wird angenommen, daß die gesamten Ummagnetisierungsverluste als Wirbelstromverluste entstehen. Außerdem wird vorausgesetzt, daß sich das Magnetfeld der Spannungsoberschwingungen in seiner räumlichen Verteilung in der Maschine ebenso ausbildet wie das der Grundschwingungen und entsprechend den oben angestellten Überlegungen wie dort nur im Ständer Verluste auftreten, wenn auch aus anderen Gründen. Aufgrund der Gleichwertigkeit der Feldausbildung kann als Maß für die magnetische Beanspruchung der einzelnen Abschnitte des magnetischen Kreises die Ständerflußverkettung verwendet werden. Die Ummagnetisierungsverluste sind dann dem Quadrat der Flußverkettung und dem der Frequenz proportional. Man erhält für die Verluste der Spannungsoberschwingungen mit der Ordnungszahl ν, bezogen auf die der Grundschwingung

$$\frac{P_{vu,\nu}}{P_{vu,1}} = \left(\frac{\hat{\psi}_{s,\nu}\,\nu f_s}{\hat{\psi}_{s,1}\,f_s}\right)^2 = \nu^2\left(\frac{\hat{\psi}_{s,\nu}}{\hat{\psi}_{s,1}}\right)^2. \qquad (2.27)$$

Dabei ist entsprechend dem Induktionsgesetz (s. z. B. (1.2))

$$\frac{\hat{\psi}_{s,}}{\hat{\psi}_{s,1}} = \frac{\hat{u}_{s,\nu}}{\hat{u}_{s,1}}\,\frac{f_s}{\nu f_s} = \frac{1}{\nu}\,\frac{\hat{u}_{s,\nu}}{\hat{u}_{s,1}}. \qquad (2.28)$$

Damit wird

$$\frac{P_{vu,\nu}}{P_{vu,1}} = \left(\frac{\hat{u}_{s,\nu}}{\hat{u}_{s,1}}\right)^2,$$

und man erhält für die gesamten Ummagnetisierungsverluste P_{vuo} durch Spannungsoberschwingungen, bezogen auf die Ummagnetisierungsverluste der Grundschwingung,

$$\frac{P_{vuo}}{P_{vu,1}} = \sum_{\nu=5}^{\infty} \left(\frac{\hat{u}_{s,\nu}}{\hat{u}_{s,1}} \right)^2 . \tag{2.29}$$

Wenn die Einspeisung mit rechteckförmigen Spannungen erfolgt, d. h. ungepulster Betrieb bei π-Taktung vorliegt, liefert die Fourier-Analyse

$$\frac{\hat{u}_{s,\nu}}{\hat{u}_{s,1}} = \frac{1}{\nu}$$

und man erhält

$$\frac{P_{vuo}}{P_{vu,1}} = \sum_{\nu=5}^{\infty} \frac{1}{\nu^2} \approx 0,1. \tag{2.30}$$

Die Wicklungsverluste durch Stromoberschwingungen entstehen sowohl in der Ständer- als auch in der Läuferwicklung. In der Ständerwicklung wirken die Stromoberschwingungen des Ständers, deren Ordnungszahlen durch (2.2) gegeben sind. Ihre Amplituden $\hat{i}_{s,\nu}$ sind beim Stromwechselrichter unmittelbar durch die Ausführung des Wechselrichters festgelegt. Dagegen gibt der Spannungswechselrichter das Spektrum der Amplituden $\hat{u}_{s,\nu}$ der Spannungsoberschwingungen vor, und man erhält die Amplituden der Stromoberschwingungen als Rückwirkung des Motors genähert mit Hilfe der Gl. (2.11). Jede Stromoberschwingung liefert einen Beitrag zu den Wicklungsverlusten durch Stromoberschwingungen im Ständer. Dabei muß strenggenommen beachtet werden, daß sich bei den höheren Harmonischen der Stromoberschwingungen aufgrund ihrer hohen Frequenz $f_{s,\nu} = \nu f_s$ in der Ständerwicklung Stromverdrängungserscheinungen bemerkbar machen können. Diese entstehen dadurch, daß sich dem Strom im Einzelleiter innerhalb des Nutgebiets, herrührend vom Streufeld in der Nut, eine Wirbelströmung überlagert. Die Verluste dieser Wirbelströme werden üblicherweise als Verluste des Ständerstroms in einem entsprechend vergrößert gedachten Wicklungswiderstand berechnet. Dabei wird die Vergrößerung des Ständer-Strangwiderstands R_s auf $k_{rs}R_s$ mit Hilfe des sogenannten Widerstandsverhältnisses k_r beschrieben, für das stets gilt $k_r > 1$. Dabei wird k_r um so größer, je höher die Frequenz ist, je größer die radialen Leiterabmessungen sind und je mehr Leiter übereinander in der Nut liegen. Man erhält für die Ständerwicklungsverluste P_{vwos} durch Stromoberschwingungen

$$P_{vwos} = 3 R_s \sum_{\nu=5}^{\infty} k_{rs}(f_{s,\nu})\, I_{s,\nu}^2 . \tag{2.31}$$

Den Stromoberschwingungen des Ständers sind über den ersten Teil der Gl. (1.39) mit $\vec{\psi}_{r,\nu} = 0$ entsprechend den Überlegungen im Abschnitt 2.1 [s. (2.7)] Stromkomponenten des Läufers

$$I_{r,\nu} = \frac{L_m}{L_r} I_{s,\nu} \tag{2.32}$$

zugeordnet. Sie entstehen durch die Rückwirkung der Läuferströme auf das Feld, das die Stromoberschwingungen des Ständers aufbauen. Ihre Frequenz $f_{r,\nu}$ ist entsprechend (2.5) gegeben als (s. auch Tafel 2.1)

$$f_{r,\nu} = \left[\nu \overset{-}{(+)} (1-s)\right] f_s = \left[\nu \overset{-}{(+)} (1-s)\right] \gamma f_{sn}, \tag{2.33}$$

wobei wie in (1.71) bzw. (2.11) das Frequenzverhältnis $\gamma = f_s/f_{sn}$ eingeführt wurde.

Sie rufen in den Wicklungssträngen der dreisträngigen Ersatzwicklung des Läufers die Läuferwicklungsverluste P_{vwor} durch von den Ständerstromoberschwingungen verursachte Läuferstromkomponenten hervor, entsprechend

$$P_{vwor} = 3 R_r \sum_{\nu=5}^{\infty} k_{rr}(f_{r,\nu}) I_{r,\nu}^2 . \tag{2.34}$$

Dabei ist zu beachten, daß das Widerstandsverhältnis k_{rr} für die Läuferwicklung aufgrund der großen radialen Leiterabmessungen der Stäbe des Kurzschlußkäfigs für höhere Frequenzen sehr große Werte annehmen kann. Die Läuferstromkomponenten hoher Frequenz fließen praktisch nur in der Nähe der Staboberkante. Wenn der Kurzschlußkäfig mit der üblichen Technologie des Druckgießens hergestellt wird, sind die Nutschlitze mit Leitermaterial ausgefüllt. Durch die Stromverdrängung werden die Läuferstromkomponenten höherer Frequenz in diesen Bereich des Nutschlitzes gedrängt. Sie finden dort aufgrund der geringen Breite des Nutschlitzes einen hohen Widerstand vor. Das Widerstandsverhältnis k_{rr} und damit die Läuferwicklungsverluste durch die Läuferstromkomponenten höherer Frequenz werden sehr groß. Es ist vielfach üblich, den Anteil der Verluste der Ständeroberschwingungsströme und der diesen zugeordneten Läuferstromkomponenten, der durch die Stromverdrängungserscheinungen hervorgerufen wird, als Zusatzverluste zu bezeichnen. Man kann dann sagen, daß die Verluste der Ständeroberschwingungsströme und der diesen zugeordneten Läuferstromkomponenten selbst, d. h. ohne den Anteil durch Stromverdrängung, im wesentlichen nur von der Ausführung des Wechselrichters beeinflußt werden, da der Parametersatz R_s, R_r, X_s' des Motors für eine gegebene Baugröße weitgehend festliegt. Dagegen werden die Zusatzverluste, vor allem im Läufer, durch die spezielle Motorkonstruktion und die Technologie ihrer Herstellung beeinflußt.

Es verbleibt zu vermerken, daß die Stromverdrängungserscheinungen nicht nur mit zusätzlichen Verlusten verbunden sind, die sich in einer scheinbaren Erhöhung des Wicklungswiderstands ausdrücken, sondern natürlich auch die Streufelder beeinflussen. Dabei kommt es mit der Tendenz, die Ströme zur Nutöffnung hin zu verdrängen, zum Abbau an Nutfeld in den unteren Gebieten der Nut. Dem entspricht eine Verkleinerung der zugeordneten Streuinduktivität und damit der transienten Induktivität nach (1.20) und (1.21), die sich als Gesamtstreuinduktivitäten unmittelbar aus den einzelnen Streuinduktivitäten der Ständer- und Läuferwicklung ergeben.[1)] Dasselbe gilt dann natürlich für die zugeordneten Reaktanzen, z. B. in (2.11).

2.4. Thermische Grenzkennlinien

Die Betrachtungen im Abschnitt 2.3.1 hatten gezeigt, daß sich bereits die Verlustleistungen, die mit den Grundschwingungen der Ständer- und Läufergrößen verbunden sind, bei konstantem Drehmoment in Anhängigkeit von der Speisefrequenz f_s gegenüber den Werten, die sie bei Nennfrequenz f_{sn} aufweisen, ändern. Andererseits ist die Wärmeabgabefähigkeit des Gehäuses einer oberflächenbelüfteten Asynchronmaschine aufgrund der Eigenbelüftung durch den auf der Welle angeordneten Lüfter drehzahlabhängig; sie verringert sich nach kleinen Drehzahlen, d. h. nach kleinen Speisefrequenzen hin. Mit Rücksicht auf die erwartete Lebensdauer des Isoliersystems darf jedoch die Temperatur der Wicklungen im Dauerbetrieb gewisse Werte, die durch die Wärmebeständigkeit des eingesetzten Isoliersystems gegeben sind, nicht übersteigen. Aus diesen Gründen ist es erforderlich, das Drehmoment bei Änderung der Speisefrequenz in dem Maße herabzusetzen, daß die dann auftretenden Verluste und die dann vorliegende Wärmeabgabefähigkeit des Gehäuses auf gerade noch zulässige Wicklungstemperaturen führen.

Unter dem Einfluß der Spannungs- und Stromoberschwingungen im Ständer und den zugeordneten Stromkomponenten im Läufer entstehen, entsprechend den Überlegungen im Abschnitt 2.3.2, weitere Verlustanteile. Um ihren Einfluß auf die Erwärmung der Wicklungen

---

1) siehe z. B. [2.2] Abschnitt 10.1.1

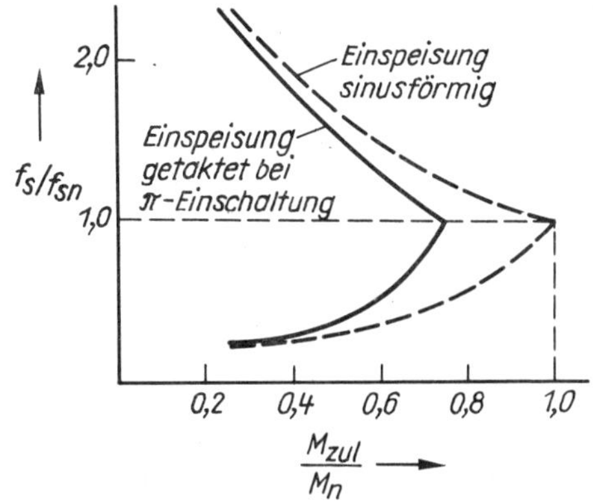

Bild 2.1. Thermische Grenzkennlinie eines Asynchronmotors bei sinusförmiger und bei getakteter Einspeisung mit π-Einschaltung

zu kompensieren, ist es erforderlich, die zulässigen Werte des Drehmoments bei der jeweiligen Speisefrequenz weiter zu verkleinern. Insbesondere muß auch bei Betrieb mit Nennfrequenz über den Umrichter eine gewisse Drehmomentreduzierung in Kauf genommen werden. Die erforderliche Reduzierung des Drehmoments ist unterhalb der Nennfrequenz in erster Linie durch die starke Verschlechterung der Wärmeabgabefähigkeit bedingt und oberhalb der Nennfrequenz durch den starken Anstieg der Verluste. Letzteres gilt vor allem dann, wenn in diesem Bereich mit Feldschwächung, d. h. mit konstanter Spannung und damit zurückgehender Flußverkettung, gearbeitet wird. Wenn man die Punkte in der Drehzahl-Drehmoment-Ebene, die Wertepaaren der Speisefrequenz und des aus thermischen Gründen zulässigen Drehmoments zugeordnet sind, miteinander verbindet, erhält man die sogenannte Thermische Grenzkennlinie. Im Bild 2.1 ist ein Beispiel einer derartigen Kennlinie dargestellt. Es ist zu beachten, daß die Form der thermischen Grenzkennlinie nicht nur vom Motortyp abhängt, sondern hinsichtlich des Oberschwingungseinflusses auch von der Ausführungsform des Umrichters.

3. Die Asynchronmaschine als Regelstrecke

Die folgenden Untersuchungen sollen auf das Kleinsignalverhalten beschränkt bleiben. Damit gelten bei Beschreibung im allgemeinen Koordinatensystem K in Komponentendarstellung für die Änderungen die Gln. (1.98) bis (1.103) und für die stationären Ausgangsgrößen die Gln. (1.73) bis (1.77). Da im folgenden ausschließlich das Kleinsignalverhalten betrachtet wird, kann auf die Kennzeichnung der Variablen als Änderungsgrößen verzichtet werden. Variable in Kleinschreibweise führen dementsprechend im weiteren stets nur kleine Änderungen gegenüber dem stationären Ausgangszustand aus.

Die spezielle Form der Zustandsgleichungen (1.104) und (1.105) hängt von der grundsätzlichen Ausführung des Umrichters als Spannungs- oder Stromumrichter ab. Im ersten Fall bestimmt der Umrichter die Ständerspannungen der Asynchronmaschine; es liegt eine Spannungssteuerung vor. Im zweiten Fall diktiert der Umrichter die Ständerströme der Asynchronmaschine, und man erhält eine Stromsteuerung.

3.1. Spannungssteuerung der Asynchronmaschine

3.1.1. Allgemeine Beziehungen

Im Falle der Spannungssteuerung treten im System der Gln. (1.98) bis (1.103) als Steuergrößen außer den Ständerspannungen u_{sx} und u_{sy} die Winkelgeschwindigkeiten ω_s und ω_r des Netzkoordinatensystems relativ zum Ständer bzw. relativ zum Läufer auf. Dabei repräsentieren u_{sx} und u_{sy} mit (1.84) die Änderung der Amplitude der Ständerspannung. Die Steuergröße ω_s ist entsprechend (1.82), (1.87) und (1.91) unmittelbar durch die Änderung des Zeitverlaufs bzw. der Frequenz der Ständerspannung gegeben, und die Steuergröße ω_r ergibt sich entsprechend (1.90) und (1.97) aus der Differenz zwischen ω_s und der Änderung der mechanischen Winkelgeschwindigkeit der schematischen zweipoligen Anordnung. Letztere ist über (1.5) mit der tatsächlichen Winkelgeschwindigkeit bzw. mit der Drehzahl verknüpft. Als Zustandsgrößen erscheinen die Flußverkettungen ψ_{sx}, ψ_{sy}, ψ_{rx} und ψ_{ry}, und Ausgangsgrößen sind die Ströme i_{sx} und i_{sy} sowie das von der Maschine entwickelte Drehmoment m. Damit lauten die Vektoren $\vec{x}$, $\vec{u}$ und $\vec{y}$:

$$\vec{x} = \begin{pmatrix} \psi_{sx} \\ \psi_{sy} \\ \psi_{rx} \\ \psi_{ry} \end{pmatrix}, \quad \vec{u} = \begin{pmatrix} u_{sx} \\ u_{sy} \\ \omega_s \\ \omega_r \end{pmatrix}, \quad \vec{y} = \begin{pmatrix} i_{sx} \\ i_{sy} \\ m \end{pmatrix}.$$

Durch Umstellen der Gln. (1.98) bis (1.103) erhält man aus den allgemeinen Formulierungen der Zustandsgleichungen nach (1.104) und (1.105) als spezielle Form für die spannungsgesteuerte Asynchronmaschine

$$\begin{pmatrix} \dot{\psi}_{sx} \\ \dot{\psi}_{sy} \\ \dot{\psi}_{rx} \\ \dot{\psi}_{ry} \end{pmatrix} = \vec{A}_u \begin{pmatrix} \psi_{sx} \\ \psi_{sy} \\ \psi_{rx} \\ \psi_{ry} \end{pmatrix} + \vec{B}_u \begin{pmatrix} u_{sx} \\ u_{sy} \\ \omega_s \\ \omega_r \end{pmatrix}$$

$$= \begin{pmatrix} -\frac{1}{T'_s} & \Omega_s & \frac{k_r}{T'_s} & 0 \\ -\Omega_s & -\frac{1}{T'_s} & 0 & \frac{k_r}{T'_s} \\ \frac{k_s}{T'_r} & 0 & -\frac{1}{T'_r} & \Omega_r \\ 0 & \frac{k_s}{T'_r} & -\Omega_r & -\frac{1}{T'_r} \end{pmatrix} \begin{pmatrix} \psi_{sx} \\ \psi_{sy} \\ \psi_{rx} \\ \psi_{ry} \end{pmatrix} + \begin{pmatrix} 1 & 0 & \Psi_{sy} & 0 \\ 0 & 1 & -\Psi_{sx} & 0 \\ 0 & 0 & 0 & \Psi_{rx} \\ 0 & 0 & 0 & \Psi_{ry} \end{pmatrix} \begin{pmatrix} u_{sx} \\ u_{sy} \\ \omega_s \\ \omega_r \end{pmatrix} \qquad (3.2)$$

$$\begin{pmatrix} i_{sx} \\ i_{sy} \\ m \end{pmatrix} = \vec{C}_u \begin{pmatrix} \psi_{sx} \\ \psi_{sy} \\ \psi_{rx} \\ \psi_{ry} \end{pmatrix} = \begin{pmatrix} \frac{1}{L'_s} & 0 & -\frac{k_r}{L'_s} & 0 \\ 0 & \frac{1}{L'_s} & 0 & -\frac{k_r}{L'_s} \\ -K\Psi_{ry} & K\Psi_{rx} & K\Psi_{sy} & -K\Psi_{sx} \end{pmatrix} \begin{pmatrix} \psi_{sx} \\ \psi_{sy} \\ \psi_{rx} \\ \psi_{ry} \end{pmatrix} \qquad (3.3)$$

mit

$$K = \frac{3}{2} p \frac{k_r}{L'_s} \ . \qquad (3.4)$$

Der Zustandsbeschreibung durch (3.2) und (3.3) ist das allgemeine Signalflußbild der spannungsgesteuerten Asynchronmaschine entsprechend Bild 3.1 zugeordnet. Man erkennt, daß die spannungsgesteuerte Asynchronmaschine weit davon entfernt ist, ein unverzögertes proportionales Verhalten zwischen den Ausgangsgrößen, insbesondere dem Drehmoment, und den Steuergrößen zu zeigen, wie es im Idealfall erwartet wird und bei der Gleichstrommaschine weitgehend der Fall ist. Es treten im Gegenteil mehrfache Kopplungen zwischen Ständer und Läufer einerseits und zwischen den Komponenten g_x und g_y der Veränderlichen andererseits auf. Dabei kommen Verzögerungsglieder mit den transienten Zeitkonstanten T'_s und T'_r nach (1.45) bzw. (1.46) des Ständers bzw. des Läufers zur Wirkung. Im Bild 3.2 sind Wertebereiche der Zeitkonstanten von Niederspannungs-Asynchronmaschinen in Abhängigkeit von der Leistung dargestellt. Die transienten Zeitkonstanten von Ständer und Läufer sind jeweils gleich groß. Das ist dadurch begründet, daß einerseits die gleichen Streufelder von Ständer und Läufer zur Wirkung kommen und andererseits die beiden Wicklungen etwa die gleiche Menge an Leitermaterial enthalten.

Ein befriedigendes dynamisches Verhalten der spannungsgesteuerten Asynchronmaschine ist erst zu erwarten, wenn es durch Nutzung der Steuergrößen u_{sx} und u_{sy} gelingt, dafür zu sorgen, daß das Übertragungsverhalten zwischen den Ausgangsgrößen und den Steuergrößen ω_s und ω_r in größerem Maße dem Idealfall eines unverzögerten proportionalen Verhaltens nahe gebracht wird. Wie in den folgenden Abschnitten gezeigt wird, ist das möglich, indem eine der beiden Betriebsweisen

Betrieb mit konstanter Ständerflußverkettung
Betrieb mit konstanter Läuferflußverkettung

durch geeignete Einflußnahmen auf die Steuergrößen organisiert wird. Man bezeichnet derartige Verfahren als F l u ß s t e u e r v e r f a h r e n. Sie werden durch entsprechende Entkopplungsnetzwerke realisiert.

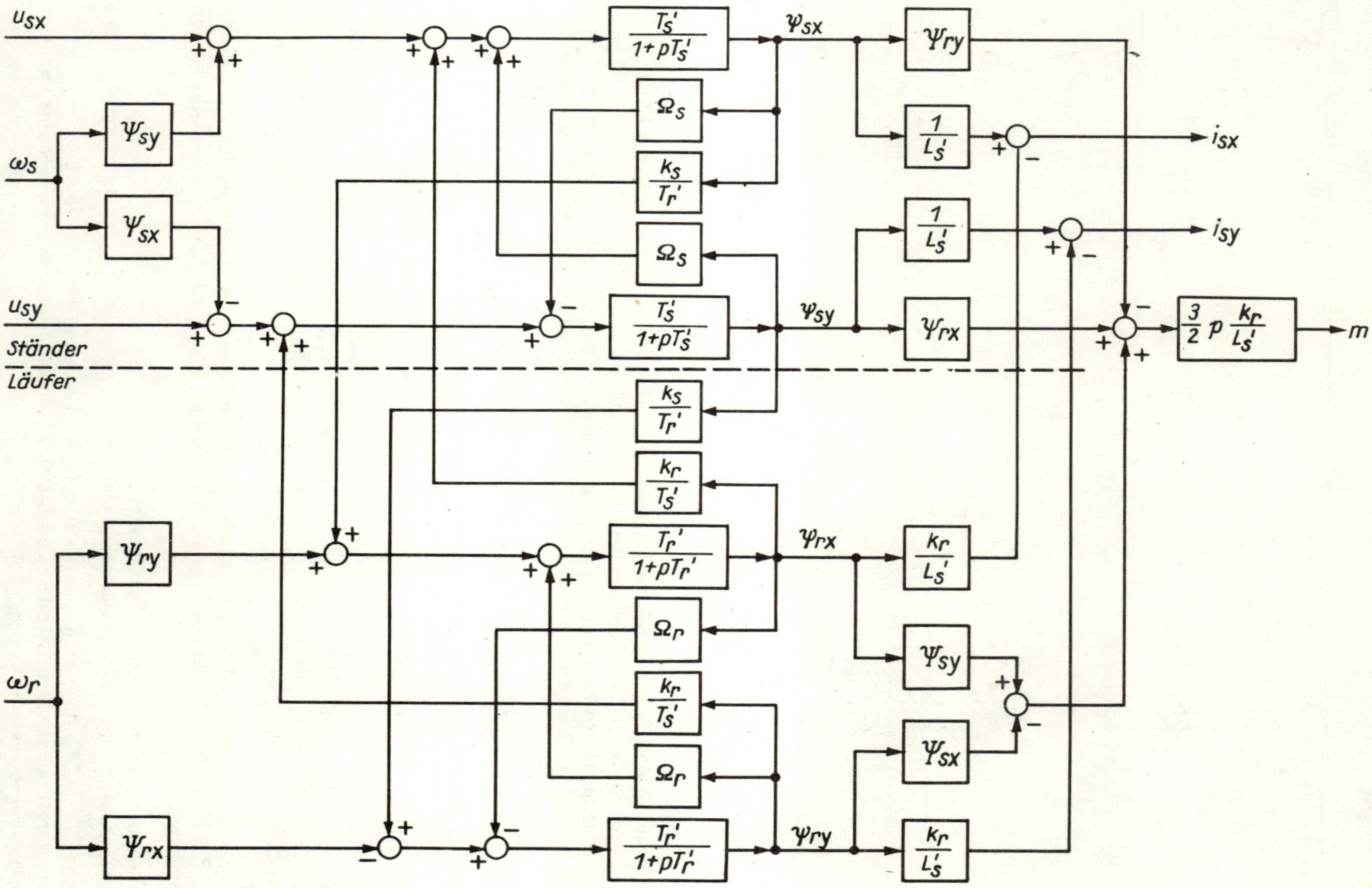

Bild 3.1. Vollständiges Signalflußbild der spannungsgesteuerten Asynchronmaschine

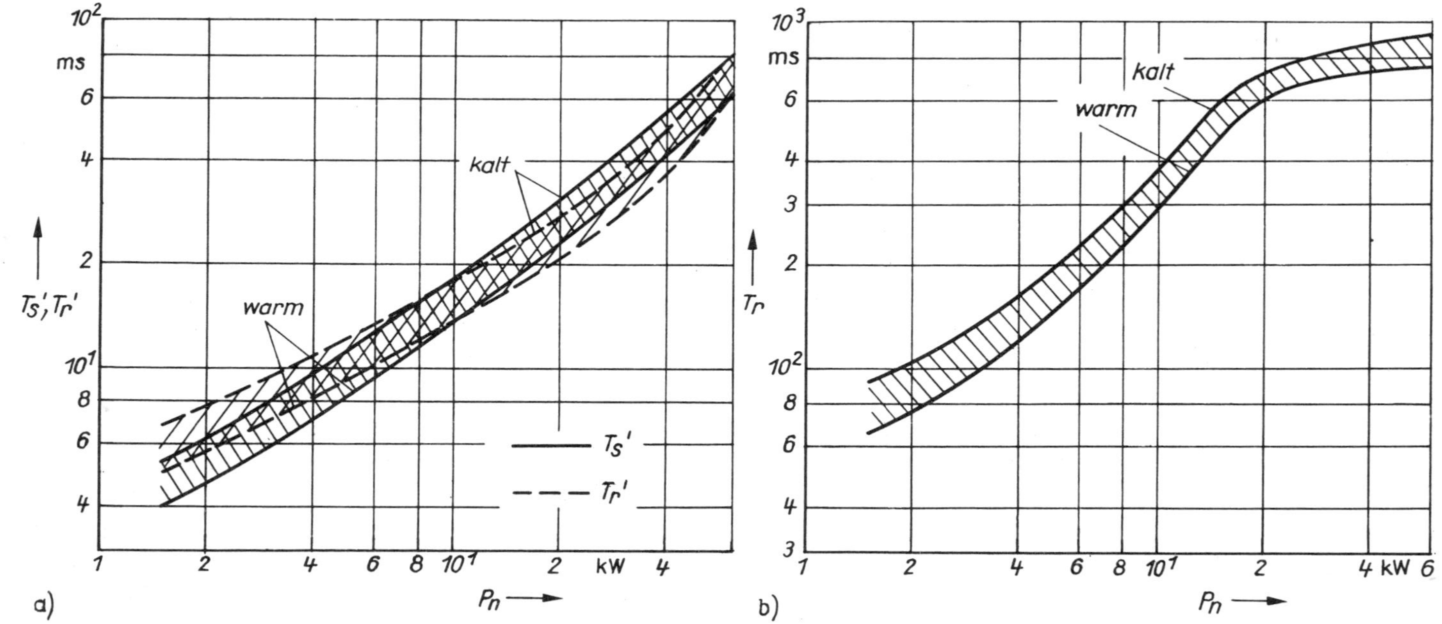

Bild 3.2. Zeitkonstanten der Standard-Motorenreihe vom Typ KMR des VEB Kombinat Elektromaschinenbau in Abhängigkeit von der Nennleistung

a) transiente Zeitkonstanten T_s' und T_r' des Ständers bzw. Läufers; b) Leerlaufzeitkonstante T_r des Läufers

3.1.2. Betrieb mit konstanter Ständerflußverkettung

Der Betrieb mit konstanter Ständerflußverkettung macht es erforderlich, dafür zu sorgen, daß für die Änderungen der Ständerflußverkettung gegenüber dem stationären Ausgangszustand bzw. für das Kleinsignalverhalten gilt

$$\left.\begin{aligned} \psi_{sx} &= 0 \\ \psi_{sy} &= 0. \end{aligned}\right\} \qquad (3.5)$$

Ausgehend von dieser Forderung empfiehlt es sich, die Matrixdarstellung der Zustandsbeschreibung nach (3.2) dahingehend aufzulösen, daß getrennte Beziehungen für ψ_{sx} und ψ_{sy} einerseits und ψ_{rx} und ψ_{ry} andererseits entstehen. Man erhält

$$\begin{pmatrix} \dot{\psi}_{sx} \\ \dot{\psi}_{sy} \end{pmatrix} = \begin{pmatrix} -\frac{1}{T'_s} & \Omega_s \\ -\Omega_s & -\frac{1}{T'_s} \end{pmatrix} \begin{pmatrix} \psi_{sx} \\ \psi_{sy} \end{pmatrix} + \begin{pmatrix} 1 & 0 & \Psi_{sy} & \frac{k_r}{T'_s} & 0 \\ 0 & 1 & -\Psi_{sx} & 0 & \frac{k_r}{T'_s} \end{pmatrix} \begin{pmatrix} u_{sx} \\ u_{sy} \\ \omega_s \\ \psi_{rx} \\ \psi_{ry} \end{pmatrix}, \qquad (3.6)$$

$$\begin{pmatrix} \dot{\psi}_{rx} \\ \dot{\psi}_{ry} \end{pmatrix} = \begin{pmatrix} -\frac{1}{T'_r} & \Omega_r \\ -\Omega_r & -\frac{1}{T'_r} \end{pmatrix} \begin{pmatrix} \psi_{rx} \\ \psi_{ry} \end{pmatrix} + \begin{pmatrix} \frac{k_s}{T'_r} & 0 \\ 0 & \frac{k_s}{T'_r} \end{pmatrix} \begin{pmatrix} \psi_{sx} \\ \psi_{sy} \end{pmatrix} + \begin{pmatrix} \Psi_{ry} \\ -\Psi_{rx} \end{pmatrix} \omega_r \qquad (3.7)$$

$$\begin{pmatrix} i_{sx} \\ i_{sy} \\ m \end{pmatrix} = \begin{pmatrix} \frac{1}{L'_s} & 0 \\ 0 & \frac{1}{L'_s} \\ -K\Psi_{ry} & K\Psi_{rx} \end{pmatrix} \begin{pmatrix} \psi_{sx} \\ \psi_{sy} \end{pmatrix} + \begin{pmatrix} -\frac{k_r}{L'_s} & 0 \\ 0 & -\frac{k_r}{L'_s} \\ K\Psi_{sy} & -K\Psi_{sx} \end{pmatrix} \begin{pmatrix} \psi_{rx} \\ \psi_{ry} \end{pmatrix} \qquad (3.8)$$

mit K nach (3.4).
Aus (3.6) folgt als Bedingung dafür, daß (3.5) realisiert, d. h. $\psi_{sx} = \psi_{sy} = 0$ wird:

$$\begin{pmatrix} 1 & 0 & \Psi_{sy} & \frac{k_r}{T'_s} & 0 \\ 0 & 1 & -\Psi_{sx} & 0 & \frac{k_r}{T'_s} \end{pmatrix} \begin{pmatrix} u_{sx} \\ u_{sy} \\ \omega_s \\ \psi_{rx} \\ \psi_{ry} \end{pmatrix} = 0. \qquad (3.9)$$

Das wird auch deutlich, wenn man (3.6) als spezielle Form der allgemeinen Zustandsgleichung (1.104) deutet und das zugeordnete Signalflußbild nach Bild 1.8 betrachtet.

Bisher wurde noch keine Festlegung darüber getroffen, wie das Netzkoordinatensystem fixiert werden soll. Ausgehend vom betrachtenden Betrieb mit konstanter Ständerflußverkettung bietet es sich an, diese Festlegung nunmehr dahingehend zu treffen, daß $\vec{\Psi}_s$ im stationären Ausgangszustand - und damit wegen $\vec{\psi}_s = 0$ auch während jedes Übergangsvorgangs - in der reellen Achse des allgemeinen Koordinatensystem liegt, wie es Bild 1.7a für den stationären Ausgangszustand zeigt. Man erhält eine feldorientierte Beschreibung.

Es wird

$$\left.\begin{aligned} &\vec{\Psi}_s = \Psi_{sx} = \Psi_s \\ \text{bzw.}\quad &\Psi_{sy} = 0. \end{aligned}\right\} \tag{3.10}$$

Die feldorientierte Beschreibung entsprechend $\vec{\Psi}_s = \Psi_s$ im Verein mit dem Betrieb mit konstanter Ständerflußverkettung, d. h. mit $\vec{\psi}_s = 0$, bewirkt, daß das Feldkoordinatensystem auch bei nichtstationären Vorgängen keine Bewegung relativ zum Netzkoordinatensystem durchführt, das an die Ständerspannung gebunden ist.

Die Gln. (3.7) und (3.8) liefern mit $\psi_{sx} = \psi_{sy} = 0$ nach (3.5) und in der feldorientierten Beschreibung, für die (3.10) gilt, unmittelbar die Zustandsgleichungen der spannungsgesteuerten Asynchronmaschine bei Betrieb mit konstanter Ständerflußverkettung:

$$\begin{pmatrix} \dot{\psi}_{rx} \\ \dot{\psi}_{ry} \end{pmatrix} = \begin{pmatrix} -\frac{1}{T'_r} & \Omega_r \\ -\Omega_r & \frac{1}{T'_r} \end{pmatrix} \begin{pmatrix} \psi_{rx} \\ \psi_{ry} \end{pmatrix} + \begin{pmatrix} \Psi_{ry} \\ -\Psi_{rx} \end{pmatrix} \omega_r \tag{3.11}$$

$$\begin{pmatrix} i_{sx} \\ i_{sy} \\ m \end{pmatrix} = \begin{pmatrix} -\frac{k_r}{L'_s} & 0 \\ 0 & -\frac{k_r}{L'_s} \\ 0 & -K\Psi_s \end{pmatrix} \begin{pmatrix} \psi_{rx} \\ \psi_{ry} \end{pmatrix}. \tag{3.12}$$

Der Vektor der Steuergrößen entartet in die allein noch vorhandene Steuergröße ω_r, das ist entsprechend (1.92) die Änderung der Winkelgeschwindigkeit zwischen dem Feldkoordinatensystem und dem Läuferkoordinatensystem bzw. die Änderung der Differenz zwischen der Kreisfrequenz der Ständergrößen und der mechanischen Winkelgeschwindigkeit des Läufers der schematischen zweipoligen Anordnung. Bei der quasistationären Betrachtungsweise entspricht ω_r der Kreisfrequenz der Läufergrößen.

Die Zustandsgleichungen (3.11) und (3.12) lauten in ausgeschriebener Form:

$$p\psi_{rx} = -\frac{1}{T'_r}\psi_{rx} + \Omega_r \psi_{ry} + \Psi_{ry}\omega_r \tag{3.13}$$

$$p\psi_{ry} = \frac{1}{T'_r}\psi_{ry} - \Omega_r \psi_{rx} - \Psi_{rx}\omega_r \tag{3.14}$$

$$i_{sx} = -\frac{k_r}{L'_s}\psi_{rx} \tag{3.15}$$

$$i_{sy} = -\frac{k_r}{L'_s}\psi_{ry} \tag{3.16}$$

$$m = -K\Psi_s \psi_{ry}. \tag{3.17}$$

Sie werden durch das Signalflußbild repräsentiert, das Bild 3.3 wiedergibt. Man erkennt, daß die Bildung des Drehmoments bei Änderung der Steuergröße ω_r nach Maßgabe der transienten Läuferzeitkonstanten T'_r verzögert ist.

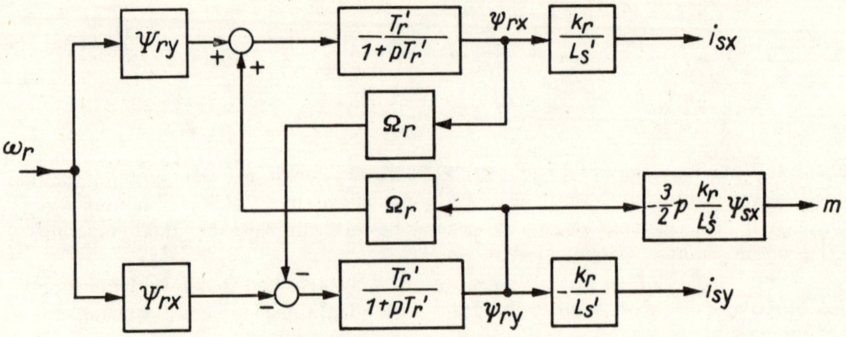

Bild 3.3. Signalflußbild der spannungsgesteuerten Asynchronmaschine bei Betrieb mit konstanter Ständerflußverkettung und feldorientierter Beschreibung entsprechend $\vec{\Psi}_s = \Psi_s$

Die Steuerbedingungen zur Realisierung des Betriebs mit konstanter Ständerflußverkettung erhält man unmittelbar aus (3.9) unter Beachtung der feldorientierten Beschreibung nach (3.10) in ausgeschriebener Form zu

$$u_{sx} = -\frac{k_r}{T_s}, \quad \psi_{rx} = R_s\, i_{sx}, \tag{3.18}$$

$$u_{sy} = \Psi_s\, \omega_s - \frac{k_r}{T_s}, \quad \psi_{ry} = \Psi_s\, \omega_s + R_s\, i_{sy}. \tag{3.19}$$

Dabei wurde berücksichtigt, daß entsprechend (3.15) und (3.16) mit $T_s' = L_s'/R_s$ nach (1.45)

$$\frac{k_r}{T_s'}\, \psi_{rx} = -R_s\, i_{sx}$$

und

$$\frac{k_r}{L_s'}\, \psi_{ry} = -R_s\, i_{sy}$$

ist.

Maschinen größerer Leistung weisen im Arbeitsbereich zwischen Leerlauf und Nennbetrieb sehr kleine Schlupfwerte auf, so daß mit (1.68) $\Omega_r = s\,\Omega_s$ sehr kleine Werte annimmt. Wenn man $\Omega_r = 0$ setzt, verschwindet in (3.13) und (3.14) bzw. im Signalflußbild nach Bild 3.3 die Kopplung zwischen den Komponenten g_{rx} und g_{ry}.

Weiterhin gilt im Arbeitsbereich zwischen Leerlauf und Nennbetrieb, daß, ausgehend von (1.41) und (1.42),

$$\vec{\Psi}_s \approx k_r\, \vec{\Psi}_r \tag{3.20}$$

$$\vec{\Psi}_r \approx k_s\, \vec{\Psi}_s \tag{3.21}$$

ist, da mit der ersten Gl. (1.71)

$$\frac{L_s'\, \hat{i}_{sn}}{\hat{\psi}_{sn}} \approx \frac{\Omega sn\, L_s'}{U_{sn}}\, I_{sn} = \frac{X_s'}{U_{sn}}\, I_{sn} = \frac{1}{\left(\frac{I_{sa}}{I_{sn}}\right)} \tag{3.22}$$

mit dem Anzugsstrom $I_{sa} = U_{sn}/X'_s$ und mit $\hat{i}_{rn} \approx \frac{L_s}{L_m} \hat{i}_{sn}$ sowie (3.20)

$$\frac{L'_r \hat{i}_{rn}}{\hat{\psi}_{rn}} \approx \frac{L'_s \hat{i}_{sn}}{\hat{\psi}_{sn}} \tag{3.23}$$

ist.

Dabei ist der relative Anzugsstrom (I_{sa}/I_{sn}) in (3.22) bei größeren Maschinen und solchen mit nicht zu großer Polpaarzahl stets größer als 5, so daß

$$\frac{1}{\left(\frac{I_{sa}}{I_{sn}}\right)} < 0,2$$

wird.

Aus (3.20) und (3.21) folgt, daß in dem an der Ständerflußverkettung orientierten Koordinatensystem mit $\vec{\Psi}_s = \Psi_s$ auch $\vec{\Psi}_r \approx \Psi_r \approx \Psi_{rx}$ wird, d. h. Ψ_{ry} klein im Vergleich zu Ψ_{rx} bzw. Ψ_r bleibt, wie auch aus Bild 1.7 hervorgeht.

Mit $\Omega_r = 0$ und $\Psi_{ry} = 0$ wird entsprechend (3.13) $\psi_{rx} = 0$ und mit (3.15) $i_{sx} = 0$, wie auch das Signalflußbild nach Bild 3.3 erkennen läßt. Man erhält unter Beachtung von (3.21) ein Signalflußbild, das für größere Maschinen im Arbeitsbereich zwischen Leerlauf und Nennbetrieb näherungsweise gilt, wie es Bild 3.4 zeigt /3.10/ /3.11/ /3.12/. Es ist dem der Gleichstrommaschine ähnlich.

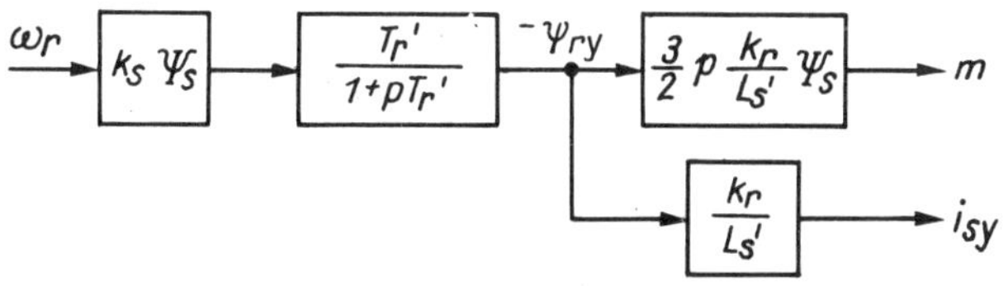

Bild 3.4. Vereinfachtes Signalflußbild der spannungsgesteuerten Asynchronmaschine bei Betrieb mit konstanter Ständerflußverkettung und feldorientierter Beschreibung entsprechend $\vec{\psi}_s = \psi_s$ unter der Voraussetzung $\Omega_r \approx 0$ und $\psi_{ry} = 0$

Die Realisierung der Steuerbedingung entsprechend (3.18) und (3.19) wird im Abschnitt 6.1.2 behandelt.

3.1.3. Betrieb mit konstanter Läuferflußverkettung

Der Betrieb mit konstanter Läuferflußverkettung als zweiter Weg eines Flußsteuerverfahrens erfordert, daß für die Änderungen der Läuferflußverkettungen gegenüber dem stationären Ausgangszustand bzw. für das Kleinsignalverhalten die Bedingungen

$$\left.\begin{aligned} \psi_{rx} &= 0 \\ \psi_{ry} &= 0 \end{aligned}\right\} \tag{3.24}$$

realisiert werden. Die Ableitung der Steuerbedingungen, die für die Konstanz der Läuferflußverkettungen sorgen, und der neuen Zustandsbeschreibung, die unter deren Wirkung entsteht, kann ausgehend von (3.6) bis (3.8) erfolgen, die im Abschnitt 3.1.2 unter dem Aspekt hergeleitet wurden, für die Ständerflußverkettungen und für die Läuferflußverkettungen getrennte Beziehungen zu erhalten. Aus (3.7) gewinnt man als Bedingungen für die Einhaltung der Gln. (3.24)

$$\begin{pmatrix} \frac{k_s}{T'_r} & 0 \\ 0 & \frac{k_s}{T'_r} \end{pmatrix} \begin{pmatrix} \psi_{sx} \\ \psi_{sy} \end{pmatrix} + \begin{pmatrix} \Psi_{ry} \\ -\Psi_{rx} \end{pmatrix} \omega_r = 0 . \tag{3.25}$$

Die Entstehung dieser Aussagen läßt sich wiederum dadurch veranschaulichen, daß man (3.7) als spezielle Form der allgemeinen Zustandsgleichung (1.104) ansieht und das zugeordnete Signalflußbild nach Bild 1.8 betrachtet. Das allgemeine Koordinatensystem empfiehlt, sich jetzt feldorientiert an die Läuferflußverkettung dahingehend zu binden, daß $\vec{\Psi}_r$ im stationären Ausgangszustand und damit wegen $\vec{\dot{\psi}}_r = 0$ auch während jedes Übergangsvorgangs, in der reellen Achse liegt, wie es Bild 1.7b für den stationären Ausgangszustand zeigt. Die feldorientierte Beschreibung ist also jetzt dadurch gekennzeichnet, daß gilt

$$\left.\begin{aligned} &\vec{\Psi}_r = \Psi_{rx} = \Psi_r \\ \text{bzw.}\quad &\Psi_{ry} = 0. \end{aligned}\right\} \tag{3.26}$$

Im Falle des Betriebs mit konstanter Läuferflußverkettung, d. h. mit $\vec{\dot{\psi}}_r = 0$, erhält man mit der Fixierung der feldorientierten Beschreibung an der Läuferflußverkettung ein Feldkoordinatensystem, das auch im nichtstationären Betrieb keine Bewegung relativ zum Netzkoordinatensystem, das an die Ständerspannung gebunden ist, durchführt.

Die Gln. (3.6) und (3.8) gehen in ausgeschriebener Form mit $\psi_{rx} = \psi_{ry} = 0$ entsprechend (3.24) und in der feldorientierten Beschreibung, für die (3.26) gilt, über in

$$p\,\psi_{sx} = -\frac{1}{T'_s}\,\psi_{sx} + \Omega_s\,\psi_{sy} + u_{sx} + \Psi_{sy}\,\omega_s \tag{3.27}$$

$$p\,\psi_{sy} = -\frac{1}{T'_s}\,\psi_{sy} - \Omega_s\,\psi_{sx} + u_{sy} - \Psi_{sx}\,\omega_s \tag{3.28}$$

$$i_{sx} = \frac{1}{L'_s}\,\psi_{sx} \tag{3.29}$$

$$i_{sy} = \frac{1}{L'_s}\,\psi_{sy} \tag{3.30}$$

$$m = K\,\Psi_r\,\psi_{sy} \tag{3.31}$$

mit K nach (3.4).

Die Bedingungen für den Betrieb mit konstanter Läuferflußverkettung nach (3.25) gehen in ausgeschriebener Form unter Beachtung der feldorientierten Beschreibung, für die (3.26) gilt, über in

$$\psi_{sx} = 0, \tag{3.32}$$

$$\frac{k_s}{T'_r}\,\psi_{sy} - \Psi_r\,\omega_r = 0. \tag{3.33}$$

Damit liefern die Gln. (3.27) und (3.28) als Steuerbedingungen für die Realisierung des Betriebs mit konstanter Läuferflußverkettung

$$u_{sx} = -\,\Omega_s\,\frac{T'_r}{k_s}\Psi_r\,\omega_r - \Psi_{sy}\,\omega_s \tag{3.34}$$

$$u_{sy} = \frac{T'_r}{T'_s}\,\frac{1}{k_s}\,(1 + p\,T'_s)\,\omega_r + \Psi_{sx}\,\omega_s. \tag{3.35}$$

Man erkennt, daß die Komponente u_{sy} der Ständerspannung als Steuergröße ein Vorhalteglied $1+p\,T'_s$ enthält, das die ständerseitige Verzögerung entsprechend $1/(1+p\,T'_s)$ kompensiert. Die Realisierung eines Steuergesetzes nach (3.35) stößt allerdings auf Schwierigkeiten. Deshalb ist der Betrieb der spannungsgesteuerten Asynchronmaschine mit konstanter Läuferflußverkettung nicht problemlos.

Andererseits erhält man mit (3.33) aus (3.31) für das Drehmoment unter Beachtung der Gln. (1.20) bis (1.23) und (1.26)

$$m = K \frac{T'_r}{k_s} \psi_r^2 \, \omega_r = \frac{3}{2} p \frac{1}{R_r} \psi_r^2 \, \omega_r . \tag{3.36}$$

Das Drehmoment ist also unverzögert proportional der Differenz zwischen den Winkelgeschwindigkeiten des Feldkoordinatensystems und des Läuferkoordinatensystems bzw. der Differenz zwischen der Kreisfrequenz der Ständergrößen und der mechanischen Winkelgeschwindigkeit des Läufers der schematischen zweipoligen Anordnung. Bei einer quasistationären Betrachtungsweise entspricht ω_r der Kreisfrequenz der Läufergrößen.

Aus (3.29) folgt mit $\psi_{sx} = 0$ entsprechend (3.32)

$$i_{sx} = 0. \tag{3.37}$$

Da die Steuergrößen u_{sx}, u_{sy} und ω_s zur Realisierung des Betriebs mit konstanter Läuferflußverkettung in Form der Steuerbedingungen nach (3.34) und (3.35) benötigt werden, verbleibt als einzige Steuergröße ω_r. Das Signalflußbild nimmt unter Beachtung der Gln. (3.32), (3.33) und (3.37) sowie mit (3.30) und (3.36) die im Bild 3.5 dargestellte Form an.

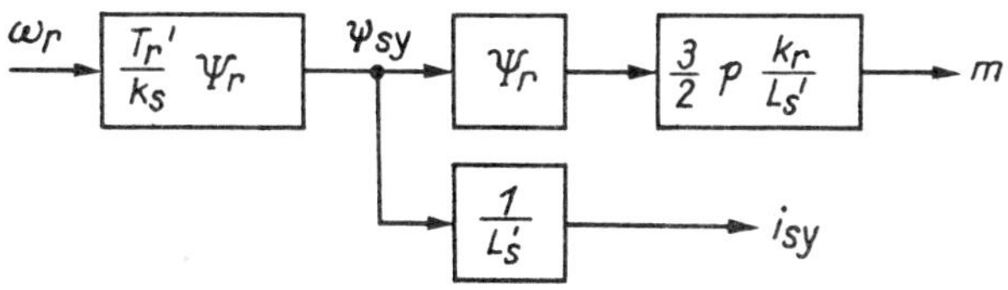

Bild 3.5. Signalflußbild der spannungsgesteuerten Asynchronmaschine bei Betrieb mit konstanter Läuferflußverkettung und feldorientierter Beschreibung entsprechend $\vec{\psi}_r = \psi_r$

3.2. Stromsteuerung der Asynchronmaschine

3.2.1. Allgemeine Beziehungen

Im Falle der Stromsteuerung treten im System der Gln. (1.98) bis (1.103) als Steuergrößen zunächst die Ständerströme i_{sx} und i_{sy} auf. Wenn man davon ausgeht, daß die als Rückwirkung der Asynchronmaschine entstehenden Ständerspannungen u_{sx} und u_{sy} das stromsteuernde Verhalten des Umrichters nicht beeinflussen, werden die Ständerspannungsgleichungen (1.98) und (1.99) für die Untersuchung des Verhaltens der Asynchronmaschine nicht benötigt. Damit braucht aber auch die Winkelgeschwindigkeit ω_s des allgemeinen Koordinatensystems K relativ zum Ständer, die nur in diesen Gleichungen in Erscheinung tritt, nicht mehr als Steuergröße mitgeführt zu werden. Aus dem gleichen Grunde entfallen die Ständerflußverkettungen ψ_{sx} und ψ_{sy} als Zustandsgrößen. Als interessierende Ausgangsgröße tritt allein das Drehmoment auf.

Ausgehend von den vorstehenden Überlegungen nehmen die Vektoren $\vec{x}$, $\vec{u}$ und $\vec{y}$ in der Formulierung der Zustandsgleichungen nach (1.104) und (1.105) folgende Formen an:

$$\vec{x} = \begin{pmatrix} \psi_{rx} \\ \psi_{ry} \end{pmatrix}; \qquad \vec{u} = \begin{pmatrix} i_{sx} \\ i_{sy} \\ \omega_r \end{pmatrix}; \qquad \vec{y} = m. \tag{3.38}$$

Die ausgeschriebene Form der Zustandsbeschreibung nach (1.104) für den speziellen Fall der stromgesteuerten Asynchronmaschine wird aus (1.100) und (1.101) gewonnen, indem mit Hilfe der Gln. (1.54) und (1.55) die Ständerflußverkettungen ψ_{sx} und ψ_{sy} eliminiert werden. Man erhält

$$\begin{pmatrix} \dot{\Psi}_{rx} \\ \dot{\Psi}_{ry} \end{pmatrix} = \begin{pmatrix} -\frac{1}{T_r} & \Omega_r \\ -\Omega_r & -\frac{1}{T_r} \end{pmatrix} \begin{pmatrix} \Psi_{rx} \\ \Psi_{ry} \end{pmatrix} + \begin{pmatrix} \frac{L_m}{T_r} & 0 & \Psi_{ry} \\ 0 & \frac{L_m}{T_r} & -\Psi_{rx} \end{pmatrix} \begin{pmatrix} i_{sx} \\ i_{sy} \\ \omega_r \end{pmatrix}. \tag{3.39}$$

Dabei gilt für die Leerlaufzeitkonstante T_r der Läuferwicklung unter Beachtung der Gln. (1.21) und (1.24)

$$T_r = \frac{L_r}{R_r} = \frac{1}{\sigma} T'_r = \frac{1}{1-k_s k_r} T'_r, \tag{3.40}$$

und das Matrixelement L_m/T_r ergibt sich mit (1.20) und (1.22) aus

$$\frac{L_m}{T_r} = \frac{k_s L'_s}{T'_r}. \tag{3.41}$$

Die ausgeschriebene Form der Zustandsbeschreibung nach (1.105) für den speziellen Fall der stromgesteuerten Asynchronmaschine gewinnt man, ausgehend von der Beziehung für das Drehmoment nach (1.102), indem wiederum die Ständerflußverkettungen Ψ_{sx} und Ψ_{sy} mit Hilfe der Gln. (1.54) und (1.55) durch die Läuferflußverkettungen und die Ständerströme ausgedrückt werden.
Man erhält

$$m = \frac{3}{2} p\, k_r (I_{sy} \;\; -I_{sx}) \begin{pmatrix} \Psi_{rx} \\ \Psi_{ry} \end{pmatrix} + \frac{3}{2} p\, k_r (-\Psi_{ry} \;\; \Psi_{rx} \;\; 0) \begin{pmatrix} i_{sx} \\ i_{sy} \\ \omega_r \end{pmatrix}. \tag{3.42}$$

Dabei ergeben sich die Matrixelemente I_{sy} und $-I_{sx}$ unter Beachtung der Gln. (1.54) und (1.55) aus

$$I_{sy} = \frac{1}{L'_s} (\Psi_{sy} - k_r \Psi_{ry}) \tag{3.43}$$

$$I_{sx} = \frac{1}{L'_s} (\Psi_{sx} - k_r \Psi_{rx}). \tag{3.44}$$

Dem System der Gln. (3.39) und (3.42) ist das Signalflußbild der stromgesteuerten Asynchronmaschine nach Bild 3.6 zugeordnet. Im Vergleich zum Signalflußbild der spannungsgesteuerten Asynchronmaschine nach Bild 3.1 erkennt man, daß an die Stelle der transienten Läuferzeitkonstanten T'_r die Leerlaufzeitkonstante T_r des Läufers nach (3.40) tritt.

Aus Bild 3.6 erkennt man, daß die stromgesteuerte Asynchronmaschine, ähnlich wie die spannungsgesteuerte, die im Abschnitt 3.1 behandelt wurde und auf das Signalflußbild nach Bild 3.1 führte, erheblich entfernt ist von einem unverzögerten proportionlen Verhalten zwischen Ausgangs- und Steuergrößen. Es treten Kopplungen zwischen den Komponenten g_{rx} und g_{ry} auf, und es werden Verzögerungsglieder mit der Leerlaufzeitkonstanten des Läufers wirksam.

Wie im folgenden Abschnitt zu zeigen ist, wird der Idealfall eines unverzögerten proportionalen Verhaltens erreicht, wenn durch geeignete Einflußnahme auf die Steuergrößen ein Flußsteuerverfahren realisiert wird, das einen Betrieb mit konstanter Läuferflußverkettung zur Folge hat.

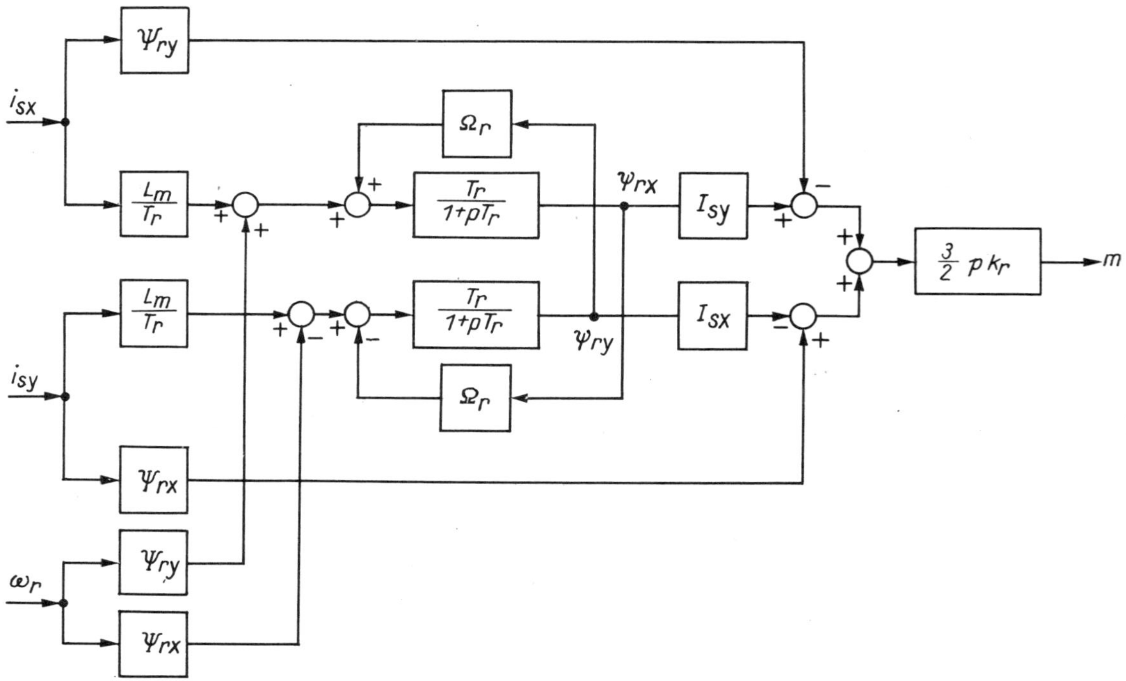

Bild 3.6. Vollständiges Signalflußbild der stromgesteuerten Asynchronmaschine

3.2.2. Betrieb mit konstanter Läuferflußverkettung

Der Betrieb mit konstanter Läuferflußverkettung erfordert ebenso wie im Falle der spannungsgesteuerten Asynchronmaschine, daß für die Änderungen der Läuferflußverkettungen gegenüber dem stationären Ausgangszustand bzw. für deren Kleinsignalverhalten (3.24) gilt, d. h. $\psi_{rx} = \psi_{ry} = 0$ ist.

Die Steuerbedingung, die für die Konstanz der Läuferflußverkettung sorgt, erhält man mit $\psi_{rx} = \psi_{ry} = 0$ unmittelbar aus (3.39) zu

$$\begin{bmatrix} \frac{L_m}{T_r} & 0 & \Psi_{ry} \\ 0 & \frac{L_m}{T_r} & -\Psi_{rx} \end{bmatrix} \begin{bmatrix} i_{sx} \\ i_{sy} \\ \omega_r \end{bmatrix} = 0. \tag{3.45}$$

Auch in diesem Fall läßt sich die Aussage anschaulich dadurch interpretieren, daß (3.39) als spezielle Form der allgemeinen Zustandsgleichung (1.104) gedeutet und das zugehörige Signalflußbild nach Bild 1.8 betrachtet wird.

Wie bei der Betrachtung der spannungsgesteuerten Asynchronmaschine bei Betrieb mit konstanter Läuferflußverkettung empfiehlt es sich, eine feldorientierte Beschreibung zu verwenden, die durch (3.26) gegeben ist. Damit ist $\Psi_{rx} = \Psi_r$ und $\Psi_{ry} = 0$, und die Gln. (3.45) gehen in ausgeschriebener Form über in die Steuerbedingungen

$$i_{sx} = 0, \tag{3.46}$$

$$i_{sy} = \frac{T_r}{L_m} \Psi_r \, \omega_r . \tag{3.47}$$

Das Drehmoment erhält man aus (3.42) mit $\psi_{rx} = \psi_{ry} = 0$ und $\Psi_{ry} = 0$ sowie $\Psi_{rx} = \Psi_r$ zu

$$m = \frac{3}{2} p \, k_r \, \Psi_r \, i_{sy} . \tag{3.48}$$

Das Drehmoment ist unverzögert und proportional von der Steuergröße i_{sy} abhängig. Man erhält das extrem einfache Signalflußbild nach Bild 3.7.

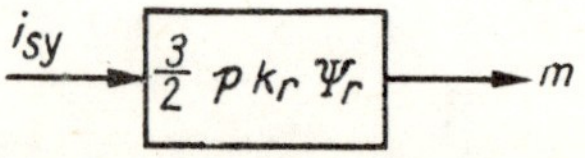

Bild 3.7. Signalflußbild der stromgesteuerten Asynchronmaschine bei Betrieb mit konstanter Läuferflußverkettung und feldorientierter Beschreibung entsprechend $\vec{\psi}_r = \psi_r$

3.3. Der stationäre Betrieb bei konstanter Flußverkettung

Wenn man die Ständer- oder die Läuferflußverkettung nicht nur während einer Änderung des Betriebszustands einer Asynchronmaschine gegenüber einem bestimmten stationären Ausgangszustand konstant hält, sondern durch geeignete Steuerungsverfahren dafür sorgt, daß für alle stationären Ausgangszustände jeweils die gleiche Flußverkettung auftritt, d. h. im gesamten Arbeitsbereich des stationären Betriebs entweder die Ständerflußverkettung oder die Läuferflußverkettung konstant sind, so erhält man dadurch bedingte stationäre Betriebskennlinien, die im folgenden zu ermitteln sind.

Dabei gelten die folgenden Betrachtungen zunächst sowohl für die spannungsgesteuerte als auch für die stromgesteuerte Asynchronmaschine, da für den stationären Betrieb die gleichen Beziehungen gelten; unabhängig davon, ob die Spannung vorgegeben und daraus der Strom zu bestimmen ist oder umgekehrt.

Im stationären Betrieb bei konstanter Ständerflußverkettung gelten die Beziehungen des stationären Betriebs nach (1.73) bis (1.77) unter Einführung der feldorientierten Beschreibung, die durch (3.10) gegeben ist und $\Psi_{sx} = \Psi_s$ = konst., $\Psi_{sy} = 0$ zur Folge hat. Zusätzlich erhält man aus (1.54) und (1.55) für die Ströme

$$I_{sx} = \frac{1}{L'_s}(\Psi_s - k_r \Psi_{rx}) \tag{3.49}$$

$$I_{sy} = -\frac{k_r}{L'_s}\Psi_{ry}. \tag{3.50}$$

Aus den Spannungsgleichungen (1.75) und (1.76) des Läufers folgen die Läuferflußverkettungen zu

$$\Psi_{rx} = \frac{k_s}{1+\Omega_r^2 T_r'^2}\Psi_s \tag{3.51}$$

$$\Psi_{ry} = -\frac{k_s \Omega_r T'_r}{1+\Omega_r^2 T_r'^2}\Psi_s. \tag{3.52}$$

Damit liefert (1.77) für das Drehmoment

$$M = \frac{3}{2}p\frac{k_r k_s}{L'_s}\Psi_s^2 \frac{1}{\Omega_r T'_r + \dfrac{1}{\Omega_r T'_r}} = M_{kipp}\frac{2}{\dfrac{\Omega_r}{\Omega_{r\,kipp}} + \dfrac{\Omega_{r\,kipp}}{\Omega_r}}. \tag{3.53}$$

Dabei ist Ω_r im stationären Betrieb die Differenz der Winkelgeschwindigkeiten des synchron mit Ω_s umlaufenden Feldkoordinatensystems und der des Läufers der schematischen zweipoligen Anordnung. Ω_r stellt also die Abweichung der Winkelgeschwindigkeit des Läufers von der synchronen Winkelgeschwindigkeit, bezogen auf die zweipolige Anordnung, dar. Das Drehmoment ist Null für $\Omega_r = 0$, d. h. im Leerlauf, und verschwindet ein zweites Mal für sehr große Werte von Ω_r. Dazwischen durchläuft es offenbar einen Maximalwert, und zwar - wie aus (3.53) sofort folgt - bei

$$\Omega_{r\,kipp} = \frac{1}{T'_r}, \tag{3.54}$$

der als Kippmoment

$$M_{kipp} = \frac{3}{4}p\frac{k_r k_s}{L'_s}\Psi_s^2 \tag{3.55}$$

bezeichnet wird. Gleichung (3.53) entspricht der bekannten Kloss'schen Beziehung, die man mit $R_s = 0$ für den stationären Betrieb am Netz starrer Spannung herleiten kann.[1]

Sowohl $\Omega_{r\,kipp}$ als auch M_{kipp} sind unabhängig von Ω_s, d. h. unabhängig von der Speisefrequenz. Die bekannten Drehzahl-Drehmoment-Kennlinien der Asynchronmaschine werden also bei Betrieb mit konstanter Ständerflußverkettung in Abhängigkeit von der Speisefrequenz parallel verschoben.[2]

Für die Ständerspannungen erhält man aus (1.73) und (1.74) unter Beachtung der feldorientierten Beschreibung, für die (3.10) gilt, und bei Einführung der Ständerströme nach (3.49) und (3.50)

$$U_{sx} = R_s I_{sx} \tag{3.56}$$

$$U_{sy} = \Omega_s \Psi_s + R_s I_{sy}. \tag{3.57}$$

---

1) siehe z. B. [2.2] Abschnitt 10.1.4
2) siehe z. B. [2.2] Abschnitt 12.2

Daraus folgt für die Klemmenspannung unter Beachtung von (1.48) sowie der Beziehung zwischen den komplexen Augenblickswerten in Netzkoordinaten und der Darstellung der komplexen Wechselstromrechnung nach (1.69)

$$\underline{u}_s = R_s \underline{i}_s + j\,\Omega_s \underline{\Psi}_s = R_s \underline{i}_s + j\,\gamma\,\Omega_{sn} \underline{\Psi}_s. \tag{3.58}$$

Die Klemmenspannung muß also, um die Konstanz der Ständerflußverkettung zu gewährleisten in Abhängigkeit vom Frequenzverhältnis $\gamma = f_s/f_{sn}$ und nach Maßgabe des zu kompensierenden ohmschen Spannungsabfalls geführt werden.

Im stationären Betrieb bei konstanter Läuferflußverkettung gelten die allgemeinen Beziehungen des stationären Betriebs nach (1.73) bis (1.77) unter Einführung der zugeordneten feldorientierten Beschreibung, die durch (3.26) gegeben ist und zur Folge hat, daß $\Psi_{rx} = \Psi_r = \text{konst.}$ und $\Psi_{ry} = 0$ ist.

Damit erhält man aus den Spannungsgleichungen (1.75) und (1.76) des Läufers unmittelbar

$$\Psi_{sx} = \frac{1}{k_r}\Psi_r, \tag{3.59}$$

$$\Psi_{sy} = \frac{\Omega_r T'_r}{k_s}\Psi_r. \tag{3.60}$$

Die Beziehungen für die Komponenten des Ständerstroms erhält man aus (1.54) und (1.55) unter Einführung der feldorientierten Beschreibung, die durch (3.26) gegeben ist, sowie mit (3.59) und (3.60) unter Beachtung von (1.20), (1.23) und (1.24) zu

$$I_{sx} = \frac{1}{L'_s}(\Psi_{sx} - k_r \Psi_r) = \frac{1}{L_m}\Psi_r \tag{3.61}$$

$$I_{sy} = \frac{1}{L'_s}\Psi_{sy} = \frac{T_r}{L_m}\Psi_r \Omega_r. \tag{3.62}$$

Nach diesen Beziehungen müssen die Ströme im Falle der stromgesteuerten Asynchronmaschine geführt werden, um die Konstanz der Läuferflußverkettung zu gewährleisten.

Die Spannungsgleichungen (1.73) und (1.74) des Ständers gehen bei Einführung von (3.26), (3.59) und (3.60) über in:

$$U_{sx} = \frac{1}{L_m}(R_s - L_s T'_r \Omega_s \Omega_r)\Psi_r \tag{3.63}$$

$$U_{sy} = \frac{1}{L_m}(L_s \Omega_s + R_s T_r \Omega_r)\Psi_r. \tag{3.64}$$

Nach Maßgabe dieser Beziehungen müssen die Komponenten der Ständerspannung im Falle der spannungsgesteuerten Asynchronmaschine nachgeführt werden, um die Konstanz der Läuferflußverkettung zu gewährleisten.

Für das Drehmoment erhält man aus (1.77) mit (3.60)

$$M = \frac{3}{2}p\frac{k_r}{L'_s}\Psi_r \Psi_{sy} = \frac{3}{2}p\frac{1}{R_r}\Psi_r^2 \Omega_r. \tag{3.65}$$

Es tritt kein Kippmoment auf. Das Drehmoment wächst linear mit der Abweichung der Winkelgeschwindigkeit des Läufers von der synchronen Winkelgeschwindigkeit.

Aus den Beziehungen für den stationären Betrieb läßt sich eine vereinfachte Art der Steuerung der stromgesteuerten Asynchronmaschine ableiten. Diese sogenannte Strombetragskennliniensteuerung /3.17/ beruht auf der Realisierung der durch die Gleichungen (3.61) und (3.62) gegebenen Zusammenhänge. Da die richtige Zuordnung der Steuergrößen nur im stationären Betrieb gewährleistet ist, zeigt diese Variante ein stark arbeitspunktabhängiges und dynamisch schlechtes Verhalten.

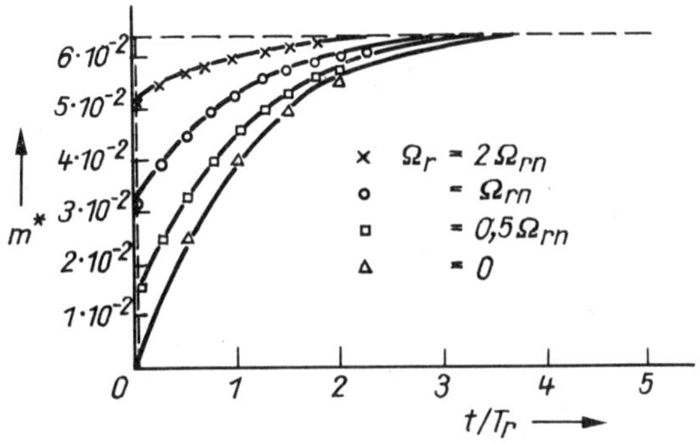

Bild 3.8. Führungsverhalten bei Strombetragskennliniensteuerung für verschiedene Werte der Läuferkreisfrequenz Ω_r

- - - Verlauf bei dynamisch richtiger Steuerung

m^* normierter Wert des Drehmoments

Wie die im Bild 3.8 dargestellten Simulationsergebnisse zeigen, steigt das Drehmoment bei sprungförmiger Änderung der Führungsgröße Ständerstrom gegenüber dem Fall, daß die Steuergesetze nach (3.46) und (3.47) eingehalten werden, nur verzögert an. Bei dynamisch richtiger Steuerung folgt das Drehmoment der Führungsgröße unverzögert (im Bild 3.8 gestrichelt dargestellt).

4. Stellglieder — Eigenschaften und Dimensionierung

4.1. Thyristorumrichter mit Gleichspannungszwischenkreis

Wie bereits im Abschnitt 1 beschrieben wurde, bestehen Zwischenkreisumrichter aus einem netzseitigen und einem maschinenseitigen Stromrichter, wobei der netzseitige Stromrichter netzgelöscht und der maschinenseitige zwangsgelöscht arbeiten. Bei einphasigen Netzen (Bahnstromversorgung) haben sich als netzseitige Stromrichter auch zwangsgelöschte Pulsstromrichter bewährt /4.40/. Im Prinzip besteht der maschinenseitige Stromrichter aus einer Anordnung von sechs Schaltern in Drehstrom-Brückenschaltung (Bild 4.1), wenn es sich um die Speisung von Drehfeldmaschinen handelt.

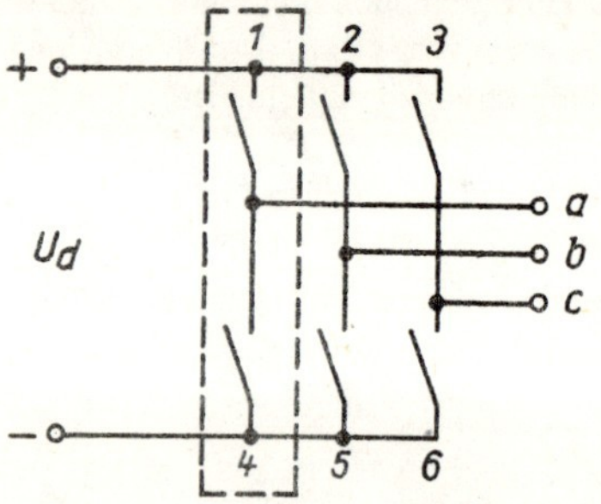

Bild 4.1. Prinzip eines zwangsgelöschten Wechselrichters in Drehstrom-Brückenschaltung

Infolge des Zwischenkreises sind die beiden Stromrichter entkoppelt, und damit ist es möglich, die Schalter des maschinenseitigen Stromrichters zu beliebigen Zeitpunkten unabhängig von der Frequenz des speisenden Netzes zu betätigen. Entsprechende Steuerverfahren werden im Abschnitt 5 behandelt. Der maschinenseitige Stromrichter arbeitet normalerweise als Wechselrichter, der Gegenstand der nachfolgenden Betrachtungen sein soll. Je nach Art des Energiespeichers im Zwischenkreis unterscheidet man Spannungs- und Stromwechselrichter. Der erste besitzt eine Kapazität als Energiespeicher und wirkt demzufolge wie eine Spannungsquelle, während der zweite eine Induktivität im Zwischenkreis aufweist und als Stromquelle arbeitet. In Abhängigkeit von der Gestaltung des Zwischenkreises ergeben sich unterschiedliche Möglichkeiten zur Ausführung der Schalter des Wechselrichters.

4.1.1. Überblick über die wichtigsten Löschverfahren

Das Prinzip der Zwangslöschung besteht bekanntlich darin, den Strom durch das zu löschende Ventil für eine gewisse Zeit unter den Haltestrom dieses Ventils abzusenken. Während dieser Freihalte- oder Schonzeit, die größer als die Freiwerdezeit des Ventils sein muß, rekombinieren die Ladungsträger, und das Ventil erlangt seine Sperr- und Blockierfähigkeit wieder. Die zur Unterbrechung des Stroms zwischen Anode und Katode erforderliche Energie kann auf verschiedene Weise bereitgestellt werden. Die wesentlichsten Methoden sind im Bild 4.2 dargestellt. Energiespeicher ist in jedem Fall ein Kondensator, dessen Um- bzw. Entladevorgang nach Zünden des Löschventils LT zur Sperrung des Hauptventils HT führt. Bild 4.2a zeigt die sogenannte Transformatorlöschung, d. h., das Potential der Katode von HT wird durch die in der Sekundärwicklung induzierte Spannung über das der Anode angehoben, während im Bild 4.2b die Spannung über dem Löschkondensator direkt zur Anhebung des Katodenpotentials ausgenutzt wird. In beiden Fällen handelt es sich um eine „Spannungslöschung". Bei der „Stromlöschung" (Bild 4.2c) kommt es darauf an, daß der durch den

Löschkreis gelieferte Strom während der Freiwerdezeit des Hauptventils größer als der Ventilstrom ist. Die geringe Sperrspannungsbeanspruchung der Hauptventile führt aber dazu, daß sich die Freiwerdezeit gegenüber der Spannungslöschung etwa verdoppelt.

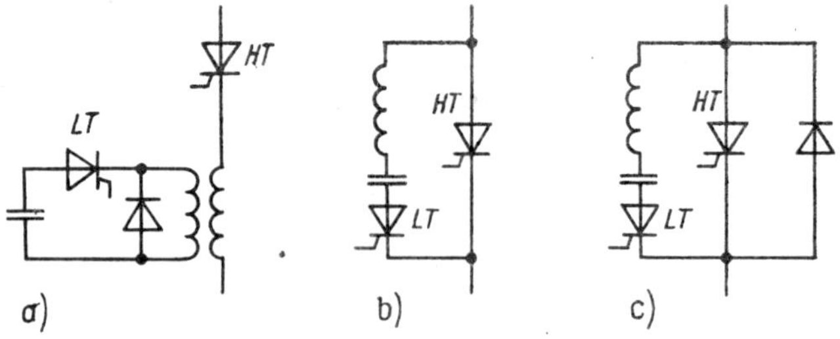

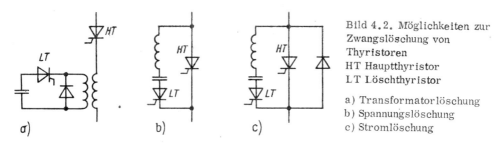

Bild 4.2. Möglichkeiten zur Zwangslöschung von Thyristoren
HT Hauptthyristor
LT Löschthyristor

a) Transformatorlöschung
b) Spannungslöschung
c) Stromlöschung

4.1.2. Berechnung der Löschkreise

4.1.2.1. Voraussetzungen

Für die Berechnung der Löschkreise wird vorausgesetzt, daß

- der ohmsche Widerstand Null ist,
- ideale Ventile vorliegen,
- die Parameter der Schaltelemente des Stromkreises belastungsunabhängig sind,
- der Laststrom während des Löschintervalls konstant bleibt.

Für die in den Bildern 4.2a bis c gezeigten Beispiele läßt sich die im Bild 4.3 dargestellte allgemeine Löschschaltung angeben.

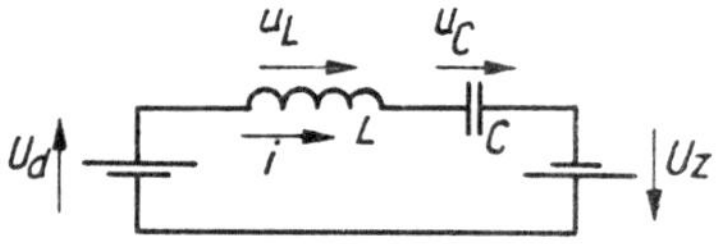

Bild 4.3. Grundstromkreis zur Berechnung der Löschvorgänge

In diesem Bild bedeuten U_d die Spannung des Zwischenkreises und U_Z eine eventuell vorhandene (bisher nicht dargestellte) Zusatzspannungsquelle zur Unterstützung des Löschvorgangs. Es gelten folgende Beziehungen:

$$U_d + U_z = u_C + u_L \tag{4.1}$$

$$u_L = L \frac{di}{dt} \tag{4.2}$$

$$i = C \frac{du_C}{dt}. \tag{4.3}$$

Unter Berücksichtigung der Anfangswerte U_C und I_0 lassen sich für Kondensatorspannung und Strom allgemeine Lösungen angeben:

$$u_C = U_d + U_z - (U_d + U_z - U_C) \cos \omega t + \omega L\, I_0 \sin \omega t \tag{4.4}$$

$$i = \omega C (U_d + U_z - U_C) \sin \omega t + I_0 \cos \omega t; \tag{4.5}$$

$$\omega = \frac{1}{\sqrt{LC}}.$$

Maßgebende Größen für die Berechnung der Schaltelemente L und C sind das Produkt ωt_H und der maximale Strom I_{max}, der gelöscht werden soll. t_H ist die Freihaltezeit der Löschschaltung.

4.1.2.2. Einzellöschung

In Tafel 4.1 und allen nachfolgenden Tafeln ist aus Gründen der Übersichtlichkeit jeweils nur ein Ventilzweig der Drehstrombrückenschaltung dargestellt (umrandeter Teil im Bild 4.1 bzw. 0.2).

Tafel 4.1. Einzellöschung

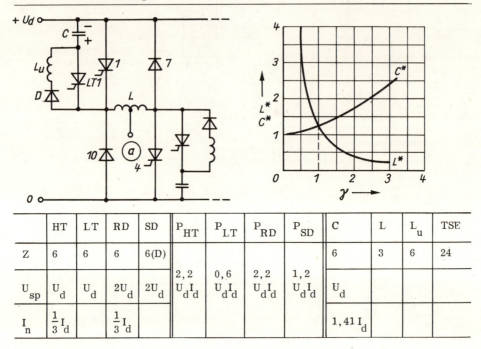

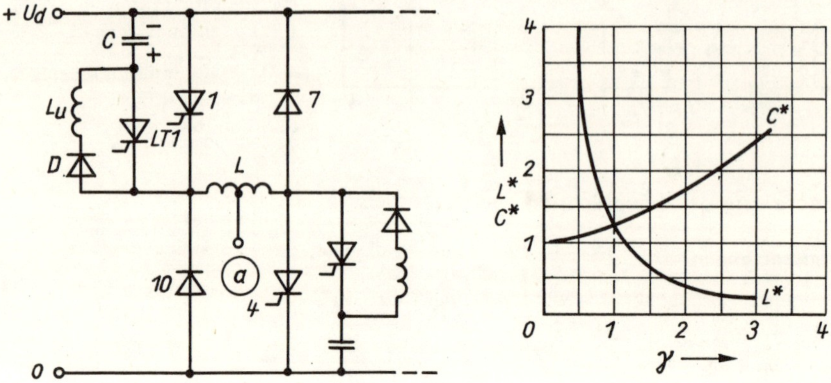

	HT	LT	RD	SD	P_{HT}	P_{LT}	P_{RD}	P_{SD}	C	L	L_u	TSE
Z	6	6	6	6(D)					6	3	6	24
U_{sp}	U_d	U_d	$2U_d$	$2U_d$	$2,2\ U_dI_d$	$0,6\ U_dI_d$	$2,2\ U_dI_d$	$1,2\ U_dI_d$	U_d			
I_n	$\frac{1}{3}I_d$		$\frac{1}{3}I_d$						$1,41\ I_d$			

HT Hauptthyristor
LT Löschthyristor
RD Rückstrom- bzw. Blindstromdiode
SD Sperrdiode
P installierte Ventilleistung
TSE TSE-Beschaltung
L_u Umschwingdrossel
Z Anzahl

$$\gamma = \frac{U_d}{I}\sqrt{\frac{C}{L}}$$

$$\gamma = 1: \quad L^* = 1,27$$
$$C^* = 1,27$$

$$\omega = \frac{1}{\sqrt{LC}}$$

Bei der in Tafel 4.1 gezeigten Schaltung /4.1/ /4.2/ /4.3/ läuft der Löschvorgang folgendermaßen ab:
Soll beispielsweise das Hauptventil gelöscht werden, so muß das Löschventil LT1 zünden. Der Laststrom I_0 kommutiert vom Hauptthyristor 1 sofort auf den Löschzweig mit LT1. Der in der angegebenen Polarität aufgeladene Kondensator wird über die Induktivität L und die Diode 7 umgeladen. Der Löschthyristor geht erst wieder in den gesperrten Zustand über, wenn der Umladestrom sein Vorzeichen ändert (Schwingkreis). Bei Zündung des Hauptventils 4 muß LT1 abermals gezündet werden. Dadurch wird der Kondensator wieder auf die ursprüngliche Spannungshöhe aufgeladen. Um das Hauptventil 1 wiederum löschen zu können, muß vor Beginn des Löschvorgangs die Polarität der Kondensatorspannung umgekehrt werden. Das geschieht beim Zünden des Hauptventils 1 über die Diode D und die Umschwingdrossel L_u. Wenn LT1 gezündet wird, wirkt der im Bild 4.4 angegebene Stromkreis, der zwischen der positiven Sammelschiene des Zwischenkreises und der Ausgangsklemme a

des Wechselrichters vermittelt.

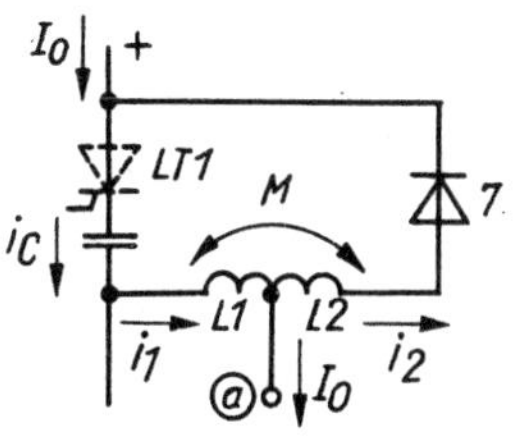

Bild 4.4. Stromkreis bei Einzellöschung des Ventils 1 der in Tafel 4.1 gezeigten Schaltung

Es gelten folgende Beziehungen:

$$u_C + L_1 \frac{di_1}{dt} + M \frac{di_2}{dt} + L_2 \frac{di_2}{dt} + M \frac{di_1}{dt} = 0. \tag{4.6}$$

Mit $i_C = I_0 + i_2$

und $i_1 = I_0 + i_2$

sowie $L = L_1 + L_2 + 2M$

erhält man

$$i_C = -U_C\ \omega C \sin \omega t + I_0 \cos \omega t \tag{4.7}$$

$$u_C = U_C \cos \omega t + \omega L\ I_0 \sin \omega t, \tag{4.8}$$

wobei $U_C = -U_d$ ist. Ferner gilt

$$i_2 = -\omega C \cdot U_C \sin \omega t - I_0 + I_0 \cos \omega t. \tag{4.9}$$

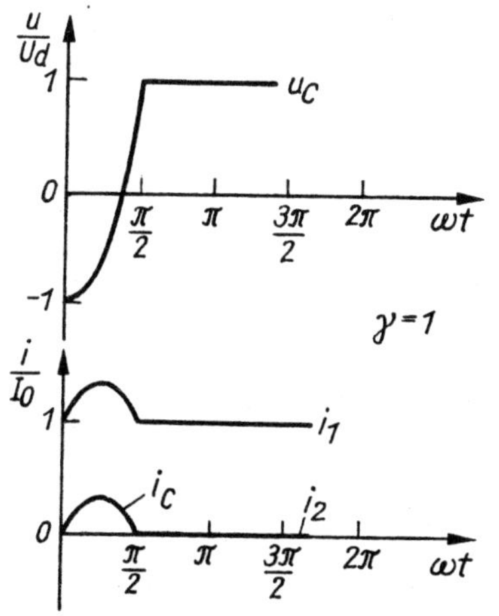

Bild 4.5. Zeitlicher Verlauf der im Bild 4.4 angegebenen Kondensatorspannung und Ströme während des Löschvorgangs

Die wichtigsten Zeitverläufe sind im Bild 4.5 gezeigt. Aus (4.8) läßt sich für den Zeitpunkt $t = t_H$, bei dem $u_C = 0$ wird, ableiten

$$\omega t_H = \arctan \frac{U_d}{\omega L \cdot I_0}, \tag{4.10}$$

und aus (4.7) ergibt sich

$$I_{C\,max} = I_0 \sqrt{1 + \left(\frac{U_d}{I_0}\right)^2 \frac{C}{L}}. \tag{4.11}$$

Um allgemeingültige Beziehungen zu erhalten, wird der normierte Schwingstrom

$$\gamma = \frac{U_d}{I_0}\sqrt{\frac{C}{L}} \tag{4.12}$$

eingeführt. I_0 ist der Strom des Ventils im Löschzeitpunkt. Die Schonzeit ist damit

$$t_H = C\sqrt{\frac{L}{C}}\ \text{arc tan}\ \gamma = C\,\frac{U_d}{I_0\gamma}\ \text{arc tan}\,\gamma. \tag{4.13}$$

Damit werden die Schaltelemente des Löschkreises

$$C = \frac{I_0 t_H}{U_d}\ \frac{\gamma}{\text{arc tan}\,\gamma} \tag{4.14}$$

$$L = \frac{U_d t_H}{I_0}\ \frac{1}{\gamma\,\text{arc tan}\,\gamma} \tag{4.15}$$

oder normiert

$$C^* = \frac{\gamma}{\text{arc tan}\,\gamma} \tag{4.16}$$

$$L^* = \frac{1}{\gamma\,\text{arc tan}\,\gamma}\ . \tag{4.17}$$

4.1.2.3. Phasenlöschung

Eine weitere Möglichkeit der Einzellöschung /4.4/ bis /4.11/ zeigt Tafel 4.2. Die Eigenart dieser Schaltung besteht darin, daß zwei gegenüberliegende Ventile abwechselnd gelöscht werden. Zur Löschung des Ventils 1 ist der Kondensator in der angegebenen Polarität aufgeladen. Mit der Zündung des Löschthyristors LT1 kann sich der Kondensator C über die Diode 7 entladen. Der Entladestrom in Form einer (gedämpften) Schwingung ist dem Laststrom entgegengerichtet. Damit wird der Strom durch das Ventil 1 Null. Die Spannungsbeanspruchung dieses Ventils ist durch die Durchlaßspannung der Diode 7 gegeben. Der Kondensatorstrom muß größer als der Laststrom sein. Dieses erste Intervall der Löschung wird beendet, wenn der Kondensatorstrom auf die Höhe des Laststroms abgeklungen ist. Jetzt kann der Laststrom über die Klemme a nur noch durch die Diode 10 weiterfließen. Bei Zündung des Hauptventils 4 wird der Kondensator weiter aufgeladen, bis er seine Anfangsladung mit umgekehrter Polarität erreicht hat. Dann wird der Kondensatorstrom Null, und der Löschthyristor LT1 kann wieder sperren. Als nächstes Ventil kann jetzt Hauptventil 4 gelöscht werden.

Die Löschvorgänge bei dieser Schaltung lassen sich mit dem oben angeführten Grundstromkreis berechnen. Man gelangt zu folgenden Ergebnissen /4.3/:

$$\omega t_H = 2\ \text{arc cos}\ \frac{1}{\sqrt{1 + \left(\frac{U_d}{2\omega L\, I_0}\right)^2}} \tag{4.18}$$

$$I_{max} = \frac{U_d}{2\,\omega L} \sqrt{1 + \left(\frac{2\,\omega L\, I_0}{U_d}\right)^2} \tag{4.19}$$

(vgl. auch Bild 4.6). Setzt man für den maximalen Umschwingstrom des Löschkreises $\gamma = I_{max}/I_0$, so wird

$$\omega\, t_H = 2 \arccos \frac{1}{\gamma} \tag{4.20}$$

und

$$\sqrt{\frac{L}{C}} = \frac{U_d}{2\, I_0}\; \frac{1}{\sqrt{\gamma^2 - 1}}. \tag{4.21}$$

Hierbei ist I_{max} die Amplitude der Schwingung. Die Schwingungsdauer beträgt $2\,t_2$.

Tafel 4.2. Phasenlöschung

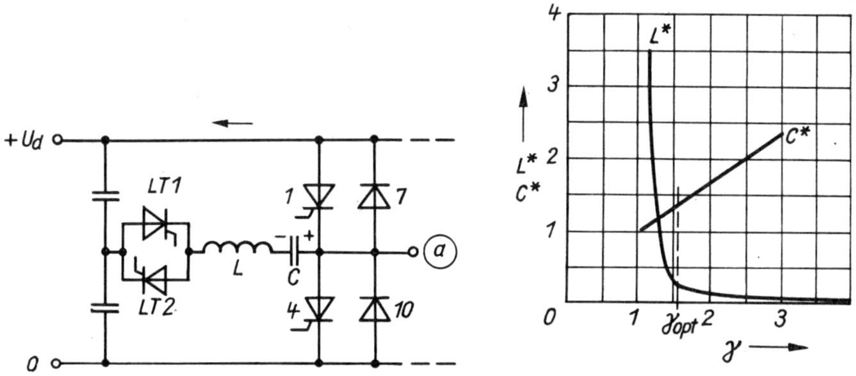

	HT	LT	RD	SD	P_{HT}	P_{LT}	P_{RD}	P_{SD}	C^*	L^*	TSE
Z	6	6	6	-					3	3	18
U_{sp}	U_d	$0{,}66\,U_d$	U_d	-	$2{,}4\,U_dI_d$	$0{,}4\,U_dI_d$	$2{,}4\,U_dI_d$		$1{,}16\,U_d$		
I_n	$\frac{1}{3}I_d$		$\frac{1}{3}I_d$						$1{,}54\,I_d$		

$$\gamma = \frac{I_{max}}{I_d}$$

$\gamma_{opt} = 1{,}54$: $L^* = 0{,}25$

$C^* = 1{,}35$

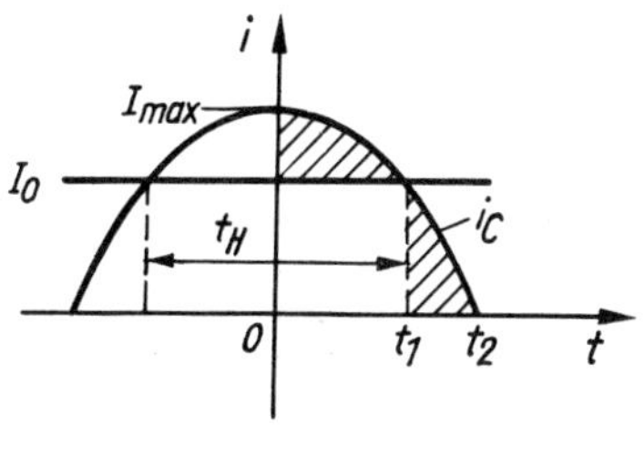

Bild 4.6. Zeitlicher Verlauf des Kondensatorstroms und des Laststroms während des Löschvorgangs bei Phasenlöschung

Aus (4.20) und (4.21) kann man die Schaltelemente des Löschkreises bestimmen:

$$C^* = C\frac{U_d}{I_0 t_H} = \frac{\sqrt{\gamma^2 - 1}}{\arccos\frac{1}{\gamma}} \tag{4.22}$$

$$L^* = L\frac{I_0}{U_d t_H} = \frac{1}{4\sqrt{\gamma^2 - 1}\,\arccos\frac{1}{\gamma}}. \tag{4.23}$$

Aufgrund der Wirkungsweise der Schaltung (I_C muß größer als I_0 sein) ergeben sich reelle Werte für C^* und L^* nur im Bereich $\gamma \geqq 1$. Aus (4.22) und (4.23) läßt sich ein Optimum für C^* und L^* berechnen, wenn die schraffierten Flächen im Bild 4.6 ein Minimum werden. Für diesen Fall gilt

$$\gamma = 1,54.$$

Aus den in Tafel 4.2 dargestellten Kurven entnimmt man für diesen Wert

$$C^* = 1,35$$

$$L^* = 0,25.$$

4.1.2.4. Summenlöschung

Die gemeinsame Löscheinrichtung der in Tafel 4.3 gezeigten Schaltung /4.2/ /4.12/ bis /4.15/ besteht aus einem Kondensator, der jeweils über zwei Löschthyristoren an die zu löschende Brückenhälfte geschaltet wird. Es werden also stets die Ventile 1 bis 3 oder 4 bis 6 gleichzeitig gelöscht. Soll z. B. Hauptventil 4 gelöscht werden, so müssen die Löschventile LT2 und LT3 gezündet werden. Der in der angegebenen Polarität aufgeladene Kondensator entlädt sich über L2, die Diode 10 und die Diode 7. Damit wird die Anoden-Katoden-Spannung des Ventils 4 negativ. Der gesamte Vorgang ist beendet, wenn sich der Kondensator umgeladen hat. Da der Umladestrom seine Richtung nicht ändern kann, verlöschen die Ventile LT2 und LT3 von selbst. Um Ventil 4 erneut löschen zu können (z. B. bei Pulsbetrieb des Wechselrichters), muß erst der Löschkondensator durch Zündung von LT1 und LT4 nochmals umgeladen werden. Die Dioden BD1 und BD2 dienen zur Begrenzung der Kondensatorspannung und zur Energierückgewinnung aus dem Löschkreis. Die Höhe der Kondensatorspannung hängt vom Übersetzungsverhältnis der beiden Drosselwicklungen ab. Man kann zeigen, daß mit der Summenlöschung sämtliche Betriebsarten des Wechselrichters verwirklicht werden können. Pulsbetrieb läßt sich durchführen, wenn jeweils nur in der oberen oder in der unteren Brückenhälfte gepulst wird. Um ein Verlöschen der anderen Brückenhälfte beim Umladen des Kondensators zu verhindern, müssen die entsprechenden Hauptventile entweder sofort wieder gezündet oder mit einem Zündimpuls von 60° Länge beaufschlagt werden. Da die Höhe der Spannung des Löschkondensators direkt von der Zwischenkreisspannung abhängt, ist diese Schaltung vor allem für Wechselrichter mit konstanter Spannung im Zwischenkreis geeignet.

Bei verlustfreiem Löschkreis wird der Kondensator auf die dreifache Zwischenkreisspannung aufgeladen /4.3/. Es wird deshalb festgelegt

$$\gamma = \frac{3\,U_d}{I_0}\sqrt{\frac{C}{L}}. \tag{4.24}$$

Damit ergeben sich folgende Bemessungsgleichungen:

$$\omega\, t_H = \arctan\gamma - \arcsin\frac{\gamma}{3\sqrt{1+\gamma^2}}. \tag{4.25}$$

Tafel 4.3. Summenlöschung

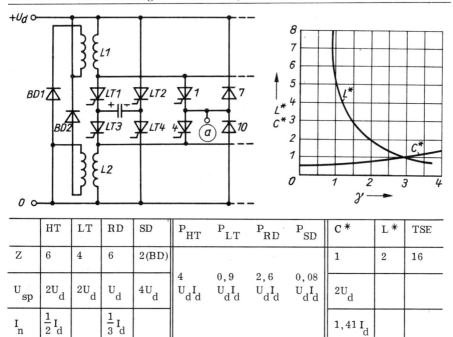

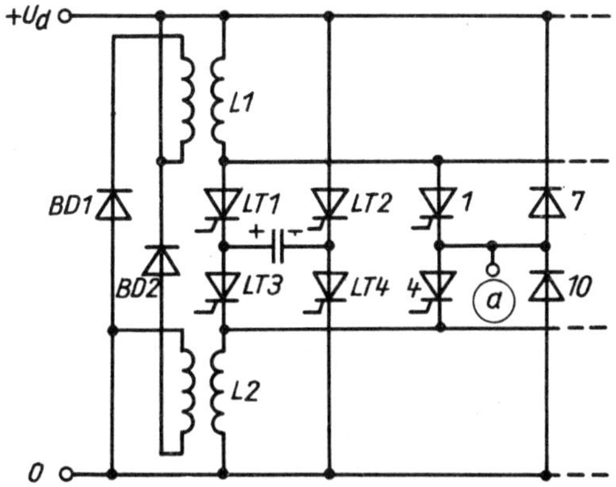

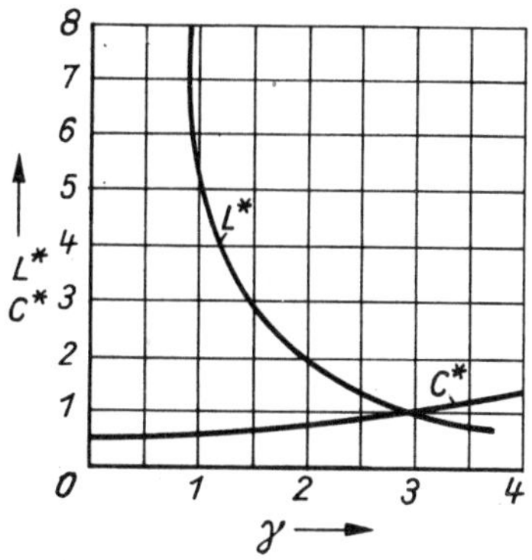

	HT	LT	RD	SD	P_{HT}	P_{LT}	P_{RD}	P_{SD}	C*	L*	TSE
Z	6	4	6	2(BD)					1	2	16
U_{sp}	$2U_d$	$2U_d$	U_d	$4U_d$	4 U_dI_d	0,9 U_dI_d	2,6 U_dI_d	0,08 U_dI_d	$2U_d$		
I_n	$\frac{1}{2}I_d$		$\frac{1}{3}I_d$						1,41 I_d		

$$\gamma = \frac{3\,U_d}{I}\sqrt{\frac{C}{L}}$$

$\gamma = 1$: $L^* = 5{,}5$

$C^* = 0{,}61$

Mit $\omega = 1/\sqrt{L\,C}$ erhält man

$$C^* = \frac{\gamma}{3}\,\frac{1}{\operatorname{arc\,tan}\gamma - \operatorname{arc\,sin}\dfrac{\gamma}{3\sqrt{1+\gamma^2}}} \tag{4.26}$$

$$L^* = \frac{3}{\gamma}\,\frac{1}{\operatorname{arc\,tan}\gamma - \operatorname{arc\,sin}\dfrac{\gamma}{3\sqrt{1+\gamma^2}}}. \tag{4.27}$$

Außerdem ist

$$\frac{I_{C\,max}}{I_0} = \sqrt{1+\gamma^2}. \tag{4.28}$$

Für $\gamma = 1$ ergeben sich beispielsweise folgende Werte

$C^* = 0{,}61$

$L^* = 5{,}5$

$I_{C\,max} = 1{,}41\,I_0.$

4.1.2.5. Summenlöschung mit Zusatzspannung

Da bei ungepulstem Betrieb die Ausgangsspannung nur durch Verändern der Zwischenkreisspannung beeinflußt werden kann, muß für diesen Fall die Löscheinrichtung mit einer gesonderten Spannungsquelle versehen werden, die eine gewisse Mindestladung auf dem Löschkondensator garantiert. Eine derartige Schaltung ist in Tafel 4.4 dargestellt /4.15/ bis /4.17/.

Tafel 4.4. Summenlöschung mit Zusatzspannung ohne Energierückgewinnung

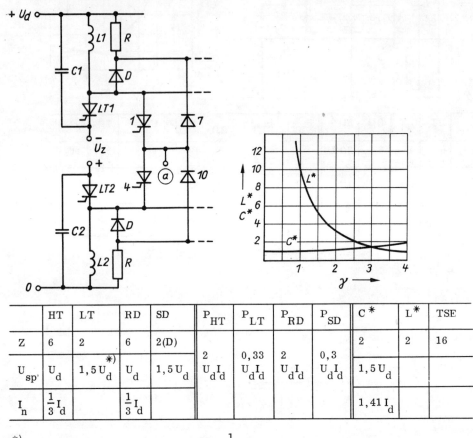

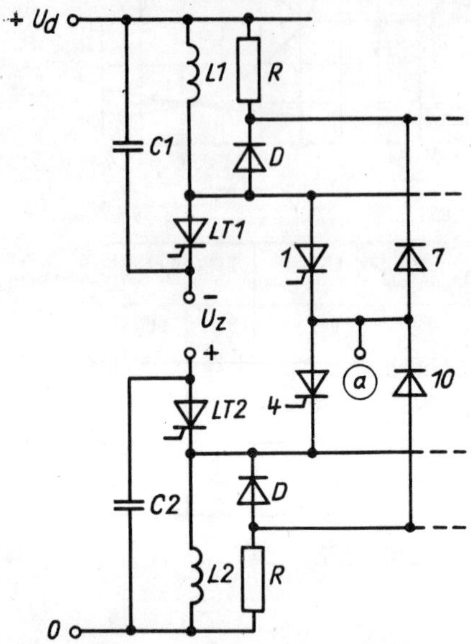

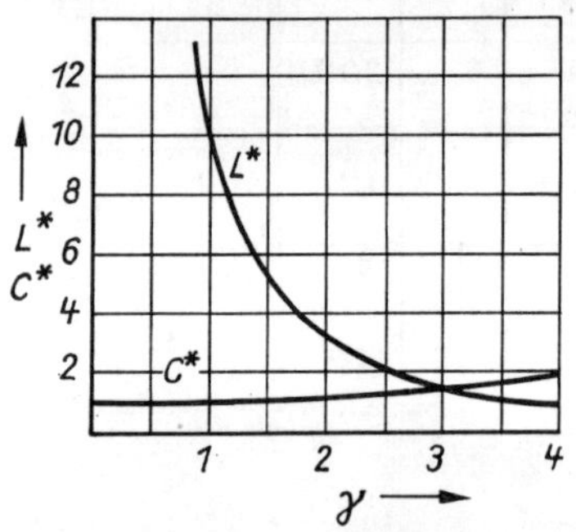

	HT	LT	RD	SD	P_{HT}	P_{LT}	P_{RD}	P_{SD}	C*	L*	TSE
Z	6	2	6	2(D)	2	0,33	2	0,3	2	2	16
U_{sp}	U_d	$1,5\,U_d$ *)	U_d	$1,5\,U_d$	$U_d I_d$	$U_d I_d$	$U_d I_d$	$U_d I_d$	$1,5\,U_d$		
I_n	$\frac{1}{3} I_d$		$\frac{1}{3} I_d$						$1,41\,I_d$		

*) $U_Z = 0,5\,U_d$

$$\omega = \frac{1}{\sqrt{2\,LC}}$$

$$\gamma = \frac{U_d + U_Z}{I} \sqrt{\frac{2\,C}{L}}$$

$$\gamma = 1: \quad L^* = 10,2$$

$$C^* = 1,13$$

Sie zeichnet sich besonders durch ihren geringen Ventilaufwand aus. Die gleiche Löschschaltung kann auch ohne Energierückgewinnung betrieben werden. Allerdings muß man dann Widerstände zur Spannungsbegrenzung vorsehen. Es ist einleuchtend, daß diese Schaltung vor allem bei hohen Frequenzen mit geringem Wirkungsgrad arbeitet. Der Verzicht auf Pulsbetrieb führt besonders bei niedrigen Wechselrichterausgangsfrequenzen zu besseren Wirkungsgraden. Es läßt sich zeigen, daß die Spannungsbeanspruchung der Ventile dieser Schaltung relativ gering ist.

Bei der in Tafel 4.4 dargestellten Schaltung wird der Löschkondensator auf die Spannung

$$U_{C\,max} = U_d + U_z \tag{4.29}$$

aufgeladen. Der normierte Umschwingstrom wird definiert als

$$\gamma = \frac{U_d + U_z}{I_0} \sqrt{\frac{2\,C}{L}}\,. \tag{4.30}$$

Die Eigenfrequenz des Löschkreises ist

$$\omega = \frac{1}{\sqrt{2\,LC}}\,. \tag{4.31}$$

Damit ergeben sich, ähnlich wie bei der Summenlöschung ohne Zusatzspannung,

$$C = \frac{I_0\,\gamma\,t_H}{2(U_d + U_z)} \frac{1}{\text{arc tan}\,\gamma - \text{arc sin}\left(\gamma/(1+U_z/U_d) \cdot \sqrt{1+\gamma^2}\right)} \tag{4.32}$$

$$L = \frac{2(U_d+U_z)\,t_H}{I_0\,\gamma} \frac{1}{\text{arc tan}\,\gamma - \text{arc sin}\left(\gamma/(1+U_z/U_d) \cdot \sqrt{1+\gamma^2}\right)}. \tag{4.33}$$

Wählt man beispielsweise $U_z = 0,5\ U_d$, so erhält man

$$C^* = \frac{\gamma}{3} \frac{1}{\text{arc tan}\,\gamma - \text{arc sin}\left(\gamma/1,5 \cdot \sqrt{1+\gamma^2}\right)} \tag{4.34}$$

und

$$L^* = \frac{3}{\gamma} \frac{1}{\text{arc tan}\,\gamma - \text{arc sin}\left(\gamma/1,5 \cdot \sqrt{1+\gamma^2}\right)}. \tag{4.35}$$

Außerdem ist

$$\frac{I_{L\,max}}{I_0} = \frac{I_{T\,max}}{I_0} = \sqrt{1+\gamma^2}\,. \tag{4.36}$$

Für $\gamma = 1$ erhält man

$L^* = 10,2$

$C^* = 1,13.$

Der zur Begrenzung der Kondensatorspannung notwendige Widerstand R wird nach /4.16/ wie folgt bemessen:

$$R \geqq 9\,L\,f_{max}, \tag{4.37}$$

wobei f_{max} die maximale Wechselrichterausgangsfrequenz ist. Nachteilig für diese Schaltung sind, wie bereits oben festgestellt wurde, die in den beiden Widerständen auftretenden Verluste. Diesen Nachteil umgeht die in Tafel 4.5 gezeigte Schaltung, bei der über die Begrenzungsdioden BD1 und BD2 ein Teil der Energie des Löschkreises in den Zwischenkreis zurückgespeist wird. Diese Dioden begrenzen die Kondensatorspannung auf $U_{C\,max} = 2\,U_d + U_z$. Wählt man

$$\gamma = \frac{2\,U_d + U_z}{I_0} \sqrt{\frac{2\,C}{L}} \tag{4.38}$$

und $U_Z = 0{,}5\ U_d$, so erhält man analog zu (4.34) und (4.35)

$$C^* = \frac{\gamma}{5} \; \frac{1}{\arctan\gamma - \arcsin\left(\gamma/2{,}5 \cdot \sqrt{1+\gamma^2}\right)} \tag{4.39}$$

$$L^* = \frac{5}{\gamma} \; \frac{1}{\arctan\gamma - \arcsin\left(\gamma/2{,}5 \cdot \sqrt{1+\gamma^2}\right)}. \tag{4.40}$$

Tafel 4.5. Summenlöschung mit Zusatzspannung mit Energierückgewinnung

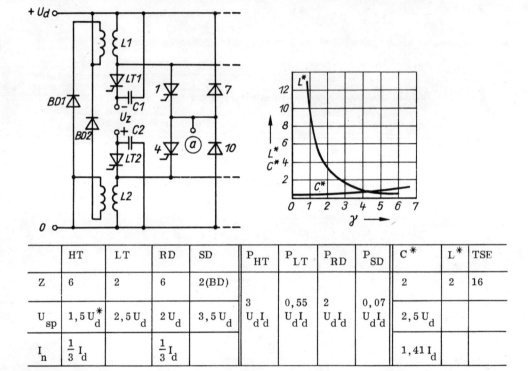

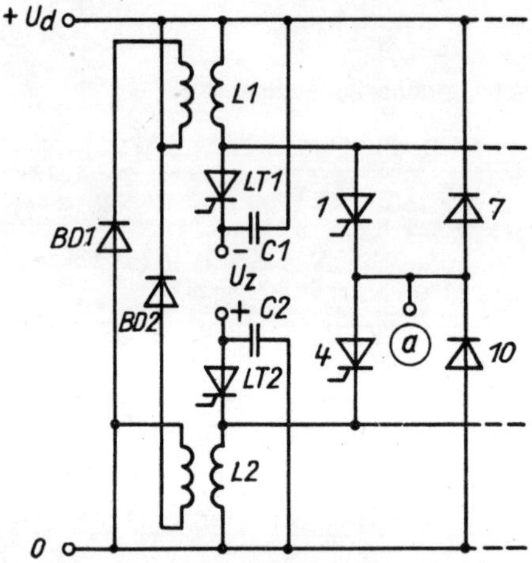

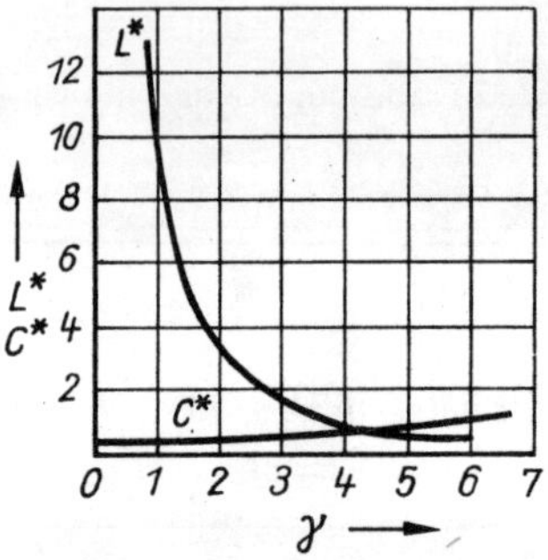

	HT	LT	RD	SD	P_{HT}	P_{LT}	P_{RD}	P_{SD}	C^*	L^*	TSE
Z	6	2	6	2(BD)					2	2	16
U_{sp}	$1{,}5\,U_d^*$	$2{,}5\,U_d$	$2\,U_d$	$3{,}5\,U_d$	$3\,U_dI_d$	$0{,}55\,U_dI_d$	$2\,U_dI_d$	$0{,}07\,U_dI_d$	$2{,}5\,U_d$		
I_n	$\frac{1}{3}I_d$		$\frac{1}{3}I_d$						$1{,}41\,I_d$		

*) $U_Z = 0{,}5\ U_d$

$$\omega = \frac{1}{\sqrt{2\,LC}}$$

$$\gamma = \frac{2\,U_d + U_Z}{I}\sqrt{\frac{2\,C}{L}}$$

$\gamma = 1$: $L^* = 10$

$C^* = 0{,}4$

Bei dieser Schaltung ergeben sich infolge der höheren Kondensatorspannung kleinere Kapazitäten als bei der Schaltung ohne Energierückgewinnung.

4.1.2.6. Einzellöschung mit Zusatzspannung

Für einen Löschvorgang der in Tafel 4.6 dargestellten Schaltung /4.15/ kann man eine Ersatzschaltung entsprechend Bild 4.7 ableiten.

Es wird wieder die Löschung des Ventils 1 betrachtet. Der Löschvorgang wird durch Zünden des Löschthyristors LT1 eingeleitet, der den Strom I_0 des Hauptventils sofort übernimmt. Die Umladung des Kondensators C1 erfolgt über die Induktivitäten L1 und L2 sowie die Diode 7. Infolge der Vorgänge in der oberen Brückenhälfte wird der Ladezustand des Kondensators C2 beeinflußt. Die Zusatzspannungsquelle U_Z sorgt für eine konstante Anfangsspannung der Kondensatoren C1 und C2.

Tafel 4.6. Einzellöschung mit Zusatzspannung

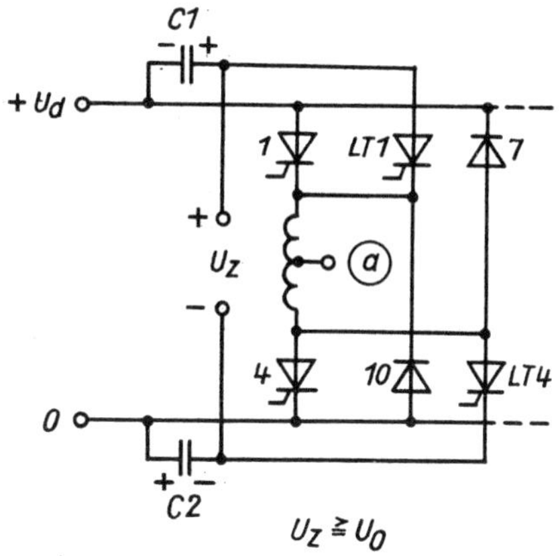

C^*, $L^* = f(\gamma)$ s. Tafel 4.1!

$$\gamma = \frac{U_Z}{I}\sqrt{\frac{C}{L}}$$

$$\omega = \frac{1}{\sqrt{L \cdot C}}$$

$$C = C_1 + C_2$$

$$U_Z \geqq U_0$$

$\gamma = 1$: $L^* = 1{,}27$

$C^* = 1{,}27$

	HT	LT	RD	SD	P_{HT}	P_{LT}	P_{RD}	P_{SD}	C^*	L^*	TSE
Z	6	6	6	-	2 $U_d I_d$	1,8 $U_d I_d$	5,2 $U_d I_d$	-	6	3	18
U_{sp}	U_d	$2U_d$*)	$2U_d$	-					U_d		
I_n	$\frac{1}{3} I_d$		$\frac{1}{3} I_d$						$1{,}41\, I_d$		

*) $U_Z = U_d$

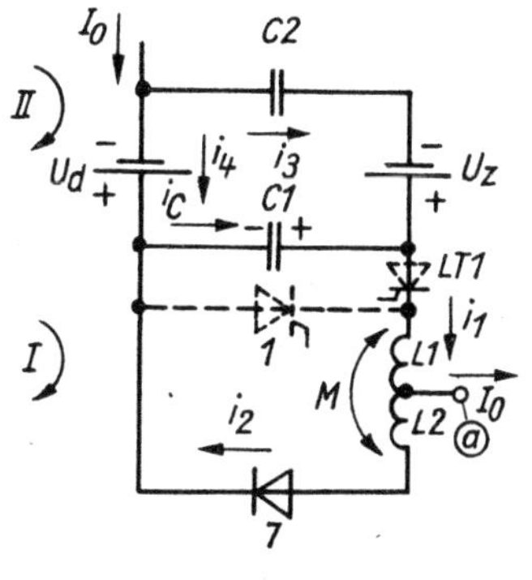

Bild 4.7. Stromkreis bei Löschung des Ventils 1 der in Tafel 4.4 gezeigten Schaltung

Die Spannungsgleichungen sind für Masche I:

$$u_{C1} + L_1 \frac{di_1}{dt} + M \frac{di_2}{dt} + L_2 \frac{di_2}{dt} + M \frac{di_1}{dt} = 0 \tag{4.41}$$

Masche II:

$$u_{C2} - u_{C1} = -U_d + U_z. \tag{4.42}$$

Die Anfangsspannungen der Kondensatoren sind nach /4.17/

$$u_{C1}(0) = -U_z$$

$$u_{C2}(0) = -U_d.$$

Außerdem lassen sich an den Knotenpunkten die Strombeziehungen ablesen

$$I_0 = i_3 + i_4$$

$$i_C = i_4 + i_2 \tag{4.43}$$

$$i_1 = i_C + i_3 = I_0 + i_2.$$

Setzt man $L = L_1 + L_2 + 2\,M$

und $C = C_1 + C_2$,

so wird schließlich

$$u_{C1} = -U_z \cos \omega t + \omega L \cdot I_0 \sin \omega t. \tag{4.44}$$

Für $t = t_H$ wird $u_{C1} = 0$, d. h.,

$$\omega t_H = \arc \tan \frac{U_z}{\omega L\, I_0}. \tag{4.45}$$

Die Freihaltezeit der Schaltung ist demnach unabhängig von der Zwischenkreisspannung. Wie bei Einzellöschung ohne Zusatzspannung arbeiten die beiden Hälften der Löschdrossel unabhängig voneinander, so daß der Kopplungsfaktor lediglich die Größe der Gesamtinduktivität bestimmt, ohne die Wirkungsweise der Schaltung zu beeinflussen. Aufgrund der Analogie der Gleichung (4.44) mit (4.10) ergeben sich Bemessungsgleichungen für C^* und L^*, die (4.16) und (4.17) entsprechen, wenn man für

$$\gamma = \frac{U_z}{I_0}\sqrt{\frac{C}{L}}$$

setzt.

Die erforderliche Größe der Zwischenkreisspannung kann aus der Lösung des Gleichungssystems (4.41) und (4.42) ermittelt werden. Es läßt sich zeigen, daß für $I_0 > 0$ alle Werte von U_z möglich sind. Wenn die Schaltung aber auch im idealen Leerlauf funktionsfähig bleiben soll, muß

$$U_z \geqq U_d \tag{4.46}$$

sein, da $U_{C2}(0)$ negativ ist.

4.1.2.7. Phasenfolgelöschung

Die Löschvorgänge der in Tafel 4.7 gezeigten Schaltung sind relativ unübersichtlich. Von verschiedenen Seiten ist deshalb versucht worden, die Löschvorgänge vereinfacht darzustellen und mehr oder weniger exakt analytisch zu erfassen, um so Dimensionierungsrichtlinien für L und C des Löschkreises angeben zu können /4.12/ /4.18/ /4.19/ /4.20/.
Je nach den getroffenen Vernachlässigungen und Vereinfachungen differieren die nach den verschiedenen Methoden berechneten Werte für L und C. Zum Zweck des Vergleichs mit den anderen Schaltungen soll deshalb auch hier von vereinfachten Vorgängen ausgegangen werden. Vor Beginn des hier betrachteten Löschvorgangs seien die Ventile 1 und 6 leitend. Durch Zündung von Ventil 2 wird Ventil 1 gelöscht.

Tafel 4.7. Phasenfolgelöschung

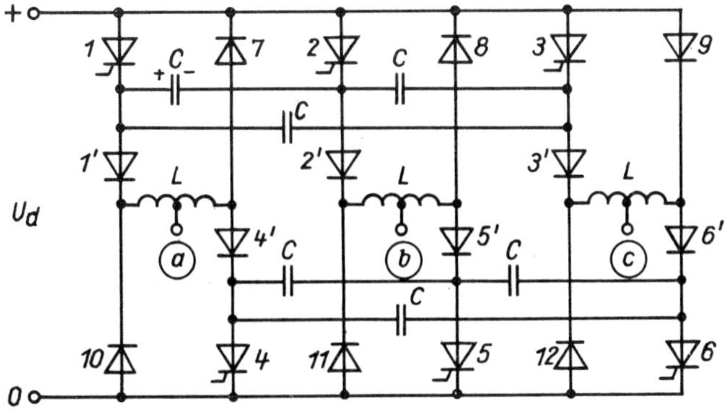

$$\gamma = \frac{1{,}5\, U_d}{I} \sqrt{\frac{C}{L}}$$

$\gamma = 1{,}84$

$L^* = C^* = 0{,}84$

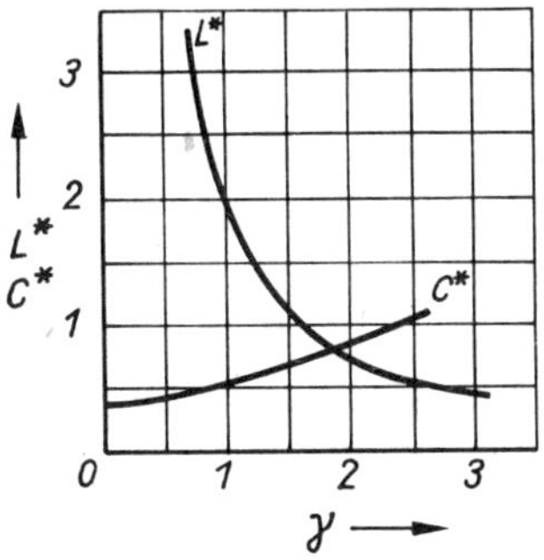

	HT	LT	RD	SD	P_{HT}	P_{LT}	P_{RD}	P_{SD}	C*	L*	TSE
Z	6	-	6	6					6	3	18
U_{sp}	$1{,}5\,U_d$	-	$2{,}5\,U_d$	$2{,}5\,U_d$	$3{,}9\,U_d I_d$	-	$6{,}5\,U_d I_d$	$6{,}5\,U_d I_d$	$1{,}5\,U_d$		
I_n	$\frac{1}{3} I_d$	-	$\frac{1}{3} I_d$	$\frac{1}{3} I_d$							

Es wird angenommen, daß die Löschvorgänge der beiden Brückenhälften sich nicht gegenseitig beeinflussen, so daß wieder der elementare Stromkreis nach Bild 4.1 mit $U_z = 0$ und $C_{ges} = 3/2\ C$ gilt. Wie Untersuchungen der Schaltung mit Querdrossel gezeigt haben, wirkt im Löschkreis die gesamte Induktivität L [vgl. (4.7) und (4.8)]. Damit wird aber mit $U_C = 1{,}5\ U_d$ aus (4.5) und (4.3):

$$u_C = -\frac{3}{2} U_d \cos \sqrt{\frac{2}{3}}\, \omega t + \sqrt{\frac{2}{3}}\, \omega L \sin \sqrt{\frac{2}{3}}\, \omega t. \tag{4.47}$$

Definiert man

$$\gamma = \frac{1{,}5\, U_d}{I_0} \sqrt{\frac{C}{L}} \tag{4.47}$$

wieder als den maximalen Umschwingstrom, so wird für $t = t_H$ die Kondensatorspannung $u_C = 0$, und man erhält mit der üblichen Normierung

$$C^* = \frac{2}{3} \sqrt{\frac{2}{3}} \cdot \gamma \frac{1}{\arctan \sqrt{\frac{3}{2}}\, \gamma} \tag{4.48}$$

und

$$L^{*} = \frac{1}{\frac{2}{3}\sqrt{\frac{2}{3}}\,\gamma} \; \frac{1}{\arctan\sqrt{\frac{3}{2}}\,\gamma} \; . \qquad (4.49)$$

Der maximale Ventilstrom ist

$$I_{T\,max} = I_{C\,max} + I_0$$

bzw.

$$\frac{I_{T\,max}}{I_0} = 1 + \sqrt{1 + \frac{3}{2}\gamma^2} \; . \qquad (4.50)$$

Optimale Verhältnisse im Hinblick auf die in den Schaltelementen L und C umgesetzte bzw. gespeicherte Energie ergeben sich für $\gamma = 1,84$, d. h.,

$$L^{*} = C^{*} = 0,87.$$

4.1.3. Dimensionierung der Wechselrichterventile

Die Auslegung der Ventile hat für jede Ventilgruppe (Haupt- und Löschventile, Blindstromdioden usw.) getrennt zu erfolgen. Die beiden wichtigsten Auswahlkriterien sind die über den Ventilen auftretenden, maximalen Spannungen in Sperr- und Blockierrichtung und der durch die Ventile fließende arithmetische Mittelwert des Stroms. Diese Kriterien sind ausreichend für getakteten Betrieb (π - oder $2\pi/3$-Einschaltung) bis etwa 50 Hz Ausgangsfrequenz. Folgende Bemessungsregeln sind anzuwenden:

$$U_{DRM}, U_{RRM} = S_u\, U_{max}; \qquad (4.51)$$

S_u ist ein Sicherheitsfaktor (1,5 ... 3),

U_{max} ist die im jeweiligen Stromrichterzweig betriebsmäßig auftretende maximale Spannung.

Ferner bedeuten U_{DRM} die zulässige periodische Spitzenblockierspannung und U_{RRM} die zulässige periodische Spitzensperrspannung eines Thyristors.
Hinsichtlich der Ströme gilt

$$I_{FAV\,max}, I_{TAV\,max} = S_i\, \bar{I}_v; \qquad (4.52)$$

S_i ist wieder ein Sicherheitsfaktor (1,5 ... 2),

$\bar{I}_v$ ist der arithmetische Mittelwert des durch den Stromrichterzweig fließenden Stroms.

$I_{FAV\,max}$ stellt den zulässigen maximalen Durchlaßstrom (arithmetischer Mittelwert) einer Diode und $I_{TAV\,max}$ den zulässigen maximalen Durchlaßstrom (arithmetischer Mittelwert) eines Thyristors dar.

Der Strom im Zwischenkreis soll ein reiner Gleichstrom sein. Deshalb ergeben sich Rechteckströme in den einzelnen Ventilen. Der Zusammenhang zwischen dem Mittelwert und dem Effektivwert bei Rechteckströmen (Bild 4.8) ist gegeben durch

$$I_{v\,eff} = \sqrt{\frac{2\pi}{\varepsilon}} \cdot \bar{I}_v \; . \qquad (4.53)$$

In den Tafeln 4.1 bis 4.7 sind für diesen Betriebsfall die Beanspruchungen der Ventile in den einzelnen Schaltungen zusammengestellt. Darüber hinaus ist es notwendig, die Einhaltung der zulässigen dynamischen Kennwerte zu überprüfen (di/dt und du/dt).

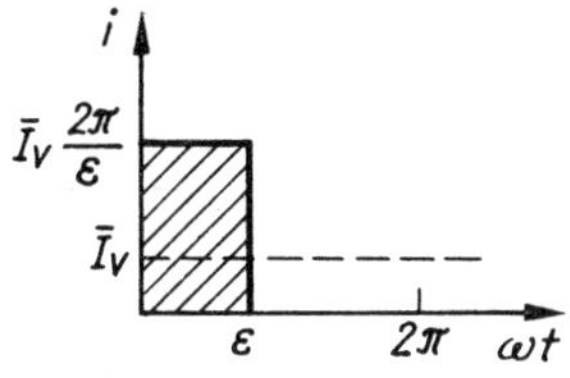

Bild 4.8. Zeitlicher Verlauf des Ventilstroms bei induktiver Last
ε Stromführdauer des Ventils

Bei Abweichungen von diesem Idealfall sowie bei Frequenzen, die stark von 50 Hz abweichen, muß eine thermische Auslegung der Ventile über eine Verlustbetrachtung erfolgen, da die Ventilkennwerte auf 50 Hz bezogen sind. Die Gesamtverluste ergeben sich nach /4.2//4.41/:

$$P_V = U_D \bar{I}_V + R_D I^2_{Veff} + P_{VZ}; \tag{4.54}$$

U_D Durchlaßspannung,

R_D differentieller Durchlaßwiderstand entsprechend der Durchlaßkennlinie des Ventils (Bild 4.9).

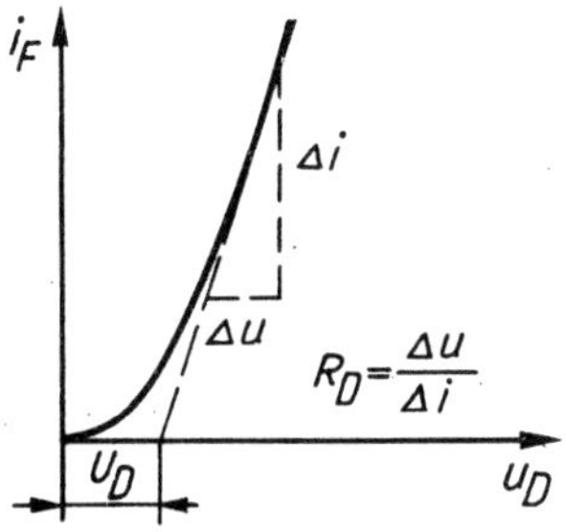

Bild 4.9. Durchlaßkennlinie eines Halbleiterventils

Die Zusatzverluste P_{VZ} setzen sich aus den Einschalt-, Ausschalt- und Steuerverlusten zusammen:

$$P_{VZ} = P_e + P_a + P_{st}; \tag{4.55}$$

P_e Einschaltverluste

P_a Ausschaltverluste

P_{st} Steuerverluste.

Die Ausschaltverluste können fast immer gegenüber den Einschaltverlusten vernachlässigt werden. Die Einschaltverluste lassen sich bei zeitlich linearen Verläufen von Ventilstrom und Ventilspannung während des Einschaltvorgangs nach Bild 4.10 bestimmen.

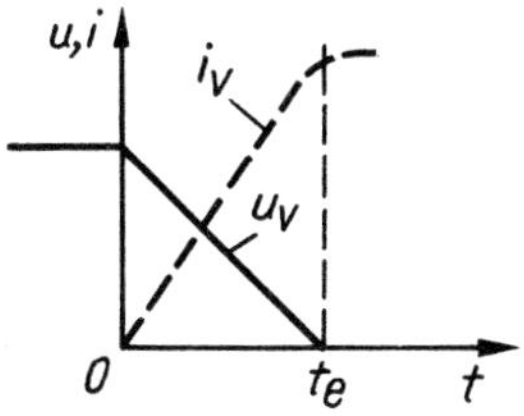

Bild 4.10. Zeitlicher Verlauf der Ventilspannung und des Ventilstroms beim Einschaltvorgang eines Thyristors

Die bei einem Einschaltvorgang entstehende Verlustenergie W_e ist

$$W_e = \int_0^{t_e} u_v i_v \, dt \tag{4.56}$$

mit $u_v = U_{max} (1 - \frac{t}{t_e})$ (4.57)

und $i_v = (\frac{di}{dt}) t.$ (4.58)

Damit wird

$$W_e = U_{max} (\frac{di}{dt}) \frac{t_e^2}{6} \tag{4.59}$$

und $P_e = W_e f_p = U_{max} (\frac{di}{dt}) \frac{t_e^2}{6} f_p,$ (4.60)

wenn f_p die Takt- oder Pulsfrequenz des Wechselrichters ist.

Die Steuerverluste ergeben sich für die übliche Ansteuerung eines Thyristors mit einer Impulsfolge über eine Halbperiode, deren Tastverhältnis

$$\alpha = \frac{T_i}{T_L} \tag{4.61}$$

ist (wobei für den „Lattenzaun" $T_L \ll T$ und $f_L \gg f_p$ gilt, Bild 4.11), zu

$$P_{st} = \frac{U_{st} I_{st} \alpha}{2} . \tag{4.62}$$

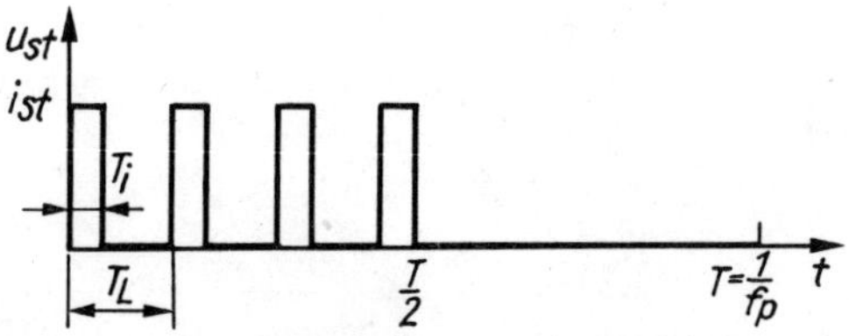

Bild 4.11. Impulsfolge zur Ansteuerung eines Thyristors
T_i Impulsdauer, T_L Impulsabstand

Mit der Gesamtverlustleistung nach (4.54) kann nun unter Berücksichtigung der Kühlbedingungen (äußerer thermischer Widerstand des Ventils R_{tha}) die Sperrschichttemperatur bestimmt werden:

$$\vartheta_j = P_v (R_{thi} + R_{tha}) + \vartheta_0, \tag{4.63}$$

wobei für Si-Thyristoren gilt

$$\vartheta_{j\,zul} = 110 \ldots 140\ ^{\circ}C.$$

Der innere und äußere thermische Widerstand (R_{thi}, R_{tha}) sind Kennwerte des jeweiligen Ventils, wobei R_{tha} in Abhängigkeit von den Kühlbedingungen angegeben wird.

4.1.4. Wechselrichter mit abschaltbaren Thyristoren

Die Entwicklung neuer Leistungshalbleiterbauelemente /4.21/ /4.22/ gestattet den Entwurf von selbstgelöschten Stromrichtern mit verbesserten elektrischen und konstruktiven Eigenschaften. Für die Anwendung in Wechselrichtern, Pulsstellern u. ä., sind abschaltbare Thyristoren (GTO) von besonderer Bedeutung, weil damit auf die in den vorangegangenen Abschnitten beschriebenen, zum Teil sehr umfangreichen Löscheinrichtungen verzichtet werden kann.

Der abschaltbare Thyristor wird wie der herkömmliche Thyristor über einen positiven Steuerimpuls eingeschaltet. Durch besondere technologische Maßnahmen bei der Herstellung des Ventils wird es aber möglich, den Anodenstrom durch einen negativen Impuls zwischen Steuerelektrode und Katode unter den Haltestrom zu senken und damit den GTO-Thyristor abzuschalten. Die Stromverstärkung für den Ausschaltvorgang ist

$$\beta_{off} = \frac{I_A}{I_G}; \qquad (4.64)$$

I_A abzuschaltender Anodenstrom

I_G dazu erforderlicher Steuerstrom.

Tafel 4.8 gibt einige Parameter für zur Zeit labormäßig und serienmäßig realisierbare GTO-Thyristoren wieder.

Tafel 4.8. Parameter abschaltbarer Thyristoren

		1	2		
Maximale periodische Spitzensperrspannung	U_{DRM}	4500 V	2500 V	2500 V	2500 V
Durchlaßstrom - Mittelwert	I_{AVM}	600 A	300 A	-	-
Durchlaßstrom - Effektivwert	I_{TRMS}	-	-	400 A	400 A
Abschaltbarer Strom	I_{TGQ}	3000 A	800 A	800 A	1000 A
Periodischer Spitzenstrom	I_{TSM}	10000 A	5000 A	-	7000 A
Durchlaßspannung	U_D	3,0 V	2,2 V	2,3 V	1,8 V
Stromanstiegsgeschwindigkeit	di/dt	500 A/µs	-	100 A/µs	-
Einschaltzeit	t_{on}	6 s	-	-	10 µs
Freiwerdezeit	t_q	30 µs	18 µs	-	25 µs
Stromverstärkung für den Ausschaltvorgang	β_{off}	-	4	4,5	-

Spalte 1: labormäßig realisierbar
Spalte 2: konkrete Erzeugnisse verschiedener Hersteller

Der Einsatz von GTO-Thyristoren als Wechselrichterventile bietet im Vergleich zu herkömmlichen Schaltungen folgende Vorteile:

- Es ist keine zusätzliche Löscheinrichtung erforderlich.
- Das Abschaltverhalten der Ventile ist unabhängig von der Zwischenkreisspannung.
- Der Leistungskreis ist wesentlich vereinfacht und der spezifische Raumbedarf dementsprechend geringer.

– Die sehr kurzen Ein- und Ausschaltzeiten gestatten höhere Pulsfrequenzen, so daß der mit Rücksicht auf die maximal zulässige Pulsfrequenz notwendige Wechsel der Zündmuster in geringerem Maße erforderlich wird (vgl. Abschn. 5).
– Der Gesamtwirkungsgrad des Wechselrichters ist infolge der fehlenden Löschverluste höher.

Ein Beipiel eines Wechselrichters mit parallelgeschalteten GTO-Thyristoren zeigt Bild 4.12.

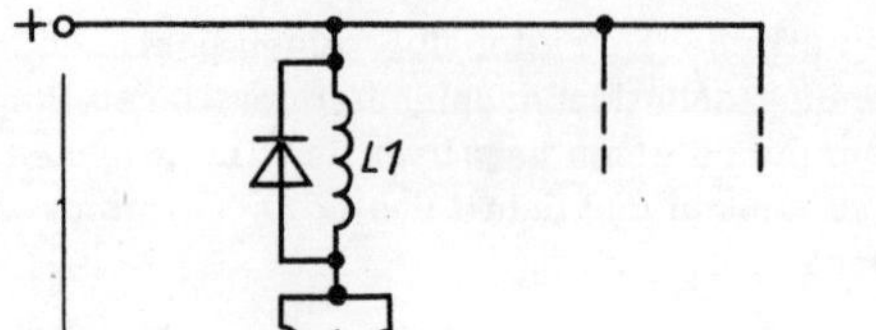

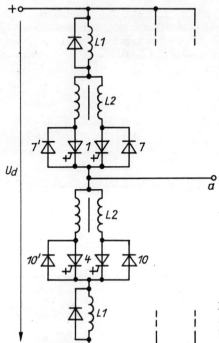

Bild 4.12. Schaltungsbeispiel eines Brückenzweigs eines Wechselrichters mit abschaltbaren Thyristoren

Die Induktivitäten L1 zur Begrenzung des Stromanstiegs beim Einschalten sind mit Freilaufdioden versehen, die beim Abschalten wirken. Bei Parallelschaltung von GTO-Ventilen sind außerdem Ausgleichsinduktivitäten L2 (sog. Anodendrosseln) erforderlich, die magnetisch gekoppelt sind.

4.1.4.1. Ansteuerung

Zur Ansteuerung eines GTO-Thyristors ist ein zeitlicher Verlauf des Gatestroms I_G entsprechend Bild 4.13 notwendig.

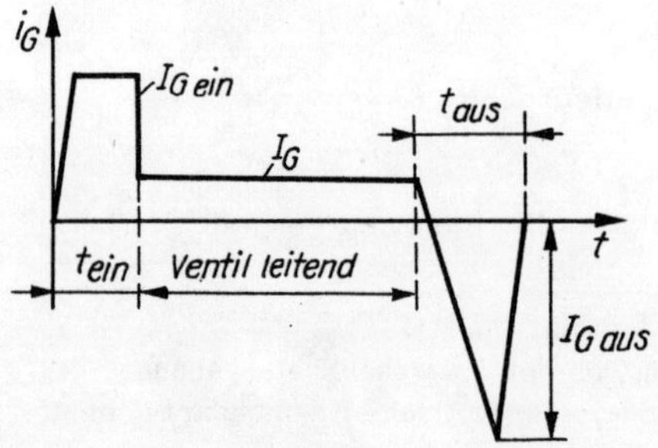

Bild 4.13. Typischer Verlauf des Ansteuerstroms eines GTO-Thyristors

Der Einschaltstrom besteht aus zwei Anteilen: einem kurzen Einschaltimpuls und einem konstanten Steuerstrom während der gesamten Leitphase. Zum Ausschalten ist ein relativ hoher negativer Steuerstrom während der Ausschaltzeit t_{aus} nötig, die hinreichend groß gegenüber der Freiwerdezeit sein muß. Eine einfache Schaltungsvariante zur Ansteuerung eines GTO-Thyristors ist im Bild 4.14 dargestellt.

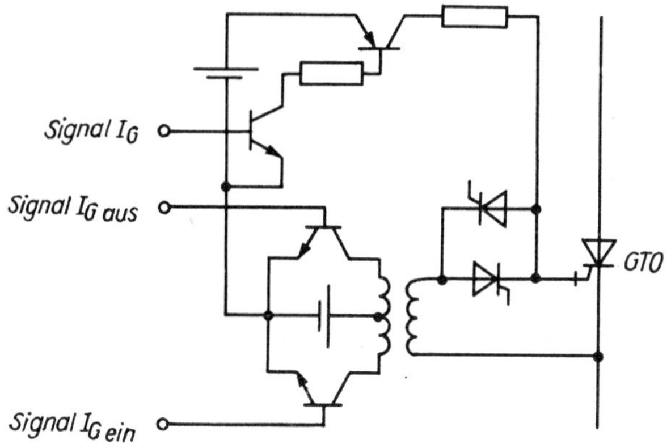

Bild 4.14. Ansteuerschaltung zur Realisierung des Steuerstromverlaufs nach Bild 4.13

Für jeden Thyristor werden demnach zwei unabhängige Gleichspannungsquellen zur Erzeugung der positiven und negativen Steuerströme benötigt. Beide Spannungsquellen liegen auf Katodenpotential.

4.1.4.2. Ausschaltverhalten

Wie bei normalen Thyristoren sind auch bei GTO-Thyristoren zusätzliche Schaltelemente zur Bedämpfung innerer Überspannungen erforderlich, die beim Ausschalten aufgrund des Trägerstaueffekts entstehen. Als günstig hat sich eine Kombination aus Widerstand, Diode und Kondensator (RCD-Beschaltung, Bild 4.15) erwiesen.

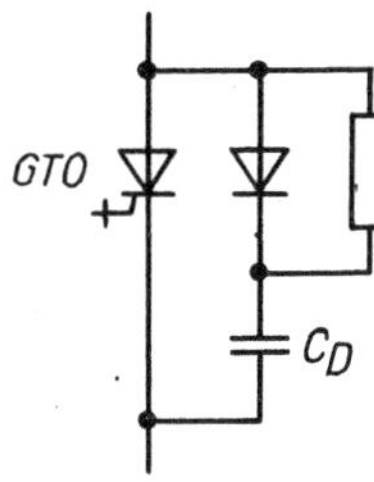

Bild 4.15. RCD-Beschaltung zur Bedämpfung von TSE-Überspannungen bei GTO-Thyristoren

Bei der Kommutierung des Anodenstroms auf das RCD-Schaltentlastungsnetzwerk tritt zunächst über dem Ventil während des Ausschaltens eine Spannungsspitze ΔU_1 auf (Bild 4.16), die durch die parasitären Induktivitäten des RCD-Netzwerks verursacht wird. Da der Beschaltungskondensator C_D mit den Leitungs- und Streuinduktivitäten L des jeweiligen Ventilzweiges einen Schwingkreis bildet, kommt es anschließend zu einem Überschwingen ΔU_2 der Blockierspannung. Näherungsweise gilt

$$\Delta U_2 = I_0 \sqrt{\frac{L}{C_D}}, \tag{4.65}$$

wobei I_0 den Strom durch den GTO zu Beginn des Abschaltvorgangs darstellt. Zur Begrenzung der Spannungsspitze ΔU_1 müssen die Induktivitäten der RCD-Beschaltung niedrig gehalten werden. Das ist neben kurzen Leitungslängen vor allem durch Verwendung von induktivitätsarmen Kondensatoren (sowie ihre induktivitätsarme Parallelschaltung) und den Einsatz von speziellen Dioden mit kurzen Schaltzeiten und niedrigen Durchlaßspannungen möglich.

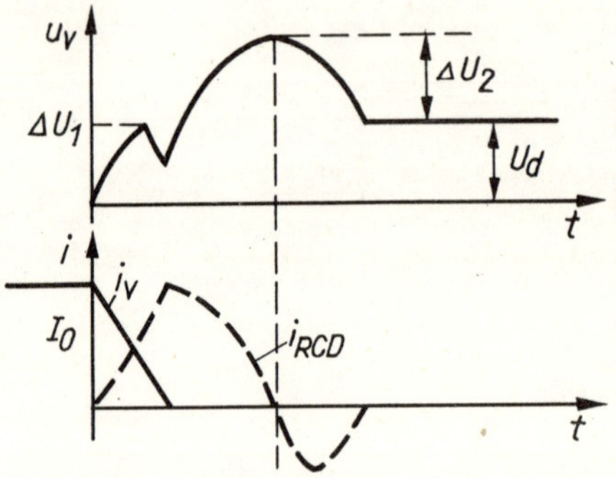

Bild 4.16. Zeitlicher Verlauf der Ventilspannung (oben), des Ventilstroms und des Stroms in der RCD-Schaltung

Die Überschwingweite ΔU_2 kann entweder durch kleine Schaltungsinduktivitäten oder große Dämpfungskondensatoren C_D herabgesetzt werden. Die Vergrößerung der Kapazität C_D ist unvorteilhaft, da dies zur Verlusterhöhung und zu erhöhtem Raumbedarf führt. Die Schaltungsinduktivitäten können vor allem durch zwei Maßnahmen herabgesetzt werden:

- Verringerung der Streuinduktivitäten der Ausgleichsdrosseln
- Verringerung der Leitungsinduktivitäten.

4.1.4.3. Schutzprobleme

Der mit GTO ausgerüstete Wechselrichter ist vor allem gegen Überströme und Kommutierungsfehler zu schützen. Für den Überstromschutz gibt es folgende Möglichkeiten:

- Das Einzelventil bzw. der betreffende Ventilzweig ist in der Lage, den Überstrom abzuschalten,
- Zündung aller Ventile bei Überschreiten eines Stromgrenzwertes, um die Belastung auf alle Ventile zu verteilen, bis eine vorgelagerte Schalteinrichtung anspricht.

Günstig ist die zuerst genannte Methode, wenn durch eine schnelle und empfindliche Meßeinrichtung gewährleistet werden kann, daß alle Ventile vor Erreichen des maximalen abschaltbaren Stroms I_{TGQ} gesperrt werden können.

Unter Kommutierungsfehlern sollen bei diesen Wechselrichtern vor allem Falschzündungen von Ventilen verstanden werden, wobei die gleichzeitige Zündung der beiden Ventile eines Ventilzweigs besonders kritisch ist und zu einem Kurzschluß des Zwischenkreiskondensators führt. Auch in diesem Fall kann durch gleichzeitiges Zünden aller Ventile der Kurzschlußstrom auf die drei Ventilzweige verteilt werden. Der zulässige I^2t-Wert der Ventile muß auf alle Fälle größer als das Abschaltintegral einer dem Wechselrichter vorgelagerten Schalteinrichtung sein.

Ein Abschalten der GTO-Thyristoren über das Gate wird in den meisten Fällen wegen der hohen Stromanstiegsgeschwindigkeit bei Kurzschluß nicht möglich sein.

4.1.5. Umrichter mit Transistoren

Mit der Entwicklung von Transistoren höherer Spannung und höherer Schaltleistung gewinnen diese Bauelemente zunehmend an Bedeutung auch für die Anwendung in geregelten Drehstromantrieben. Infolge der Preientwicklung werden Leistungstransistoren im Vergleich zu Thyristoren gleicher Schaltleistung auch in ökonomischer Hinsicht diskutabel, wobei diese noch den Vorteil eines besseren dynamischen Verhaltens haben. Der Einsatz von Transistoren in leistungselektronischen Stellgliedern erfordert aber spezielle Überlegungen zur Ansteuerung, zum Schutz und zur Erhöhung der Ausgangsleistung des Stellgliedes durch Parallelschaltung von Transistoren.

Für Drehstrom-Asynchronmotoren kommt wegen der hohen Maschinen- und Stromrichterausnutzung auch bei Transistorumrichtern vor allem die Drehstrombrückenschaltung in Frage. Anwendungsbeispiele dieser Schaltungen mit Transistoren für Ausgangsleistungen von 5 ... 10 kVA sind in /4.23/ bis /4.26/ beschrieben. Für Billigvarianten im Leistungsbereich bis etwa 2,5 kW eignen sich auch Schaltungen mit verminderter Ventilzahl, wie die Zweiphasenbrückenschaltung und verschiedene Mittelpunktschaltungen. Die Entwicklung auf dem Gebiet der Leistungstransistoren, die gegenwärtig durch zulässige Kollektor-Emitter-Spannungen von etwa 1000 V und zulässige Kollektorströme von einigen 100 A gekennzeichnet ist, gestattet heute bereits den Bau von Stellgliedern bis in den 100-kVA-Bereich hinein.

4.1.5.1. Schaltungsvarianten des Leistungskreises

Ein wesentliches Kriterium für den Vergleich verschiedener Schaltungen ist die Ausnutzung der Maschine. Bezieht man das Drehmoment auf das Bohrungsvolumen des Motors, so erhält man /4.27/

$$f = \frac{4\,M}{\pi D_B^2\, l}; \tag{4.66}$$

D_B Bohrungsdurchmesser

l Länge des aktiven Eisenteiles.

Zur Bestimmung des Drehmoments soll hier von einer Leistungsbetrachtung ausgegangen werden,

$$P = M\,\Omega = U_d\, I_d, \tag{4.67}$$

und bei einer idealen, verlustfreien Anordnung ist die mechanische Leistung gleich der im Zwischenkreis umgesetzten. Im stationären Betrieb sind Ω und I_d konstant, also

$$f = \frac{4\,U_d\, I_d}{\pi D_B^2\, l\Omega}. \tag{4.68}$$

Als Vergleichsgröße soll das „bezogene Nenndrehmoment" f_3 einer dreisträngigen Maschine bei Vernachlässigung der Phasenverschiebung zwischen Strom und Spannung dienen:

$$f_3 = \frac{3\,U_s\, I_s\, 4}{\pi D_B^2\, l\Omega}, \tag{4.69}$$

wobei U_s und I_s die Nenneffektivwerte der Stranggrößen sind. Die Strangspannung hängt von der Nutzahl N und dem Wicklungsfaktor ξ ab. Geht man davon aus, daß an den Wicklungsklemmen eine sinusförmige Spannung anliegt und der Strom im Zwischenkreis völlig geglättet ist, so soll für das bezogene Drehmoment f' gelten

$$f' = \frac{f}{f_3} = \frac{U_d\, I_d}{3\,U_s\, I_s}, \tag{4.70}$$

wobei

$$U_d = \sqrt{2}\, U_s \frac{p}{\pi} \sin\frac{\pi}{p} \tag{4.71}$$

für einen p-pulsigen Stromrichter gilt.

Die Größe f' ist damit das Verhältnis der Leistung einer m-phasigen Maschine bei Speisung durch einen p-pulsigen Stromrichter zur Leistung einer dreiphasigen Maschine gleicher Baugröße.

In Tafel 4.9 sind wichtige Schaltungen zusammengestellt.

Tafel 4.9. Schaltungsvarianten für Transistorwechselrichter

Wicklungsanordnung	Phasenzahl m	Pulszahl p	$\frac{U_d}{\sqrt{2}U_S}$	$\frac{I_d}{I_S}$	f'	w_m
1 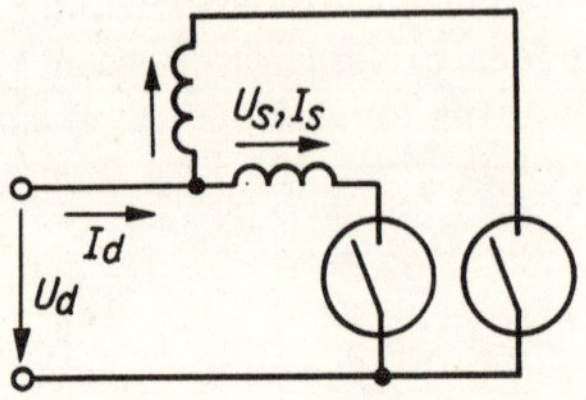	2	2	0,64	1,41	0,42	(1,57)
2 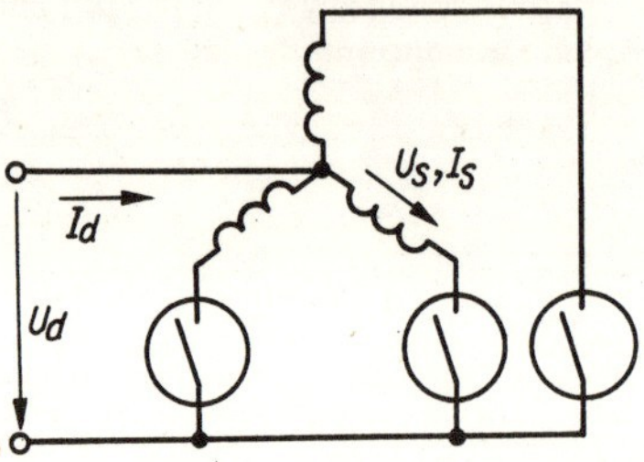	3	3	0,83	1,73	0,675	(0,6)
3 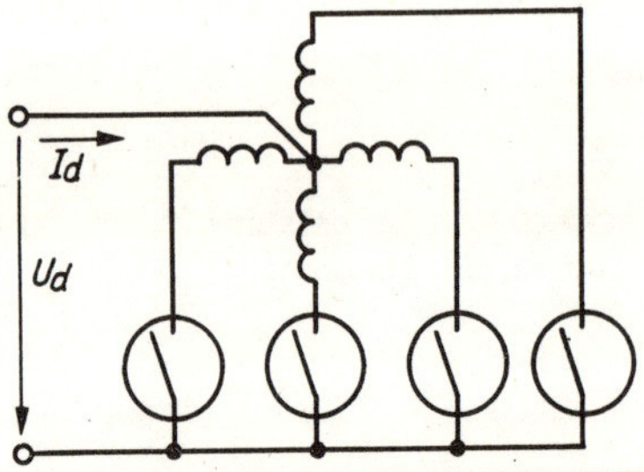	2	4	0,45	2	0,6	0,53 (0,32)
4 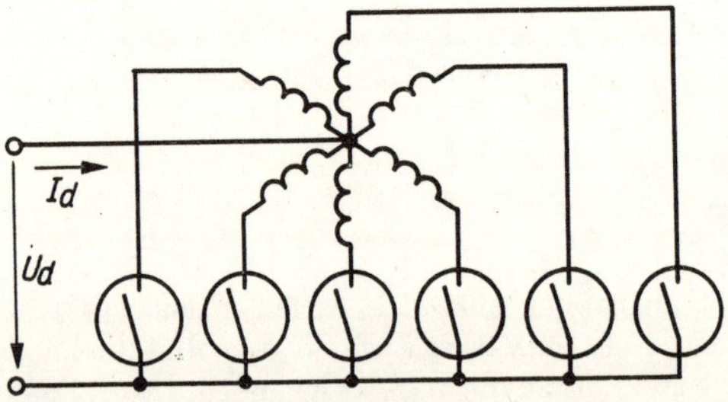	3	6	0,48	2,45	0,55	0,12 (0,14)
5 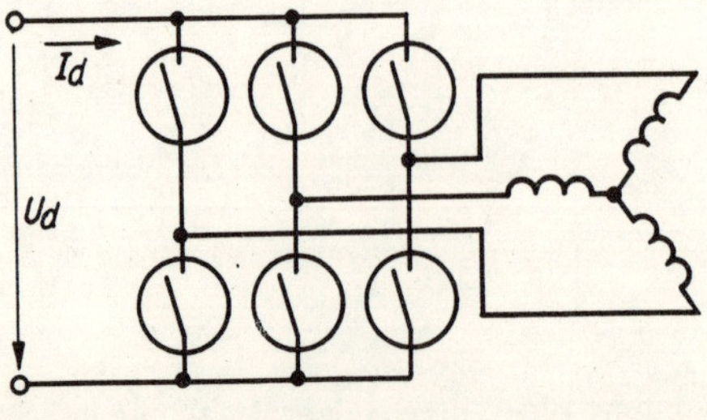	3	6	1,65	1,22	0,95	0,12 (0,14)

Mit den bezogenen Werten für $U_d / \sqrt{2}\, U_s$ und I_d / I_s erhält man

$$f' = \frac{\sqrt{2}}{3} \frac{U_d}{\sqrt{2}\, U_s} \frac{I_d}{I_s}. \tag{4.72}$$

Die relativen Pendelmomente wurden für rechteckförmige Spannungen berechnet. Die in Klammern angegebenen Werte stellen die von /4.28/ berechneten Drehmomentwelligkeiten

$$w_m = \frac{M_{max} - M_{min}}{\overline{M}} \tag{4.73}$$

dar.

4.1.5.2. Dimensionierung der Transistorschalter

Im Bild 4.17 ist der prinzipielle Aufbau eines Transistorschalters bei Verwendung parallelgeschalteter Transistoren SU 169 gezeigt.

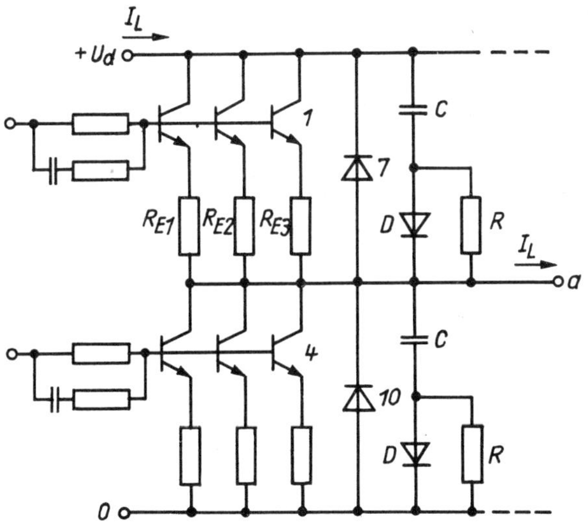

Bild 4.17. Brückenzweig eines Transistorwechselrichters mit 3 parallelen Transistoren SU 169 und Ausgleichswiderständen R_E sowie Blindstromdioden und RCD-Schaltentlastung

Im folgenden wird angenommen, daß der Transistorwechselrichter als Drehstrombrückenschaltung aufgebaut ist. Die Grundlage der Schalterdimensionierung ist das vom Hersteller vorgegebene SOAR-Diagramm [1)] (SU 169, Bild 4.18). In diesem Diagramm ist der Bereich I der sichere Arbeitsbereich für Gleichstrombetrieb. Bereich II gilt für Impulsbetrieb mit einem Tastverhältnis $\alpha = 0{,}01$ [s. (4.61)], was gleichbedeutend mit Einzelimpulsbetrieb ist. Parameter ist die Impulsdauer T_i. Bereich III gilt für den gesperrten Transistor und darf genutzt werden, wenn der Kollektorstrom auf den Reststrom abgeklungen ist.

Für Gleichstrombetrieb sind folgende Bedingungen einzuhalten:

- Kollektorstrommittelwert $I_{CAV} \leq I_{CAV\,max}$
- Kollektor-Emitter-Spannung bei offener Basis $U_{CE} < U_{CEO\,max}$
- Verlustleistung $P_{schalt} < P_{tot\,max}$.

---

1) SOAR (safe operating area) = sicherer Arbeitsbereich.

Darüber hinaus können bei Impulsbetrieb die statischen Grenzen überschritten werden. Nachstehende Bedingungen sind einzuhalten:

- Kollektorspitzenstrom $\hat{I} \leqq I_{C\,max}$
- Kollektor-Emitter-Spitzensperrspannung $\hat{U}_{CE} < U_{CERM}$ bei $R_{BE} \leqq 100\ \Omega$ und negativer Basis-Emitter-Spannung.

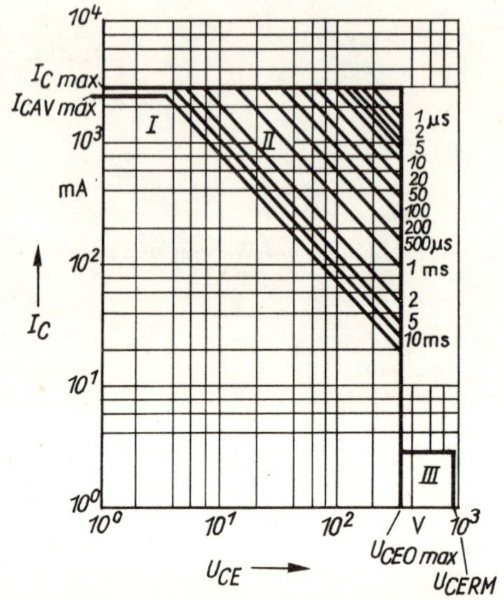

Bild 4.18
Beispiel eines SOAR-Diagramms (SU 169)

Bei Parallelschaltung von Transistoren ist eine gleichmäßige Stromaufteilung auf die Einzeltransistoren zu garantieren. Die dazu notwendigen Ausgleichswiderstände (im Bild 4.17 R_{E1}, R_{E2}, R_{E3}) müssen in Abhängigkeit von der Typenstreuung der Basis-Emitter-Spannung, des Kollektor-Emitter-Sättigungswiderstandes und der Stromverstärkung festgelegt werden. Die durch die Ausgleichswiderstände im Emitterkreis bewirkte Gegenkopplung erzwingt eine entsprechende Stromaufteilung. Zur Vereinfachung der Dimensionierung dieser Widerstände müssen die Transistoren nach möglichst gleichen Werten $U_{CE\,sat}$ ausgesucht werden. $U_{CE\,sat}$ ist die vom Basis- und Kollektorstrom abhängige Sättigungsspannung. Es gilt, ausgehend vom Transistor mit der größten Abweichung,

$$R_E = \frac{2(n-1)\ \Delta U_{CE}}{n\ \Delta I_{C\,max}}; \tag{4.74}$$

ΔU_{CE} ist die Abweichung der Kollektor-Emitter-Sättigungsspannung,

$\Delta I_{C\,max}$ ist die zulässige Abweichung der Kollektorströme

$$\Delta I_{C\,max} = I_{CAV\,max} - I_{CAV\,nenn}, \tag{4.75}$$

n ist die Anzahl der parallelgeschalteten Transistoren.

Die dynamische Dimensionierung muß die Streuung der dynamischen Kennwerte berücksichtigen (Ein- und Ausschaltzeit, Basis-Kollektorkapazität). Unterschiede dieser Parameter können unter Umständen durch Einschalten von Vordrosseln in den Kollektorkreis ausgeglichen werden, wenn die parallelgeschalteten Transistoren nicht durch Montage auf einem gemeinsamen Kühlkörper gleiches Kollektorpotential haben.

4.1.5.3. Basisansteuerung

Die Auslegung der Basisansteuerung ist für den Schaltbetrieb des Leistungstransistors von entscheidender Bedeutung. Der stationäre Basisstrom für die Durchlaßphase des Transistors muß so groß sein, daß er mit Sicherheit im Bereich der Sättigung bzw. Quasisättigung arbeitet. Für die arithmetischen Mittelwerte muß folgende Bedingung erfüllt werden:

$$I_{BAV} \geqq \frac{1}{\beta} I_{CAV}; \qquad (4.76)$$

β Stromverstärkung.

Ein schnelles Einschalten des Transistors wird durch einen kurzen, steilen Basisstromimpuls erreicht (Bild 4.19), wobei $\hat{I}_B < I_{B\ max\ zul}$ einzuhalten ist.

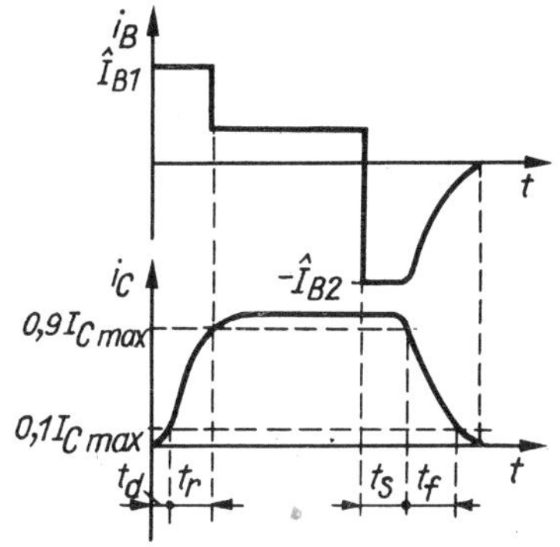

Bild 4.19. Zeitlicher Verlauf von Basis- und Kollektorstrom beim Ein- und Ausschalten eines Transistors

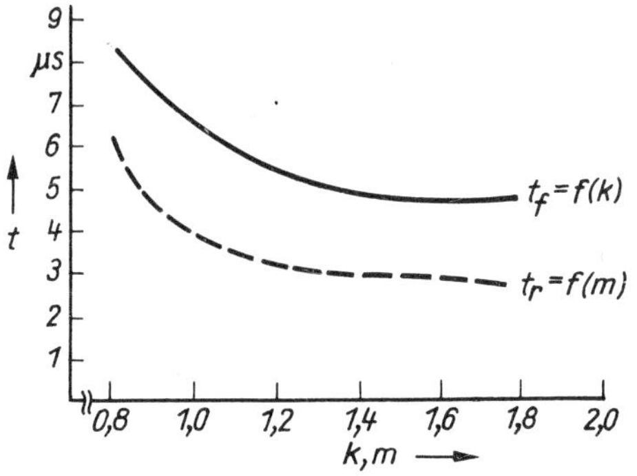

Bild 4.20. Abhängigkeit der Anstiegszeit t_r und der Fallzeit t_f des Kollektorstroms in Abhängigkeit von der Ansteuerung m bzw. k

Bild 4.20 zeigt die an einem Leistungstransistor gemessenen Werte für die Anstiegszeit t_r in Abhängigkeit von der Aussteuerung

$$m = \frac{\hat{I}_{B1}}{I_{BAV}} \qquad (4.77)$$

und die Fallzeit t_f in Abhängigkeit von der Aussteuerung

$$k = -\frac{\hat{I}_{B2}}{I_{BAV}}. \qquad (4.78)$$

Ein schnelles Ausschalten, d. h. geringe Fallzeit t_f, wird durch eine entsprechende negative Basisansteuerung gewährleistet.

Neben der experimentellen Bestimmung der Schaltzeiten kann eine orientierende Vorausberechnung nach /4.29/ erfolgen:

Anstiegszeit $$t_r = \tau \ln \frac{m - 0{,}1}{m - 0{,}9} \tag{4.79}$$

Speicherzeit $$t_s = \tau \ln \frac{m - k}{m + 1} \tag{4.80}$$

Fallzeit $$t_f = \tau \ln \frac{m + 1}{m + 0{,}1} \tag{4.81}$$

mit $$\tau = \tau_s \approx \tau_n + \beta_n R_L C_s . \tag{4.82}$$

Hier bedeuten

τ_n Lebensdauer der negativen Ladungsträger

β_n Nennwert der Stromverstärkung

C_s Kollektor-Sperrschicht-Kapazität

R_L Lastwiderstand (Widerstand im Kollektorkreis).

Bei dieser Berechnung werden Erscheinungen wie der Stromschwanz bei zu großem negativem Basisstrom und das Ansteigen der Schaltzeiten bei zunehmender Temperatur nicht berücksichtigt.

Bei veränderlichem Laststrom muß der Basisstrom nachgeführt werden, um den Transistor im Bereich der Quasisättigung zu halten. Das geschieht beispielsweise durch eine sogenannte Klemmdiode zwischen Basis und Kollektor. Die Sperrspannung dieser Diode muß mindestens der Betriebsspannung des Transistors entsprechen.

Die für die Basisansteuerung notwendigen Treiberstufen sollen einen Verlauf des Basisstroms i_B nach Bild 4.19 realisieren. Die Treiberstufen können in diskreter Technik (Bild 4.21 /4.30/) oder in teil- oder vollintegrierter Technik (Bild 4.22) ausgeführt werden.

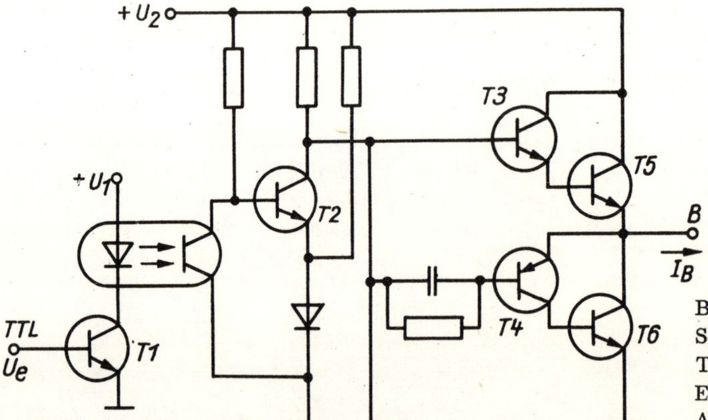

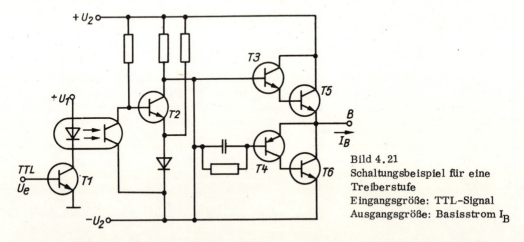

Bild 4.21
Schaltungsbeispiel für eine Treiberstufe
Eingangsgröße: TTL-Signal
Ausgangsgröße: Basisstrom I_B

Beide Varianten gestatten das Ein- und Ausschalten des Transistorschalters (Bild 4.17) über ein TTL-Signal. Der Optokoppler im Eingangskreis dient einem Schwellwertschalter A 301, der neben der Impulsformung auch eine Überwachung von U_{CE} und U_s entsprechend dem SOAR-Diagramm (Bild 4.18) ermöglicht.

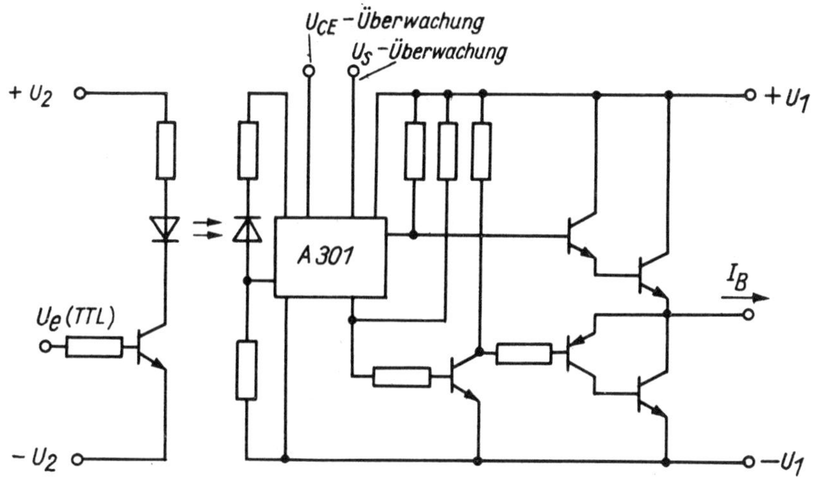

Bild 4.22. Treiberstufe mit Schwellwertschalter A 301 als Impulsformer

4.1.5.4. Netzwerke zur Schaltentlastung

Neben der Optimierung der Basisansteuerung sind Maßnahmen zur Schaltentlastung der Leistungstransistoren notwendig. Die dafür in Frage kommenden Netzwerke dienen vor allem dazu, die im SOAR-Diagramm festgelegten Grenzen für U_{CE} und I_C auch während des Ein- und Ausschaltvorgangs des Transistors einzuhalten und die Verluste beim unvermeidlichen Durchlaufen des aktiven Bereichs zu verringern. Bild 4.23 zeigt typische Verläufe von i_C und u_{CE} beim Ein- und Ausschalten sowie die dabei entstehenden Verlustleistungen, die an einem Leistungstransistor experimentell ermittelt wurden. Die prinzipiellen Vorgänge beim Ausschalten mit und ohne Schaltentlastung zeigt Bild 4.24. Beim Ausschalten steigt die Kollektor-Emitter-Spannung u_{CE} schnell auf den Wert der Betriebsspannung U_d an. Erst dann kommutiert der Kollektorstrom i_C auf die Freilaufdiode (7 bzw. 10 im Bild 4.17), und i_C wird allmählich Null (exponentieller Abfall). Damit wird die im Transistor umgesetzte Leistung

$$p_A = u_{CE}\, i_C \tag{4.83}$$

während dieser Phase sehr groß. Der Grundgedanke der Schaltentlastung besteht darin, einen Kondensator parallel zur Kollektor-Emitter-Strecke des Transistors zu schalten. Zu Beginn des Ausschaltvorgangs ist dieser Kondensator völlig entladen. Damit kann der Kollektorstrom (= Laststrom) schon bei geringfügiger Erhöhung von u_{CE} auf den Kondensatorzweig übergehen. Der Kollektorstrom klingt wieder exponentiell ab, aber die Kollektor-Emitter-Spannung kann sich nur in dem Maße erhöhen, wie der Kondensator aufgeladen wird. Hat die Kondensatorspannung ihr Maximum (Betriebsspannung U_d) erreicht, sperrt die mit dem Kondensator in Reihe geschaltete Diode, und der Strom kommutiert auf den Freilaufkreis. Damit ist der Ausschaltvorgang beendet, und, wie Bild 4.24 zeigt, ist die Verlustleistung im Transistor wesentlich verringert. Damit der Kondensator beim nächsten Ausschaltvorgang wieder entladen ist, muß die Kondensatorladung beim Einschalten des Transistors über einen Widerstand R parallel zur Diode abfließen. Diese RCD-Beschaltung ist die einfachste Art der Schaltentlastung. Die Bauelemente können wie folgt dimensioniert werden /4.31/:

$$C \geq \frac{I_{C\,a\,max}\, t_f}{U_{CE}}; \tag{4.84}$$

$I_{C\,a\,max}$ maximaler Ausschaltstrom, der mit der Schaltung beherrscht werden soll.

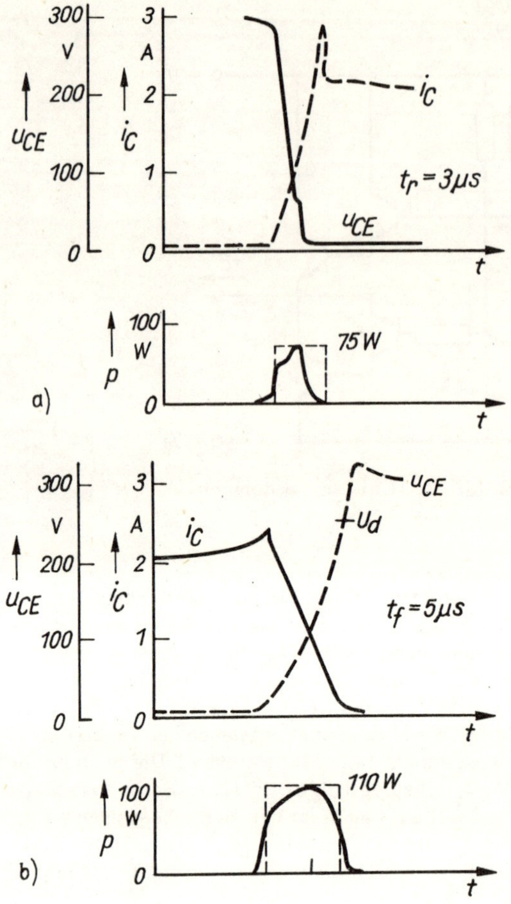

Bild 4.23. Zeitliche Verläufe der Kollektor-Emitter-Spannung, des Kollektorstroms und der Verlustleistung beim Einschaltvorgang (a) und beim Ausschaltvorgang (b)

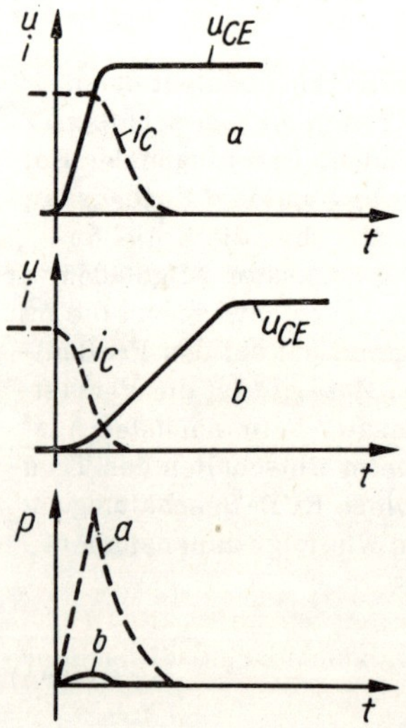

Bild 4.24. Zeitliche Verläufe von Kollektor-Emitter-Spannung, Kollektorstrom und Verlustleistung ohne (a) und mit (b) RCD-Schaltentlastung

Für den Widerstand gilt

$$R \geqq \frac{U}{I_{C\,max} - I_L}; \qquad (4.85)$$

mit $I_{C\,max}$ maximaler zulässiger Kollektorstrom

I_L Laststrom,

wenn

$$I_{C\,e\,max} = U/R \qquad (4.86)$$

und

$$I_{C\,max} = I_{C\,e\,max} + I_L; \qquad (4.87)$$

$I_{C\,e\,max}$ Maximaler Einschaltstrom.

Andererseits darf der Entladevorgang nicht länger dauern, als die Einschaltzeit t_e des Transistors ist, d. h.,

$$R < \frac{t_e}{4C}. \qquad (4.88)$$

Die RCD-Beschaltung hat demnach einige schwerwiegende Nachteile:

- Der Transistor wird zusätzlich durch den Strom $I_{C\,e\,max}$ beim Einschalten beansprucht.
- Für die sichere Entladung des Kondensators ist u. U. eine beträchtliche Mindesteinschaltzeit erforderlich, die die Pulsfrequenz f_p eines Wechselrichters begrenzt.
- Die im Kondensator gespeicherte Energie wird vor allem im Widerstand in Wärme umgesetzt und muß aus der Schaltung abgeführt werden. Diese Verlustleistung beträgt

$$P_V = \frac{U^2\,C}{2}\,f_p. \qquad (4.89)$$

Der zusätzliche Strom $I_{C\,e\,max}$ kann durch Einfügen einer Induktivität mit Überspannungsbegrenzer (Z-Diode) gemäß Bild 4.25 herabgesetzt werden. Auch diese Schaltung ist verlustbehaftet.

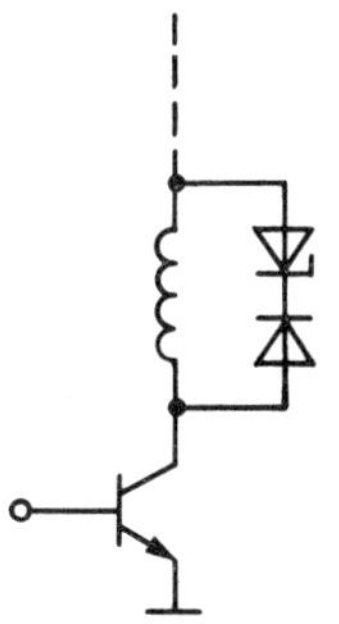

Bild 4.25. Induktivität im Emitterkreis zur di/dt-Begrenzung mit Z-Diode als Überspannungsbegrenzer

Die gesamte im Widerstand umgesetzte Verlustleistung kann wieder nach (4.89) bestimmt werden. Der wesentliche Nachteil der einfachen Schaltentlastungsnetzwerke (Spalten 1 und 2 in Tafel 4.10) besteht darin, daß sie verlustbehaftet sind, was jedoch durch aufwendigere Schaltungen, die in den Spalten 3 bis 7 der Tafel 4.10 zusammengestellt sind, abgebaut werden kann /4.32/. Diese verlustarmen Netzwerke sind vor allem für Transistorschaltungen vorteilhaft, die mit hohen Pulsfrequenzen (einige 10 kHz) arbeiten.

Tafel 4.10. Schaltentlastungsnetzwerke

1	2 R-C-D	3 R-L-C-D	4 2L-2C-3D	5 L-2C-3D	6 L-C-2D	7 2L-4C-5D
Schaltung	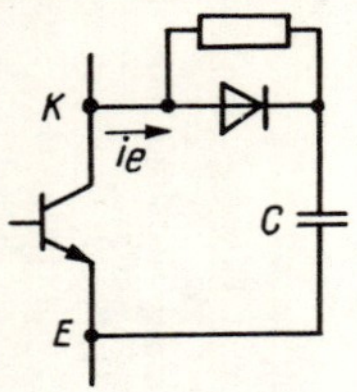	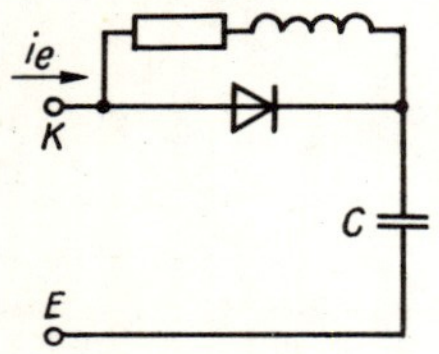	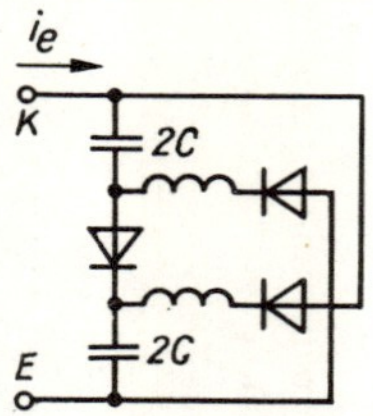	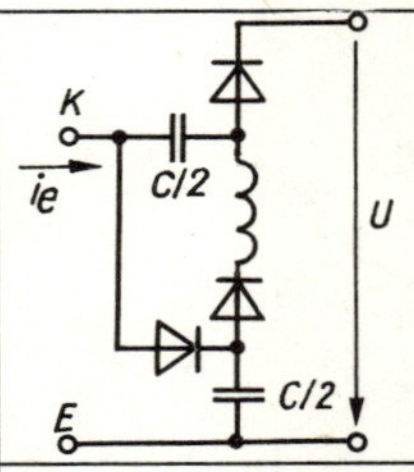	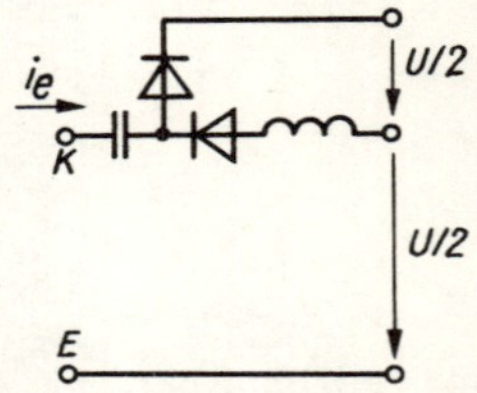	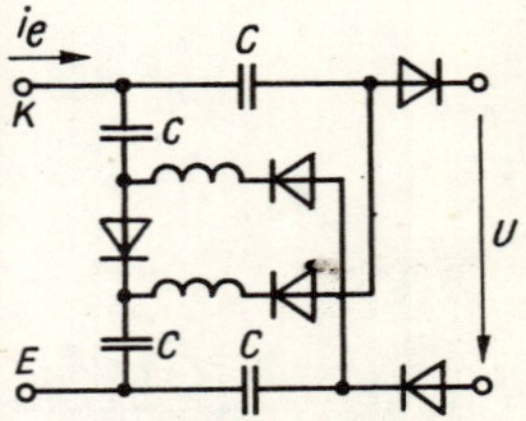
Wirksame Kapazität	C	C	C	C	C	C
Ladung, die beim Einschalten über den Transistor fließt	C U	C U	2 C U	0,5 C U	C U	C U
Zeitlicher Verlauf des zusätzlich über den Transistor fließenden Stroms	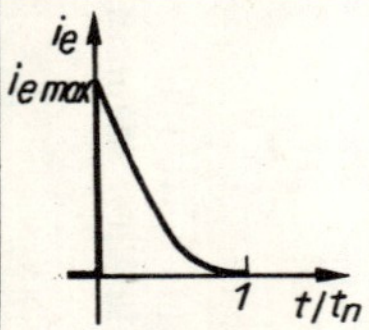	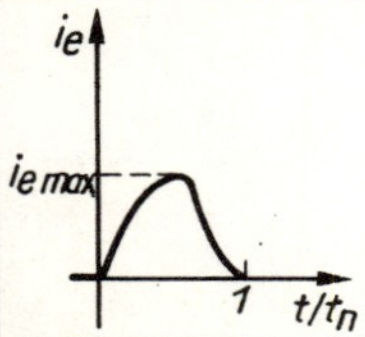	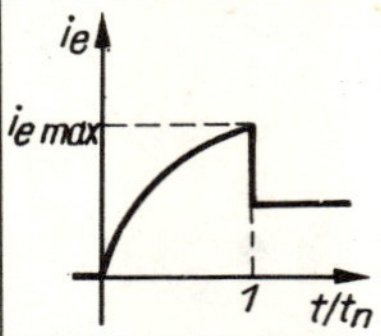	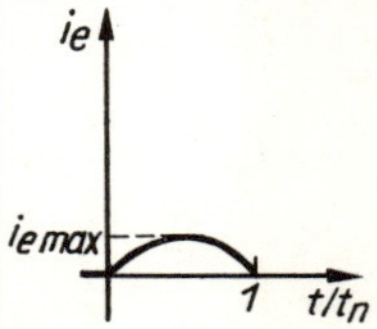	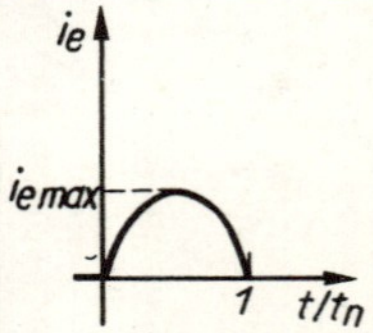	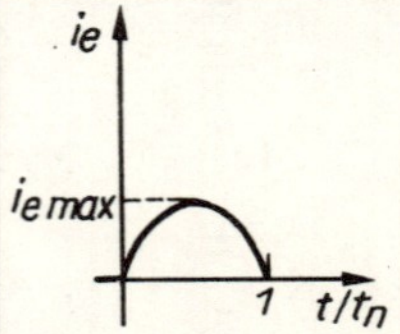
$\frac{i_{e\,max}}{I_0}$; $I_0 = \frac{C\,U}{t_n}$	3,91	2,15	3,14	0,785	1,57	1,57
P_v	$\frac{C\,U^2}{2} f$	$\frac{C\,U^2}{2} f$	0	0	0	0

4.1.5.5. Nachrechnung der dimensionierten Transistorschalter

Die Transistoren sind auf ihre Beanspruchung bei Pulsbetrieb zu überprüfen, d. h., es ist festzustellen, inwieweit die Grenzen des SOAR-Diagramms eingehalten werden und welche maximalen Pulsfrequenzen zulässig sind. Außerdem muß besonders bei billigen Lösungen überprüft werden, welche Schaltungsvereinfachungen möglich sind.

Durchlaßverluste:

Die Durchlaßverluste betragen

$$P_{vD} = I_C \, U_{CE\,sat} + \left(\frac{\Delta U_{CE}}{\Delta I_C}\right) I^2_{C\,eff} \tag{4.90}$$

und haben bei getaktetem Betrieb mit π-Einschaltung den größten Wert. $\Delta U_{CE}/\Delta I_C$ ist die Steigung der Transistorkennlinie am gewählten Arbeitspunkt (differentieller Widerstand, s. Bild 4.26).

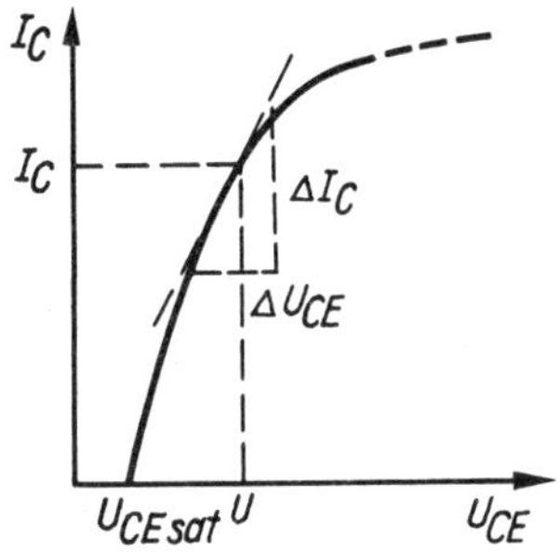

Bild 4.26
Transistorkennlinie mit Arbeitspunkt im Sättigungsbereich

Der Kollektorstrom hängt vom Laststrom (Ausgangsstrom des Wechselrichters) ab. Im Fall der Speisung eines Drehstrommotors (Dreieckschaltung) durch einen Transistorwechselrichter geht man von der Grundschwingung des Motorstroms aus, die gegenüber der Grundschwingung der Spannung um den Winkel φ verschoben ist (Bild 4.27).

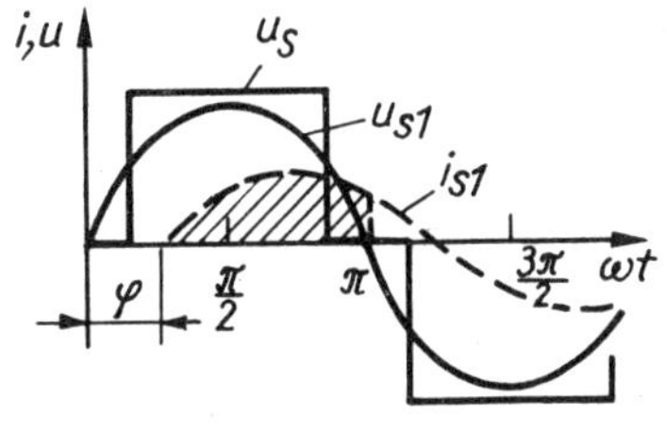

Bild 4.27. Zeitlicher Verlauf der Grundschwingungen der Wechselrichterausgangsspannung u_{s1} (Klemmenspannung des Motors) und des Motorstroms i_{s1}

Der Mittelwert des Stroms durch einen Ventilzweig (n parallele Transistoren) ist dann

$$I_C = \frac{1}{2\pi} \int_{\varphi}^{\pi} \sqrt{3}\, \hat{I}_{s1} \sin(\omega t - \varphi)\, d\omega t \tag{4.91}$$

$$I_C = \frac{\sqrt{3}\,\sqrt{2}}{2\pi} I_{s1} (1 + \cos\varphi) \tag{4.92}$$

und der Effektivwert

$$I^2_{C\,eff} = \frac{6\, I^2_{s1}}{8\pi} \left[2(\pi - \varphi) + \sin 2\varphi\right]. \tag{4.93}$$

Schaltverluste:
Diese Verluste entstehen beim Einschalt- und Ausschaltvorgang. Die Verlustleistung wird zweckmäßig aus den gemessenen Strom- und Spannungsverläufen ermittelt (vgl. Bild 4.23). Aus dem dort angeführten Beispiel ermittelt man P_{max} bei bestimmten Werten für U_{CE} und I_C sowie die sich ergebende Fallzeit t_f.

Im Beispiel sind $I_C = 1$ A, $U_{CE} = 110$ V und $t_f = 5\,\mu$s. Aus dem SOAR-Diagramm (Bild 4.17) entnimmt man eine zulässige Impulslänge von 150 µs bei einem Tastverhältnis $T \leqq 0{,}01$. Wird der Transistorschalter mit einer Pulsfrequenz $f_p = 10$ kHz betrieben, so ist das tatsächlich vorhandene Tastverhältnis für den Ausschaltvorgang

$$\alpha = t_f f_p = 5\,\mu\text{s}\; 10^4\,\text{s}^{-1} = 5 \cdot 10^{-2}$$

und damit zulässig.

Sicherer ist die Dimensionierung nach der im Bild 4.23 ermittelten maximalen Verlustleistung. Die gesamte im Transistor anfallende Wärmemenge bei einem unmittelbar aufeinanderfolgenden Einschalt- und Ausschaltvorgang ist

$$W_S = W_{ein} + W_{aus} \tag{4.94}$$

$$= P_{v\,ein}\, t_r + P_{v\,aus}\, t_f .$$

Die maximal mögliche Pulsfrequenz ergibt sich dann aus der zulässigen Sperrschichttemperatur ϑ_j:

$$\vartheta_j = (R_{thi} + R_{tha})\,(W_S f_{p\,max} + P_{vD}) + \vartheta_0 \tag{4.95}$$

oder

$$f_{p\,max} = \frac{\vartheta_j - \vartheta_0 - (R_{thi} + R_{tha})\,P_{vD}}{(R_{thi} + R_{tha})\,W_S} . \tag{4.96}$$

Die thermischen Widerstände und die zulässigen Sperrschichttemperaturen müssen den Datenblättern des jeweiligen Transistortyps entnommen werden. Dabei wird der äußere thermische Widerstand R_{tha} stark von der Art des Kühlkörpers und den Kühlbedingungen beeinflußt.

Falls gemessene Strom- und Spannungsverläufe bei den Einschalt- und Ausschaltvorgängen nicht zur Verfügung stehen, können die Schaltverluste auch aus den Transistor- und Schaltungsparametern vorausberechnet werden /4.43/.

4.1.5.6. Schutzprobleme

Aufgrund der geringen Überlastbarkeit von Transistoren ergeben sich im Vergleich zu Thyristorschaltungen qualitativ höhere Anforderungen an die Schutzeinrichtungen. Neben der Anwendung passiver Schaltelemente zum Überspannungsschutz wie RCD-Beschaltung oder Varistoren sind zusätzlich aktive Baugruppen für Schutz und Überwachung erforderlich.
Überstromschutz:
Zweckmäßig ist die Überwachung des Ventilzweigstroms über einen Meßshunt. Der Eingriff des Sperrsignals ergolgt direkt in die Basistreiberstufe (Bild 4.28). Durch einen dem Komparator nachgeschalteten Trigger kann die Zeit vorgegeben werden, die der Transistor gesperrt werden soll. Problematisch ist die Überwachung parallelgeschalteter Transistoren. Ein exakter Schutz ist nur durch die Überwachung des Stroms durch jeden einzelnen Transistor möglich.

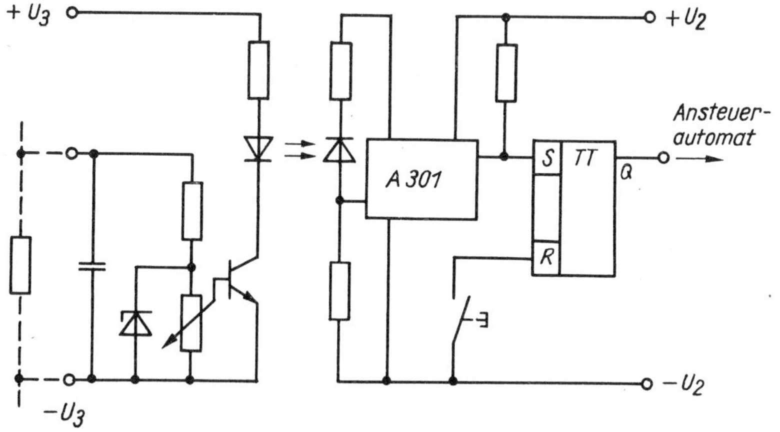

Bild 4.28. Überstromschutzschaltung unter Verwendung eines Schwellwertschalters A 301

Überspannungsschutz:
Diese Einrichtung hat vor allem äußere Überspannungen abzubauen bzw. zu bedämpfen. Je nach Ursache ist ein selektives Eingreifen zweckmäßig:

Ursache	Eingriff
– generatorischer Betrieb (Bremsung)	Verlangsamung der Frequenzverringerung
– kurzzeitige Netzüberspannungen	Sperrung der Ansteuersignale
– höhere Überspannungen	Kurzschließen des Zwischenkreises

Unterspannungsschutz:
Auch zu geringe Spannungen sind für den Betrieb des Transistorwechselrichters gefährlich, da bei zu niedrigen Spannungen die Basisansteuerung die Leistungstransistoren nicht mehr sättigen kann, was schließlich zu einer thermischen Überlastung und Zerstörung der Transistoren führt.

4.1.6. Zwischenkreiskondensator

Der Zwischenkreiskondensator hat zwei Aufgaben:

- Gewährleistung des Blindstromaustausches mit dem Motor
- Gewährleistung einer Zeitstaffelung der Schutzmaßnahmen gegen Unterspannung des Netzes.

Die Blindleistung des Asynchronmotors sei unter Vernachlässigung des lastabhängigen Anteils

$$P_b = \sqrt{3}\, U_s\, I_{so}; \tag{4.97}$$

wenn I_{so} der Magnetisierungsstrom der Maschine ist. Die sich damit ergebende Erhöhung der Energie des Zwischenkreiskondensators ist

$$\Delta W = \frac{\sqrt{3}\, U_s\, I_{so}}{f_s}. \tag{4.98}$$

Insgesamt erhöht sich dadurch die Kondensatorspannung um ΔU_d:

$$W + \Delta W = \frac{C_d}{2} (U_d + \Delta U_d)^2. \tag{4.99}$$

Unter Vernachlässigung der Ausdrücke ΔU_d^2 wird aus (4.99)

$$C_d = \frac{\Delta W}{U_d \, \Delta U_d} = \frac{\sqrt{3}\, U_s I_{so}}{f_s U_d \Delta U_d} . \qquad (4.100)$$

Der auf diese Weise berechnete Zwischenkreiskondensator genügt für den stationären Betrieb, wenn man eine zulässige Spannungserhöhung ΔU_d vorgibt. Soll aber der Kondensator beispielsweise bei einem Transistorwechselrichter eine Schutzfunktion übernehmen (Gewährleistung des Betriebes des Wechselrichters bei Netzausfall während eines Intervalls t_0), so muß die im Kondensator gespeicherte Energie

$$W = C_d U_d^2 \frac{1}{2}$$

hinreichend groß sein. In Abhängigkeit von der Motorleistung P_n bei zulässiger Absenkung der Zwischenkreisspannung auf den Wert $(1-k) U_d$ wird dann

$$C_d = \frac{2 P_n t_0}{U_d^2 (1-k)^2 \eta_n} ; \qquad (4.101)$$

η_n Nennwirkungsgrad des Motors.

4.2. Thyristorumrichter mit Gleichstromzwischenkreis

4.2.1. Überblick über die wichtigsten Löschverfahren

Beim sogenannten Stromwechselrichter wird durch eine hinreichend große Induktivität im Zwischenkreis ein konstanter Zwischenkreisstrom erzwungen. Im Gegensatz zum Spannungswechselrichter wirkt hier der Zwischenkreis als Stromquelle, d. h., dem eigentlichen Wechselrichter wird ein Strom eingeprägt. Aus dieser Tatsache ergeben sich wesentlich andere Eigenschaften als bei den in den vorangegangenen Abschnitten beschriebenen Schaltungen. Die Vielfalt der Löschschaltungen, die beim Spannungswechselrichter auftritt, existiert beim Stromwechselrichter nicht. Hier sind nur zwei Schaltungstypen bekannt geworden, von denen vor allem die Phasenfolgelöschung Bedeutung erlangt hat /4.33/ bis /4.37/. Eine Schaltung mit Phasenlöschung wird in /4.38/ angegeben. Sie ist vor allem bei größeren Leistungen zur Speisung von Synchronmaschinen eingesetzt worden. Für beide Schaltungen (Tafel 4.11) gilt:

- Es werden keine Blindstromdioden benötigt, da sich die Spannung an der Last entsprechend dem eingeprägten Strom einstellt.
- Eine Energierückspeisung ist ohne zusätzlichen Aufwand möglich, wenn der netzseitige Stromrichter in den Wechselrichterbetrieb gesteuert wird.
- Der netzseitige Stromrichter muß eine vollgesteuerte Schaltung sein, wenn Vierquadrantenbetrieb gefordert wird.
- Die Kommutierung des maschinenseitigen Stromrichters erfolgt im Rhythmus der Taktfrequenz; damit können normale Netzthyristoren ohne besondere dynamische Eigenschaften eingesetzt werden.
- Der Stromwechselrichter baut kein eigenes Spannungssystem auf und kann deshalb nicht im Leerlauf betrieben werden. Wechselrichter und Last bilden eine Einheit, deren Verhalten wesentlich durch die Last bestimmt wird.

Die nachfolgenden Betrachtungen beschränken sich wegen der praktischen Bedeutung des Stromwechselrichters mit Phasenfolgelöschung auf diese Schaltung.

Tafel 4.11. Stromwechselrichter

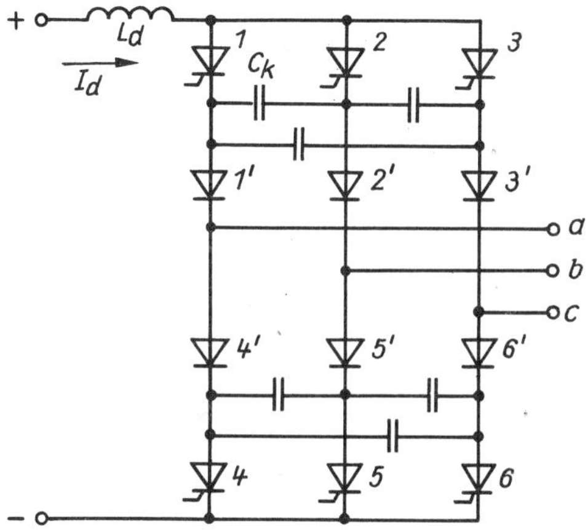

Phasenfolgelöschung

$$C^* = \frac{2}{3}\,\frac{1}{K} = 0,29$$

$$K = \frac{U_C}{\sqrt{3}\,\hat{u}_S} = 2,3$$

für $I_{d\,max} = I_{dn}$

	HT	LT	RD	SD	P_{HT}	P_{LT}	P_{RD}	P_{SD}	C^*	L^*	TSE
Z	6	-	-	6	4,6 U_dI_d	-	-	6,6 U_dI_d	6	-	12
U_{sp}	2,3 U_0	-	-	3,3 U_0					2,3 U_d		
I_n	$\frac{1}{3} I_d$	-	-	$\frac{1}{3} I_d$							

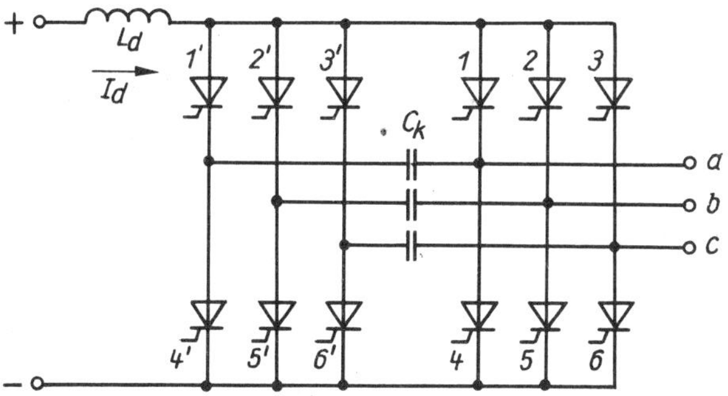

Phasenlöschung

$$C^* = \frac{1}{K} = 0,42$$

$$K = \frac{U_C}{\sqrt{3}\,U_S} = 2,3$$

für $I_{d\,max} = I_{dn}$

	HT	LT	RD	SD	P_{HT}	P_{LT}	P_{RD}	P_{SD}	C^*	L^*	TSE
Z	6	6	-	-	4,6 U_dI_d	1,5 U_dI_d -	-	-	3	-	12
U_{sp}	2,3 U_d	2,3 U_d	-	-					2,3 U_d		
I_n	$\frac{1}{3} I_d$	$\frac{1}{9} I_d$	-	-							

4.2.2. Berechnung der Löschvorgänge

Zur Untersuchung der Löschvorgänge wird Bild 4.29 zugrunde gelegt. Es wird der Fall betrachtet, daß Ventil 2 durch Zündung von Ventil 1 gelöscht wird. Der Kondensator C1 ist in der angegebenen Polarität aufgeladen. Der Löschvorgang läuft im wesentlichen in zwei Intervallen ab:

1. Das Ventil 1 übernimmt sofort den Strom, da Ventil 2 durch die negative Kondensatorspannung u_{C1} gesperrt wird. Der Strom fließt aber weiter durch die Sperrdiode 2', weil Diode 1' infolge der negativen Gesamtspannung sperrt.
2. Ventil 1' wird leitend, wenn infolge des Umladevorgangs $u_{C1} = u_{Last}$ geworden ist.

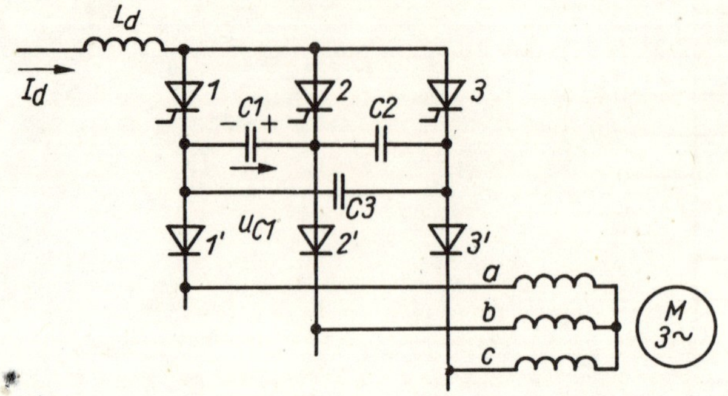

Bild 4.29. Obere Brückenhälfte eines Stromwechselrichters (Ventil 2 ist leitend)

Die nachstehenden Betrachtungen gelten unter folgenden Voraussetzungen für den beschriebenen Löschvorgang:

1. $L_d = \infty$, d. h., I_d = konst.
2. Die induzierten Strangspannungen sind rein sinusförmig, wenn Konstanz der Läuferflußverkettung angenommen wird. Es gilt: $u_b' = u_c' = u_s'$. Ferner soll gelten: $R_b = R_c = R_s$.
3. Die wirksame Induktivität ist die Gesamtstreuinduktivität $L_i = L_b \doteq L_c$,
   wobei $L_i = L_s - L_m^2/L_r = \sigma L_s$ ist.
4. Die wirksame Kapazität beträgt $C' = 1{,}5\ C_k$.
5. Die Anfangsspannung des Kondensators sei U_{C0}.

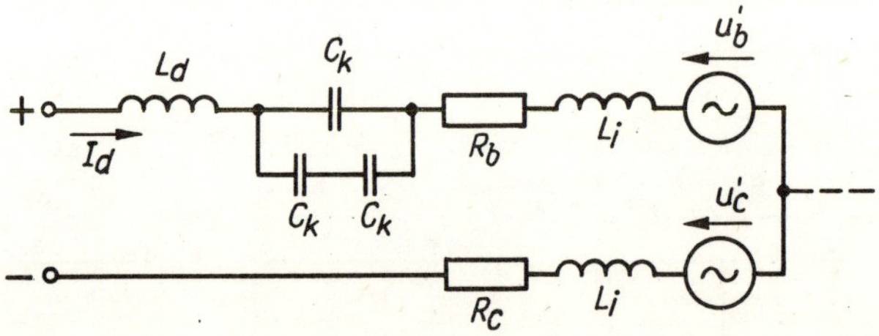

Bild 4.30. Ersatzschaltung für Intervall 1 des Löschvorgangs

Damit gilt das im Bild 4.30 gezeigte Ersatzschaltbild. Aus der Spannungsgleichung für diesen Stromkreis läßt sich unter den oben getroffenen Voraussetzungen für den Zeitbereich ableiten:

$$\frac{I_d\, t}{C'} - U_{C0} + 2\, I_d R_s + \sqrt{3}\, u_s' = 0. \qquad (4.102)$$

Der Ersatzlöschkondensator wird durch den konstanten Strom I_d zeitlinear umgeladen. Die Freihaltezeit t_H der Schaltung ist offensichtlich dann erreicht, wenn die Kondensatorspannung den Wert Null erreicht hat:

$$\frac{I_d\, t_H}{C'} - U_{C0} = 0 \qquad (4.103)$$

oder

$$C_k = \frac{2}{3} \frac{I_d t_h}{U_{C0}}. \tag{4.104}$$

Das Problem bei der Bemessung des Löschkondensators besteht vor allem in der Bestimmung seiner Anfangsspannung U_{C0}.

Im 2. Intervall ändert sich die Konfiguration des Ersatzstromkreises, wenn der Strom von Diode 2' auf Diode 1' übergegangen ist (Bild 4.31).

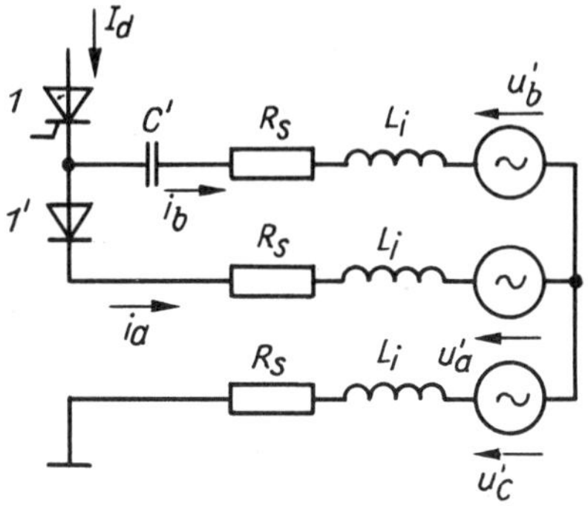

Bild 4.31
Ersatzschaltung für Intervall 2 des Löschvorgangs

Für dieses Intervall gelten folgende Anfangswerte:

$$i_a(0) = 0 \qquad i_b(0) = I_d.$$

Außerdem ist

$$I_d = i_a + i_b. \tag{4.105}$$

Damit wird

$$u_{C1} + i_b R_s + L_i \frac{di_b}{dt} - u_b' - i_a R_s - L_i \frac{di_a}{dt} + u_a' = 0. \tag{4.106}$$

Die Lösung dieser Differentialgleichung ist die Zeitfunktion für den Strangstrom i_b, wenn man folgende Abkürzungen einführt (in Anlehnung an /4.38/):

$$\alpha = \frac{R_s}{2 L_i} \tag{4.107}$$

$$\beta^2 = \frac{1}{2 L_i C'} - \alpha^2 \tag{4.108}$$

$$i_b = I_d e^{-\alpha t} (\cos \beta t + \frac{\alpha}{\beta} \sin \beta t) - \frac{u_a'}{2 \beta L_i} e^{-\alpha t} \sin \beta t. \tag{4.109}$$

Der Löschvorgang ist abgeschlossen, wenn i_b zum Zeitpunkt $t = t_k$ den Wert Null erreicht hat. Dann wird aus (4.109)

$$0 = I_d (\cos \beta t_k + \frac{\alpha}{\beta}) - \frac{u_a'}{2 \beta L_i}. \tag{4.110}$$

Mit (4.107) wird damit

$$\beta t_k = \frac{\pi}{2} + \text{arc tan}\,\frac{\alpha}{\beta}\,(\frac{u'_a}{I_d R_s} - 1). \qquad (4.111)$$

Der gesamte Löschvorgang ist im Bild 4.32 dargestellt.

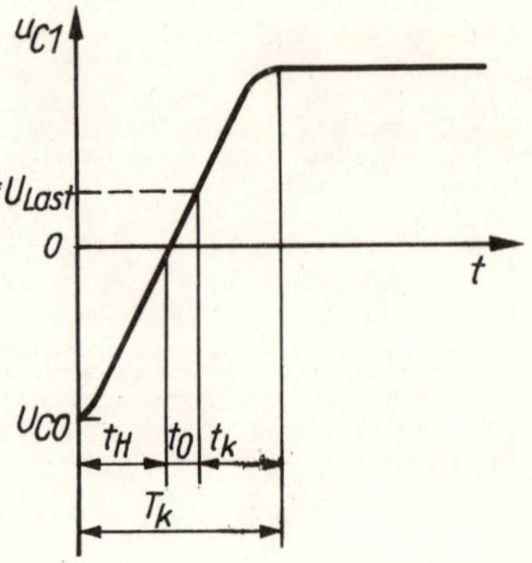

Bild 4.32. Zeitlicher Verlauf der Kondensatorspannung beim Löschvorgang

Das 2. Intervall beginnt, wie oben bereits festgestellt wurde, wenn $u_C = u_{Last}$ geworden ist:

$$U'_{C0} = -I_d R_s + u'_b. \qquad (4.112)$$

Unter diesen Umständen läßt sich aus der Zeitfunktion des Stroms (4.109) der zeitliche Verlauf der Kondensatorspannung berechnen:

$$u_C = U'_{C0} + \frac{1}{C'} \int i_b \, dt. \qquad (4.113)$$

Zum Zeitpunkt $t = t_k$ ist der Löschvorgang abgeschlossen. Es gilt

$$u_C(t_k) = U_{C0} \qquad i_b = 0.$$

Die sich ergebenden Lösungen sind relativ unübersichtlich und schwierig zu handhaben. Zur Vereinfachung wird deshalb der ohmsche Widerstand der Ständerwicklung vernachlässigt und $u'_s \approx u_s$ gesetzt. An Stelle der Augenblickswerte der Strangspannungen werden deren Amplituden eingeführt. Man erhält so mit folgenden Abkürzungen

$$\beta = \frac{1}{\sqrt{2 L_i C}}$$

$$\beta C' = \sqrt{\frac{C'}{2 L_i}} = \frac{1}{Z}$$

$$2 \beta L_i = \sqrt{\frac{2 L_i}{C'}} = Z \qquad (4.114)$$

die maximale Kondensatorspannung

$$\frac{U_C}{\sqrt{3}\,\hat{u}_s} = 1 + \frac{I_d \sin \beta t_k}{\sqrt{3}\,\hat{u}_s} Z + \frac{\cos \beta t_k}{\sqrt{3}}. \qquad (4.115)$$

Die Dauer des 2. Intervalls ist

$$\beta t_k = \frac{\pi}{2} + \arctan \frac{\hat{u}_s}{I_d Z} \qquad (4.116)$$

und die Freihaltezeit der Schaltung ist

$$t_H = \frac{C' U_C}{I_d}, \qquad (4.117)$$

wobei für U_C der aus (4.115) berechnete Wert einzusetzen ist. Die gesamte Kommutierungszeit ist

$$T_k = t_0 + t_k. \qquad (4.118)$$

t_0 erhält man aus (4.102) unter Verwendung von (4.115):

$$t_0 = \frac{1}{\beta} \sin \beta t_k + \frac{\hat{u}_s C'}{I_d} \cos \beta t_k. \qquad (4.119)$$

βt_k wird aus (4.116) ermittelt. Näherungsweise kann man auch

$$T_k \approx 2\, t_H \qquad (4.120)$$

annehmen, so daß die maximal mögliche Frequenz des Wechselrichters (ohne Überlappung der Stromführung der Ventile /4.36/)

$$f_{max} = \frac{1}{6\, T_k} \approx \frac{1}{12\, t_H} \qquad (4.121)$$

wird.

4.2.3. Berechnung der Löschkapazitäten

Das Berechnungsschema ist als Programmablaufplan im Bild 4.33 angegeben. Es muß zunächst festgelegt werden, welcher maximale Motorstrom zugelassen werden soll. Damit liegt der maximale Zwischenkreisstrom $I_{d\,max}$ fest. Ferner müssen die maximale Kondensatorspannung U_C, die maximale Frequenz f_s, die Motornennspannung U_s und die Gesamt-Streuinduktivität L_i bekannt sein. Folgende Zusammenhänge sind bei der Bestimmung der Kapazität der Löschkondensatoren zu beachten:

- Große Werte C_k ergeben große Freihaltezeiten t_H und damit geringe maximale Wechselrichterausgangsfrequenzen f_s. Die Kondensatorspannungen bleiben gering.
- Kleine Werte von C_k ergeben kurze Freihaltezeiten und damit größere Maximalfrequenzen f_s. Die Kondensatorspannungen werden groß.
- Überspannungen und Freihaltezeit werden vom Zwischenkreisstrom I_d beeinflußt.
- Große Streuinduktivitäten des Motors ergeben bei vorgegebener maximaler Kondensatorspannung große Freihaltezeiten und geringe Maximalfrequenzen.

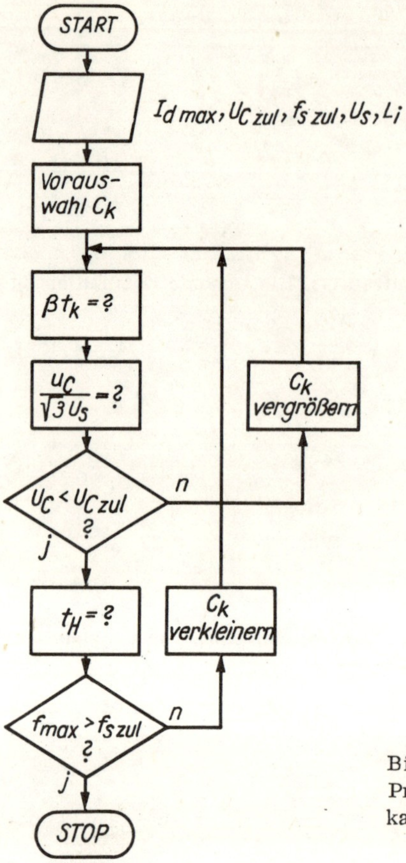

Bild 4.33
Programmablaufplan zur Berechnung der Löschkapazität

Die Ergebnisse der Berechnung sind für verschiedene Ströme I_d in Abhängigkeit vom Schwingungswiderstand des Löschkreises im Bild 4.34 zusammengestellt.

4.2.4. Vergleich der Löscheinrichtungen des Stromwechselrichters mit denen eines Spannungswechselrichters

Als Vergleich soll die Schaltung mit Phasenlöschung (Abschn. 4.1.2.3) dienen. Die normierten Werte für Kapazität und Induktivität des Löschkreises sind nach (4.22) und (4.23) gegeben. Aus diesen erhält man mit $I_0 = I_d$, da konstanter Strom im Zwischenkreis vorausgesetzt wird,

$$C_k = C^* \frac{I_d t_H}{U_d} \tag{4.122}$$

und

$$L_k = L^* \frac{U_d t_H}{U_d}. \tag{4.123}$$

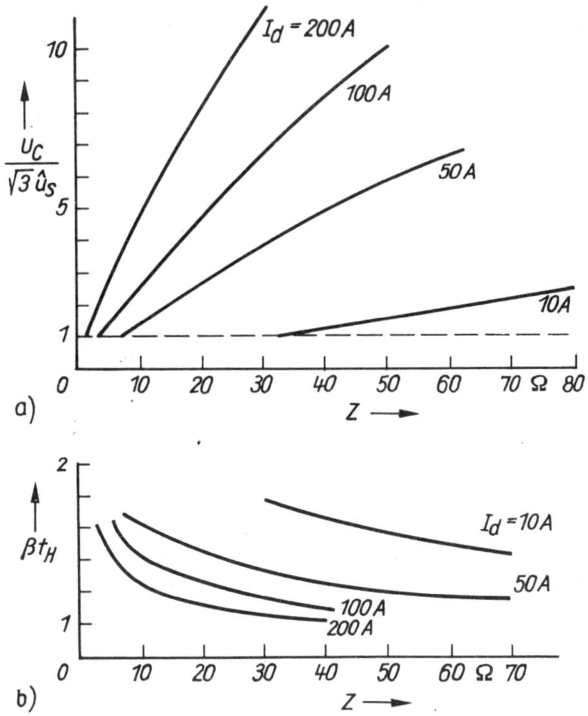

Bild 4.34. Hilfsdiagramm zur Berechnung der Löschkapazität

a) Kondensatorspannung in Abhängigkeit vom Schwingungswiderstand $Z = \sqrt{L/C}$
b) Freihaltezeit in Abhängigkeit vom Schwingungswiderstand $Z = \sqrt{L/C}$
(Parameter: Zwischenkreisstrom)

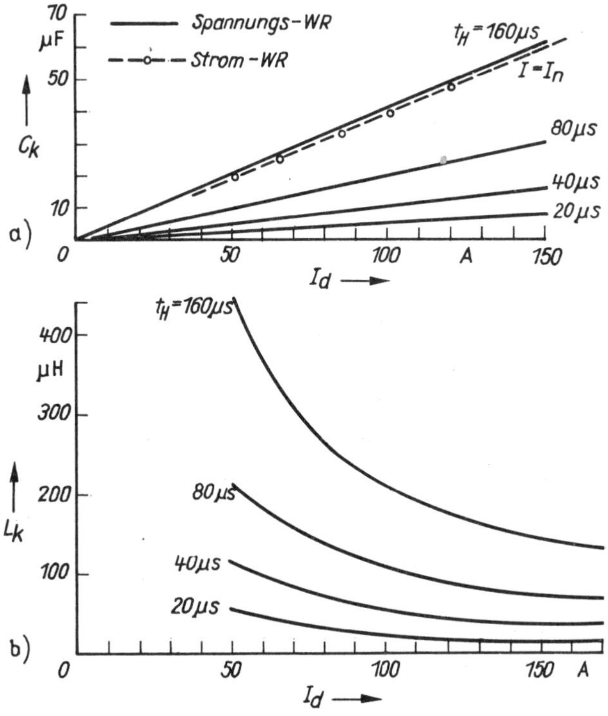

Bild 4.35. Bemessung der Löschkreisschaltelemente bei Strom- und Spannungswechselrichtern in Abhängigkeit vom Zwischenkreisstrom (Parameter: Freihaltezeit)

Mit den optimalen Werten nach Tafel 4.2 ($C^* = 1{,}35$ und $L^* = 0{,}25$) beträgt die Kondensatorspannung $U_C = 1{,}16\ U_d = 623$ V, wenn die Zwischenkreisspannung bei 380-V-Netzanschluß 537 V ist. Die wirkliche Größe der Löschelemente L_k und C_k hängt wesentlich von der Qualität der Ventile (Freiwerdezeit) ab. Für die Schaltung mit Phasenlöschung werden drei Kondensatoren C_k und drei Drosseln L_k benötigt. Bild 4.35 gibt einen Überblick über die erforderlichen Kapazitäten und Induktivitäten für Ströme, die einem Nennleistungsbereich von Asynchronmotoren bis etwa 90 kW entsprechen. Es wird deutlich, daß, abgesehen von den Erfordernissen des Pulsbetriebes, hinsichtlich der Löschelemente für den Spannungswechselrichter nur beim Einsatz schneller Thyristoren Vorteile gegenüber dem Stromwechselrichter bestehen.

4.2.5. Löschdrossel

Bisher wurden bei der Betrachtung der Kommutierungsvorgänge ideale Schalter vorausgesetzt. Bei realen Halbleiterventilen darf die Stromanstiegsgeschwindigkeit beim Einschalten einen bestimmten zulässigen Wert nicht überschreiten. Deshalb sollen diese Vorgänge jetzt genauer betrachtet werden. Bei der Zündung der Hauptventile des Stromwechselrichters erfolgt die Stromübernahme nahezu unverzögert, da das vorher leitfähige Ventil durch die negative Kondensatorspannung praktisch sofort gesperrt wird. Der Kommutierungsvorgang von Ventil 2 auf 1 soll anhand von Bild 4.36 erläutert werden.

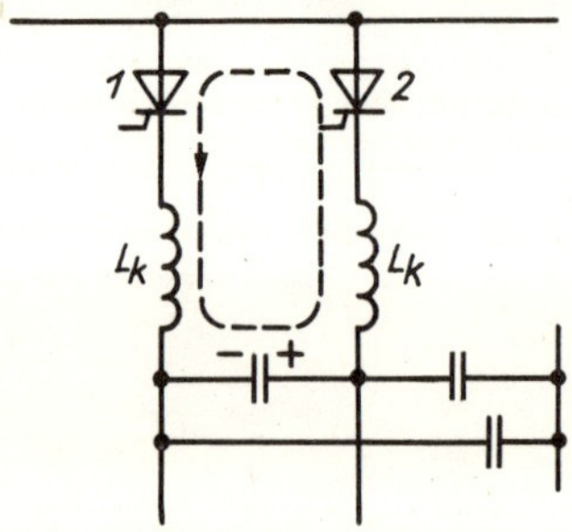

Bild 4.36. Stromkreis bei Kommutierung des Stroms von Ventil 2 auf Ventil 1

Ventil 2 wird durch Zündung von Ventil 1 gelöscht. Da entsprechend den eingangs getroffenen Voraussetzungen der Strom I_d konstant ist, steigt der Strom in Ventil 1 in dem Maße, wie er im Ventil 2 abgebaut wird. Am Anfang des Löschvorgangs gilt der im Bild 4.36 dargestellte Stromkreis, für den bei Vernachlässigung aller ohmschen Widerstände folgende Spannungsgleichung gültig ist:

$$u_C = 2\ L_k \frac{di}{dt}. \tag{4.124}$$

Daraus folgt für die erforderliche Größe der Löschdrossel

$$L_k = \frac{U_{C0}}{2\ \left(\frac{di}{dt}\right)_{zul}}. \tag{4.125}$$

4.2.6. Zwischenkreisdrossel

Die Zwischenkreisdrossel L_d hat die Aufgabe, den netzseitigen Stromrichter 1 (Bild 4.37) vom maschinenseitigen Stromrichter 2 zu entkoppeln, d. h. den Strom I_d auf das erforderliche Maß zu glätten. Die Amplituden der Spannungsoberschwingungen hängen von der Pulszahl und vom Betriebszustand des Stromrichters ab. Die Drossel L_d muß nun so bemessen sein, daß entweder die Welligkeit des Zwischenkreisstroms einen zulässigen Wert nicht überschreitet oder die Lückgrenze des Stroms eingehalten wird. Vernachlässigt man wieder den ohmschen Widerstand der Zwischenkreisdrossel, so kann man aus Bild 4.37 folgende Spannungsgleichung ablesen:

$$u_1 + u_L - u_2 = 0. \qquad (4.126)$$

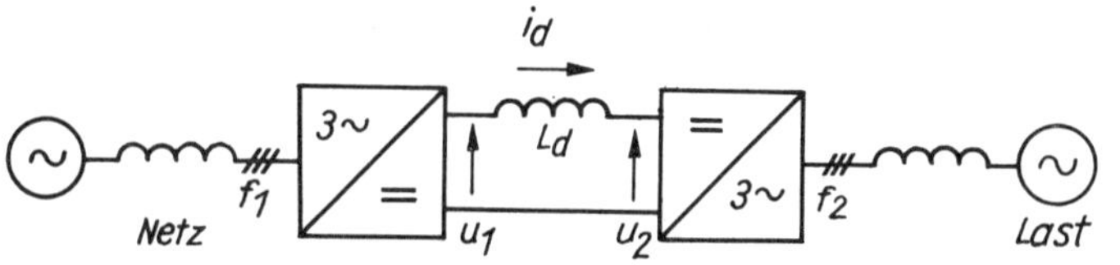

Bild 4.37. Entkopplung des netzseitigen und des maschinenseitigen Stromrichters durch eine Induktivität

Betrachtet man nur die Oberschwingungen der Spannungen (Ordnungszahl ν, gleiche Pulszahl p beider Stromrichter vorausgesetzt), so gilt

$$\sum_\nu U_{\nu p1} \sqrt{2} \cos(\nu p \omega_1 t + \varphi_{\nu 1}) - \sum_\nu U_{\nu p2} \sqrt{2} \cos(\nu p \omega_2 t + \varphi_{\nu 2})$$

$$= L_d \frac{d}{dt} \left[\sum_\nu I_{\nu p1} \sqrt{2} \cos(\nu p \omega_1 t + \psi_{\nu 1}) - \sum_\nu I_{\nu p2} \sqrt{2} \cos(\nu p \omega_2 t + \psi_{\nu 2}) \right]. \qquad (4.127)$$

Die gesamte Effektivwertwelligkeit soll wie folgt definiert werden:

$$w_{i\,eff} = \sqrt{\frac{\sum_\nu I^2_{\nu p1} + \sum_\nu I^2_{\nu p2}}{I_d}}$$

$$= \sqrt{\frac{\sum_\nu (U_{\nu p1}/\nu p \omega_1)^2 + \sum_\nu (U_{\nu p2}/\nu p \omega_2)^2}{L_d I_d}}. \qquad (4.128)$$

Legt man die Welligkeitsfaktoren

$$f_{w1} = \frac{1}{\omega_1} \sqrt{\sum_\nu (U_{\nu p1}/U_{d01}\ \nu p)} \qquad (4.129)$$

$$f_{w2} = \frac{1}{\omega_2} \sqrt{\sum_\nu (U_{\nu p2}/U_{d02}\ \nu p)} \qquad (4.130)$$

zugrunde, so wird

$$w_{i\,eff} = \frac{U_{d01}}{L_d I_d} \sqrt{f^2_{w1} + f^2_{w2} (U_{d02}/U_{d01})^2}. \qquad (4.131)$$

Betrachtet man den maschinenseitigen Stromrichter 2, so gilt bei Speisung eines Asynchronmotors näherungsweise, daß die Amplitude der Ausgangsspannung dieses Stromrichters proportional der Ausgangsfrequenz f_2 bzw. der -kreisfrequenz ω_2 ist. Da aber bei gegebener Pulszahl der Stromrichterschaltung ein direkter Zusammenhang zwischen der ideellen Gleichspannung und der Amplitude der Wechselspannung besteht, kann man folgende Proportionalität ansetzen:

$$U_{d02} \sim \omega_2.$$

Die Amplitude des speisenden Netzes bestimmt bei gegebener Pulszahl die ideelle Gleichspannung U_{d01} des Stromrichters 1. Ist die Nennfrequenz des Motors gleich der Frequenz des speisenden Netzes, so soll bei Betrieb mit Nennfrequenz gelten

$$U_{d01} = U_{d02} \sim \omega_1.$$

Bei Berücksichtigung dieser Proportionalitäten wird aus (4.131) mit

$$\frac{f_{w1}}{f_{w2}} = \frac{\omega_2}{\omega_1} \tag{4.132}$$

$$w_{i\,eff} = \frac{U_{d01}}{L_d I_d} f_{w1} \sqrt{1 + \left(\frac{f_{w2}}{f_{w1}} \cdot \frac{U_{d02}}{U_{do1}}\right)^2} = \frac{U_{d01} f_{w1}^2}{L_d I_d} \sqrt{2}. \tag{4.133}$$

Unter dem Gesichtspunkt der Welligkeit wird die Induktivität der Zwischenkreisdrossel

$$L_d = \frac{U_{do1} f_{w1}}{I_d w_{i\,eff}} \sqrt{2}. \tag{4.134}$$

Unter dem Gesichtspunkt der Lückgrenze kann man auf die gleiche Weise ableiten:

$$i_{min} = I_{dl} - \hat{i}_1 - \hat{i}_2 = 0$$

$$I_{dl} = \frac{U_{d01}}{L_d} f_{l1} + \frac{U_{d02}}{L_d} f_{l2} \tag{4.135}$$

mit

$$f_{l1} = \sum_{\nu} (\hat{U}_{\nu p1}/U_{d01}\, \omega_1\, \nu p) \tag{4.136}$$

$$f_{l2} = \sum_{\nu} (\hat{U}_{\nu p2}/U_{d02}\, \omega_2\, \nu p). \tag{4.137}$$

Für gleichartige Stromrichter (gleiche Pulszahl) ergibt sich wieder gleiches Oberschwingungsspektrum, so daß auch hier gilt

$$\frac{f_{l1}}{f_{l2}} = \frac{\omega_2}{\omega_1}, \tag{4.138}$$

und aus (4.135) wird wegen der oben angegebenen Proportionalität von Spannung und Frequenz

$$I_{dl} = \frac{U_{d01} f_{l1}}{L_d} \left(1 + \frac{U_{d02}}{U_{d01}} \frac{f_{l2}}{f_{l1}}\right). \tag{4.139}$$

Daraus folgt für die Induktivität

$$L_d = \frac{U_{d01} f_{l1}}{I_{dl}} \cdot 2. \tag{4.140}$$

Die Induktivitäten nach (4.134) sind im allgemeinen zu klein. Die zulässige Welligkeit kann nach /4.39/ mindestens 50% betragen. Die strengere Grenze ist der Lückbetrieb, da bei lückendem Strom die Löschung des maschinenseitigen Stromrichters versagt.

An einem Stromwechselrichter mit 380-V-Netzanschluß wurden die im Bild 4.38 gezeigten Stromverläufe bei leerlaufendem Motor gemessen. Eine Zwischenkreisdrossel $L_d = 29$ mH stellt offenbar den Grenzwert der Induktivität dar. Nach (4.140) ergibt sich

$$L_d = 2 \cdot \frac{515\ \text{V} \cdot 0{,}296\ \text{ms}}{10\ \text{A}} = 30{,}5\ \text{mH}.$$

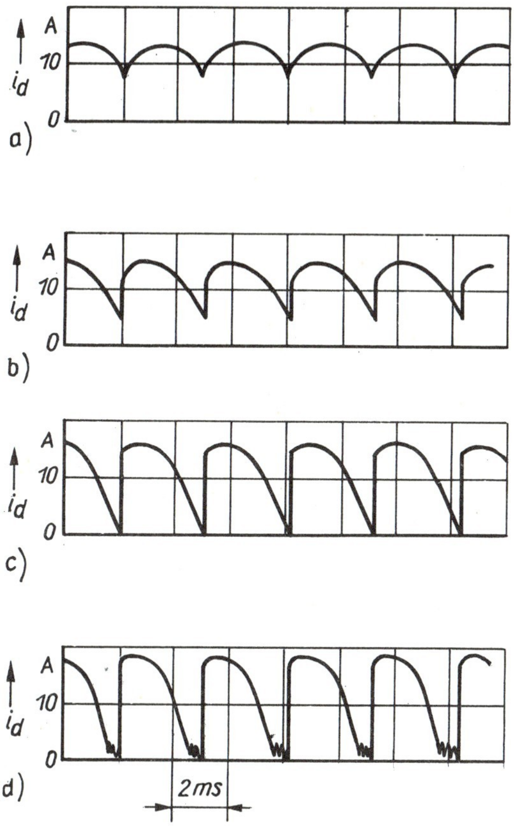

Bild 4.38. Zeitlicher Verlauf des Zwischenkreisstroms bei leerlaufendem Motor (I_d = 10 A, $f_2 = f_s$ = 0,7 Hz) für verschiedene Induktivitäten der Zwischenkreisdrossel

a) 50 mH; b) 30 mH; c) 28 mH; d) 16 mH

4.2.7. Dimensionierung der Ventile

Die Spannungsbeanspruchung der Ventile hängt im wesentlichen von der Kondensatorspannung und der Motorspannung ab.

Für die Thyristoren des Stromwechselrichters mit Phasenfolgelöschung tritt sowohl in Sperr- als auch in Blockierrichtung als maximale Spannung die Kondensatorspannung auf (Bild 4.29):

$$U_{T\,max} = U_{DRM} = U_{RRM} = U_{C0}. \tag{4.141}$$

Werden zur Begrenzung der Stromanstiegsgeschwindigkeit Löschdrosseln (Bild 4.36) eingesetzt, so erhöht sich die Spannungsbeanspruchung auf

$$U_{T\,max} = U_{RRM} = U_{C0} + L_k \left(\frac{di}{dt}\right)_{zul}. \tag{4.142}$$

Die Dioden werden zusätzlich durch die Maschinenspannung belastet. Entsprechend Bild 4.31 gilt

$$U_{D\,max} = U_{RRM} = U_{C0} + \sqrt{3}\ \hat{u}_s. \tag{4.143}$$

Die an einem ausgeführten Stromwechselrichter gemessenen Spannungsverhältnisse sind im Bild 4.39 bei einem Zwischenkreisstrom $I_d = 45$ A und einer Ausgangsfrequenz des Wechselrichters von $f_s = 20$ Hz gezeigt. Es ist zu erkennen, daß die Sperrspannungen der Thyristoren größer als die Blockierspannungen sind. Bei den Dioden tritt die höchste Spannung im Generatorbetrieb der Asynchronmaschine auf (hier nicht dargestellt). Zum Vergleich sind im Bild 4.39 auch die Kondensatorspannung und die Motorspannung (Leiter-Leiter-Spannung) dargestellt. Die Parameter der Schaltung sind $C_k = 24\ \mu F$, $L_k = 8\ \mu H$, $di/dt = 50\ A/\mu s$. Mit $U_{C0} = U_{C1} = 500$ V erhält man für die Sperrspannung der Thyristoren nach (4.142) $U_{RRM} = 900$ V, was etwa mit den Meßwerten übereinstimmt.

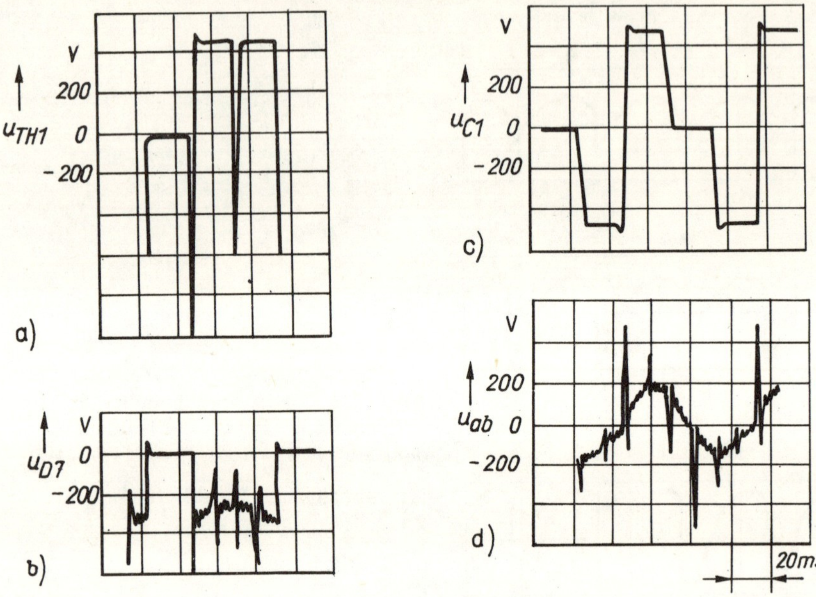

Bild 4.39. Zeitlicher Verlauf der Spannungen in einem Stromwechselrichter bei Nennbelastung des Motors ($I_d = 45$ A, $f_s = 20$ Hz)

a) Thyristorspannung
b) Spannung über einer Sperrdiode
c) Kondensatorspannung
d) Ausgangsspannung

Die Strombelastung der Thyristoren und Dioden hängt vom Zwischenkreisstrom ab, der nacheinander von den drei Ventilen einer Brückenhälfte geführt wird. Für Dioden und Thyristoren ist der Mittelwert des Ventilstroms

$$\overline{I}_v = \frac{1}{2\pi} \int_0^{2\pi/3} I_d \, d\vartheta = \frac{1}{3} I_d, \tag{4.144}$$

wobei für I_d entsprechend dem Effektivwert des Motorstrangstroms I_s gilt

$$I_d = \frac{\pi}{\sqrt{6}} I_s = 1,28\ I_s. \tag{4.145}$$

5. Signalverarbeitung in Umrichtern

5.1. Steuerverfahren

Die Aufgabe der sogenannten stromrichternahen Signalverarbeitung besteht in der Bereitstellung von Steuerbefehlen für Thyristoren oder Transistoren, die als Wechselrichterventile fungieren, sowie in der Realisierung von Schutzfunktionen. Die folgenden Betrachtungen beschränken sich wieder auf die Speisung von Drehstrommotoren unter Verwendung eines Wechselrichters in Drehstrombrückenschaltung, deren Prinzip im Bild 4.1 dargestellt wurde. Das zur Speisung des Motors erforderliche Dreiphasensystem, das symmetrisch sein soll, wird durch periodisches Schließen und Öffnen der 6 Schalter erzeugt. Mit der Forderung nach einem symmetrischen Dreiphasensystem ist die Anzahl der Möglichkeiten der Taktung der einzelnen Schalter stark eingeschränkt, wie das bereits im Abschnitt 1 erläutert wurde. Die „Kontaktzeiten" der Schalter sowie die sich daraus ergebenden Spannungsformen sind in den Bildern 0.3 und 0.4 angegeben. Die Amplitude der Ausgangsspannung ist, wie man aus diesen Bildern ersehen kann, von der Zwischenkreisspannung oder von der Pulsbreite abhängig.

Neben der reinen Taktung und dem Pulsbetrieb ist noch die sogenannte Anschnittsteuerung von Wechselrichtern möglich /4.12/, die aber ein sehr ungünstiges Oberschwingungsspektrum hat. Deshalb hat dieses Steuerverfahren keine Bedeutung für Antriebe.

Die technische Realisierung der einzelnen Steuerverfahren erfolgt zweckmäßig auf digitaler Basis, da der Wechselrichter von Natur aus ein diskret bzw. diskontinuierlich arbeitendes Gebilde ist.

5.2. Steuerung von Spannungswechselrichtern

5.2.1. Getakteter Betrieb

Die Verwirklichung eines Steuerregimes entsprechend Bild 0.3 ist mit digitalen Mitteln verhältnismäßig einfach. Während das Problem der potentialfreien Ansteuerung gleichermaßen für alle Stromrichterschaltungen gelöst werden muß, ist die Gewinnung der Steuersignale ein spezifisches Problem des jeweiligen Anwendungsfalles. Beim Spannungswechselrichter kommt es darauf an, ein autonomes Spannungssystem zu schaffen, dessen Frequenz einstellbar ist. Die Amplitude wird, wie bereits erwähnt, durch den netzseitigen Stromrichter beeinflußt. Im Bild 5.1 ist ein Beispiel für die Gewinnung der Steuersignale dargestellt. In Abhängigkeit von der Führungsgröße (Drehzahlsollwert oder Regelabweichung) erzeugt ein Taktgeber die sechsfache Motorfrequenz und steuert damit ein 6-bit-Umlaufregister (Ringzähler). Durch eine kombinatorische Schaltung können die erforderlichen Steuersignale für Haupt- und Löschventile je nach verwendeter Wechselrichterschaltung gebildet werden. Im Bild 5.2 ist ein derartiger Ringzähler und im Bild 5.3 das Impulsdiagramm dargestellt. Für die Ansteuerung eines Transistorwechselrichters gilt beispielsweise für π-Einschaltung

$$y_1 = q_1 \cdot q_2 \cdot q_3 = \overline{\overline{q}_1 + \overline{q}_2 + \overline{q}_3}$$

$$y_2 = q_3 \cdot q_4 \cdot q_5 = \overline{\overline{q}_3 + \overline{q}_4 + \overline{q}_5}$$

$$y_3 = q_5 \cdot q_6 \cdot q_1 = \overline{\overline{q}_5 + \overline{q}_6 + \overline{q}_1}$$

$$y_4 = q_4 \cdot q_5 \cdot q_6 = \overline{\overline{q}_4 + \overline{q}_5 + \overline{q}_6}$$

$$y_5 = q_6 \cdot q_1 \cdot q_2 = \overline{\overline{q}_6 + \overline{q}_1 + \overline{q}_2}$$

$$y_6 = q_2 \cdot q_3 \cdot q_4 = \overline{\overline{q}_2 + \overline{q}_3 + \overline{q}_4} \tag{5.1}$$

für $2\pi/3$-Einschaltung

$$y_1 = q_1 \cdot q_2 = \overline{\overline{q}_1 + \overline{q}_2}$$

$$y_2 = q_3 \cdot q_4 = \overline{\overline{q}_3 + \overline{q}_4}$$

$$y_3 = q_5 \cdot q_6 = \overline{\overline{q}_5 + \overline{q}_6}$$

$$y_4 = q_4 \cdot q_5 = \overline{\overline{q}_4 + \overline{q}_5}$$

$$y_5 = q_6 \cdot q_1 = \overline{\overline{q}_6 + \overline{q}_1}$$

$$y_6 = q_2 \cdot q_3 = \overline{\overline{q}_2 + \overline{q}_3}. \tag{5.2}$$

Die hier angegebene Schaltung stellt nur eine Prinziplösung dar. Verzögerungszeiten beispielsweise zwischen y_1 und y_4 bei π-Einschaltung müssen durch zusätzliche Trigger realisiert werden, um einen Kurzschluß eines Ventilzweigs zu vermeiden. Selbstverständlich ist eine Vielzahl anderer Lösungen denkbar. Die zur Ansteuerung eines dreiphasigen (sechspulsigen) Wechselrichters erforderlichen sechs Zustände eines Registers können mit drei J-K-Triggern gebildet werden. Drei J-K-Trigger ermöglichen maximal acht unterschiedliche Zustände. Durch Aufstellen des Schaltfolgeplans und Ermittlung der minimierten Schaltfunktion - z. B. mit Hilfe des Karnaugh-Plans - läßt sich die zur Bildung der eigentlichen Ansteuersignale erforderliche kombinatorische Schaltung entwerfen, die aber wesentlich umfangreicher als die im Bild 5.2 gezeigte Lösung unter Verwendung eines 6-bit-Registers ist.

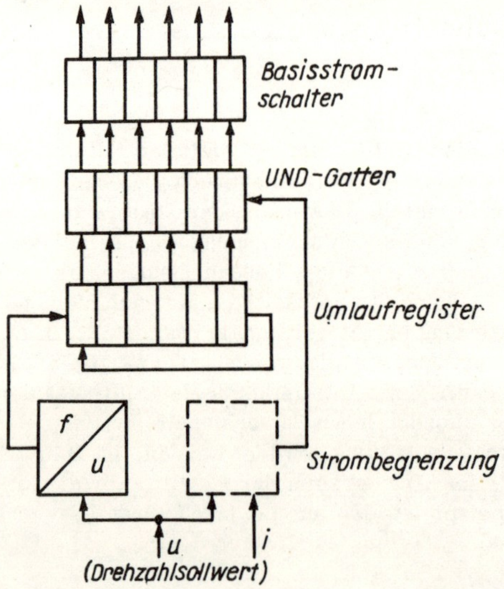

Bild 5.1. Prinzip der Steuerung eines getakteten Wechselrichters

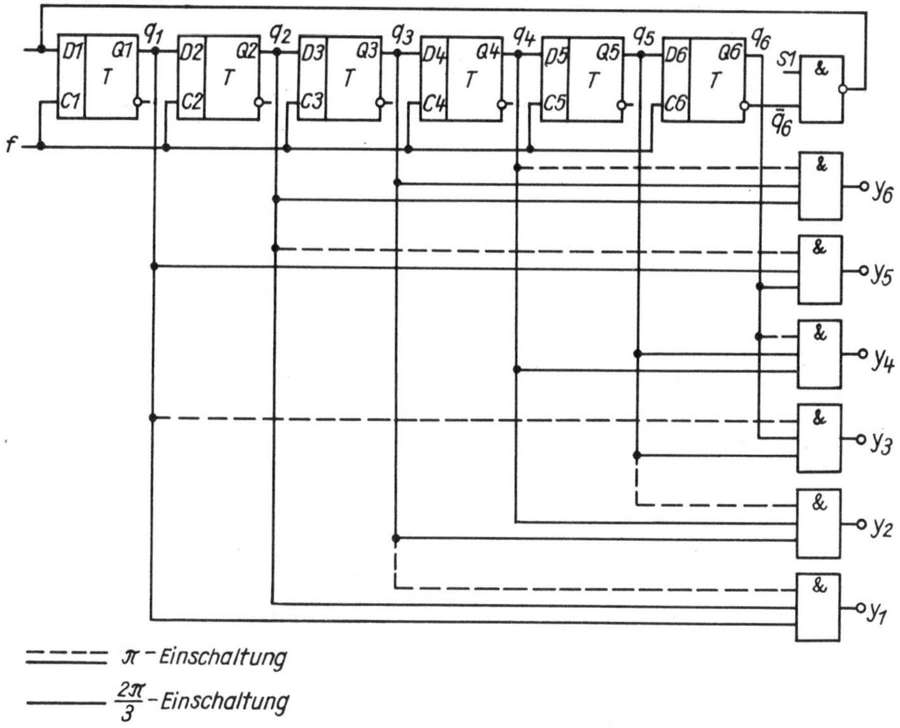

Bild 5.2. Kombinatorische Schaltung zur Gewinnung der Steuersignale für einen getakteten Wechselrichter

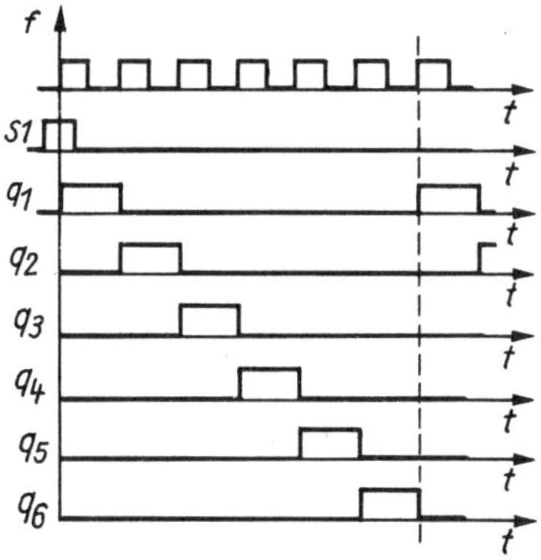

Bild 5.3. Impulsdiagramm zu Bild 5.2

5.2.2. Gepulster Betrieb

Durch periodisches Ein- und Ausschalten der Wechselrichterventile während der Leitphase eines Ventilzweigs kann die Wechselrichterspannung gepulst werden, wie das bereits im Abschnitt 0 beschrieben wurde. Das Impulsdiagramm und die daraus resultierenden Ausgangsspannungen sind für zwei Beispiele im Bild 0.4 abgebildet worden. Durch die Breite der einzelnen Spannungsimpulse kann der Mittelwert einer Halbwelle und damit auch die Grundschwingung einer Halbwelle der Ausgangsspannung festgelegt werden. Bei kontinuierlicher Veränderung der Impulsbreite ist damit auch eine kontinuierliche Beeinflussung dieser Grundschwingung möglich, d. h., bei Pulsbetrieb kann der Wechselrichter mit konstanter Zwischenkreisspannung betrieben werden, was hinsichtlich der Löschschaltungen und des Netzstromrichters Vorteile bringt, und trotzdem eine nach Amplitude und Frequenz veränderliche Ausgangsspannung liefern. Die Löschkondensatoren werden stets auf die erforderliche Spannung aufgeladen. Zusatzeinrichtungen, wie sie in den Abschnitten 4.1.2.5 und 4.1.2.6 beschrieben wurden, können entfallen.

Technisch wichtige Arten des Pulsbetriebes, die im folgenden behandelt werden, sind:

- Betrieb mit konstanter Impulsbreite je Halbwelle (symmetrische Pulsbreitenmodulation)
- Betrieb mit sinusförmig gestaffelter Impulsbreite (Unterschwingungsverfahren /5.1/ bis /5.5/)
- Betrieb mit beliebiger Impulsbreite (vorausberechnete Löschzeitpunkte; Zündmuster /5.6/ bis /5.9/).

5.2.2.1. Symmetrische Pulsbreitenmodulation

Die einfachste Form des gepulsten Betriebs ist die symmetrische Pulsbreitenmodulation. Die Zündzeitpunkte werden durch Vergleich einer Sägezahnspannung mit der Pulsfrequenz f_p (f_p ist wesentlich größer als die Ausgangsfrequenz f_s des Wechselrichters) mit einer Gleichspannung U_{st} (Eingangsspannung der Ansteuereinrichtung, Drehzahlsollwert im Fall einer Steuerung oder Regelabweichung) gewonnen (Bild 5.4).

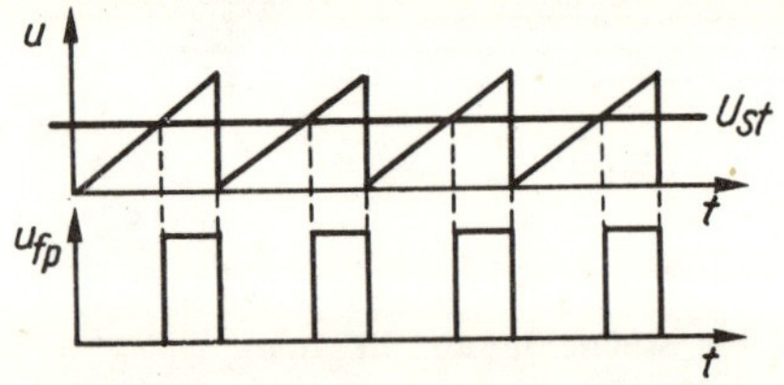

Bild 5.4. Ermittlung der Zündzeitpunkte bei symmetrischer Pulsbreitenmodulation

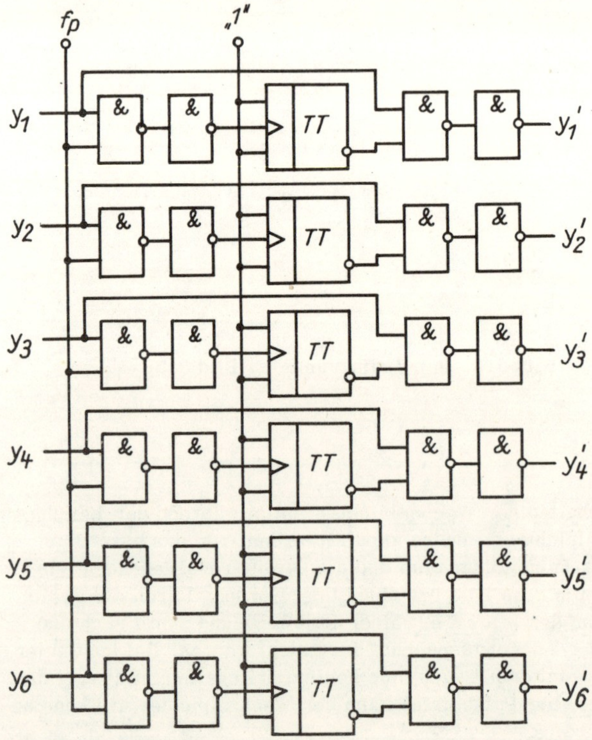

Bild 5.5. Schaltungsvariante eines Pulsbreitenmodulators

Dieser Vergleich kann mit analogen Mitteln ausgeführt werden. Diese gewonnene Impulsfolge u_{fp} wird einem Pulsbreitenmodulator zugeführt, der im wesentlichen aus UND-Gattern besteht (Bild 5.5). Selbstverständlich kann die Impulsfolge auch rein digital mit Hilfe von Zählkanälen eines Mikrorechners ermittelt werden /5.10/.

5.2.2.2. Unterschwingungsverfahren

Das Unterschwingungsverfahren ist ebenfalls eine Form der Pulsbreitenmodulation.

Beim gesteuerten Unterschwingungsverfahren wird eine Dreieckspannung mit Pulsfrequenz durch eine Sinusspannung mit Wechselrichterausgangsfrequenz f_s abgetastet. Die Schnittpunkte der beiden Spannungskurven markieren die Zündzeitpunkte (Bild 5.6).

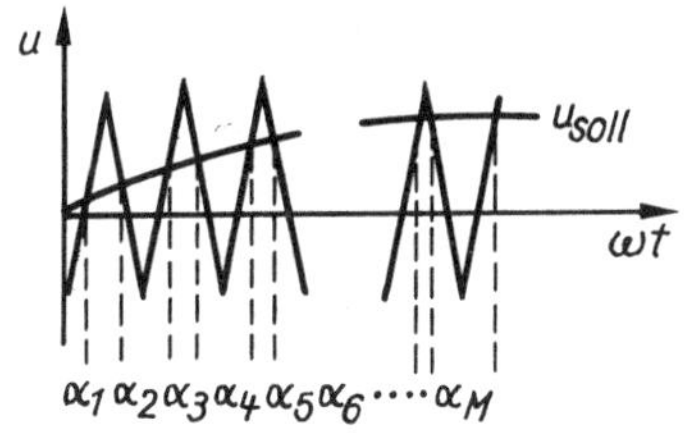

Bild 5.6
Ermittlung der Zündzeitpunkte beim Unterschwingungsverfahren

Bei einem dreiphasigen Wechselrichter sind die drei Sinusspannungen

$$u_1 = U_{soll} \sin(\omega_s t)$$

$$u_2 = U_{soll} \sin(\omega_s t + 2\pi/3)$$

$$u_3 = U_{soll} \sin(\omega_s t + 4\pi/3) \qquad (5.3)$$

erforderlich, die durch eine spezielle Baugruppe, die Drehstromsollwertquelle DSQ, bereitgestellt werden müssen. Die Realisierung einer derartigen Sollwertquelle mit analogen Mitteln bereitet aber beträchtliche Schwierigkeiten wegen der stets vorhandenen Drift der Operationsverstärker.

Eine andere Möglichkeit ist der Betrieb als geregeltes Unterschwingungsverfahren. Hierbei werden die Istwerte der drei Wechselrichterausgangsströme mit ihren sinusförmigen Sollwerten verglichen, die Regelabweichung wird Zweipunktreglern zugeführt, deren Ausgangssignale die Schaltzeitpunkte der Wechselrichterventile festlegen (Bild 5.7a). Je nach möglicher Pulsfrequenz ist die Annäherung der Ströme an die vorgegebene Sinusform unterschiedlich gut (Bild 5.7b). Auch beim Unterschwingungsverfahren ist eine rein digitale Lösung mittels Mikrorechner möglich.

5.2.3. Optimierter Pulsbetrieb

Die Optimierung des Pulsbetriebs durch Vorausberechnung der Löschzeitpunkte kann nach unterschiedlichen Kriterien geschehen. Grundlage für die nachfolgenden Betrachtungen soll ein Thyristorwechselrichter mit Phasenlöschung (vgl. Abschn. 4.1.2.3) sein. Bei diesem Wechselrichtertyp wechseln sich die gegenüberliegenden Ventile eines Wechselrichterzweigs in der Stromführung ab. Der Verlauf der Ausgangsspannung u_{a0} und u_{b0} gegen einen tatsächlich vorhandenen oder fiktiven Mittelleiter des Zwischenkreises ist im Bild 5.8 gezeigt. Die Motorspannung u_{ab} ergibt sich aus der Differenz der beiden Spannungen u_{a0} und u_{b0}. Die Ansteuerung der sechs Haupt- und Löschventile, d. h. die Wahl der Zündwinkel α_i, muß gewährleisten, daß ein symmetrisches Dreiphasensystem mit einstellbarer Grundschwingungsamplitude entsteht. Aus diesen Gründen und mit Rücksicht auf die Ventileigenschaften (endliche Freiwerdezeit) sind gewisse Einschränkungen bei der Wahl der Zündzeitpunkte zu beachten.

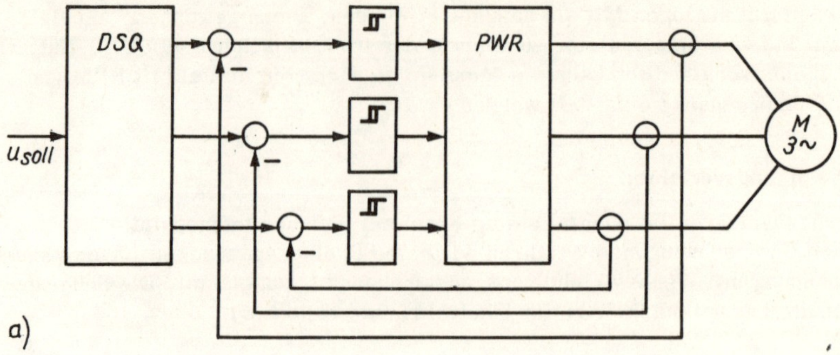

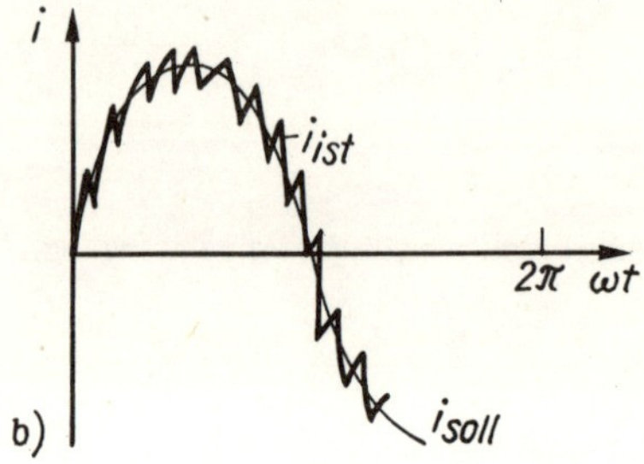

Bild 5.7. Geregeltes Unterschwingungsverfahren

a) Prinzipschaltung
DSQ Drehstromsollwertquelle, PWR Pulswechselrichter

b) Stromsollwert- und Stromistwertverlauf

5.2.3.1. Analyse der Spannungsform

Ausgangspunkt der Betrachtung ist die Fourieranalyse der Spannung u_{a0} und der Motorklemmenspannung u_{ab}. Der Einfluß der endlichen Löschzeit auf den Spannungsverlauf soll vernachlässigt werden. Aus Zweckmäßigkeitsgründen wird als Bezugsgröße die halbe Zwischenkreisspannung gewählt:

$$f(\omega t) = \frac{u_{a0}(\omega t)}{U_d/2}. \tag{5.4}$$

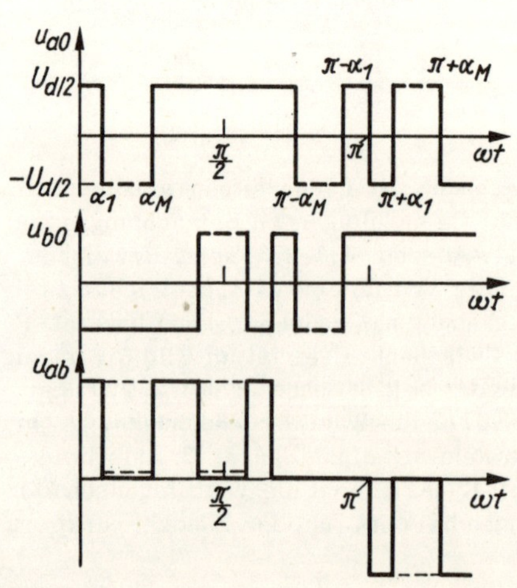

Bild 5.8. Spannungsverläufe beim optimierten Pulsbetrieb

Außerdem werden folgende Symmetriebedingungen vorausgesetzt (Bild 5.8):

– Symmetrie zu $\frac{\pi}{2}$ $\quad f(\omega t + \pi) = -f(\omega t)$

$$f(\omega t) = f(-\omega t) \tag{5.5}$$

– negative Wiederholung nach π $\quad f(\omega t - \frac{\pi}{2}) = f(\frac{\pi}{2} + \omega t).$ (5.6)

Damit sind aber alle Fourierkoeffizienten $b_\nu = 0$ für alle ν und $a_\nu = b_\nu = 0$ für alle $\nu = 2k$ ($k = 1, 2, 3, \ldots$). Es genügt, den Bereich von $0^\circ \ldots 90^\circ$ zu betrachten. In diesem Bereich finden M Übergänge von positiver zu negativer Spannung bzw. umgekehrt statt. Die Zeitpunkte dieser Übergänge werden als Löschwinkel bezeichnet. Dann gilt nach /5.6/:

$$a_\nu = \frac{4}{\nu\pi}\left[1 + 2\sum_{i=1}^{M}(-1)^i \cos(\nu\alpha_i)\right]; \tag{5.7}$$

ν ist die Ordnungszahl der Harmonischen.

Der Effektivwert der Grundschwingung ist mit (5.7)

$$U_{a01} = \frac{\sqrt{2}\, U_d}{\pi}\left[1 + 2\sum_{i=1}^{M}(-1)^i \cos\alpha_i\right]. \tag{5.8}$$

Ebenso ergibt sich der Effektivwert der ν-ten Harmonischen

$$U_{a0\nu} = \frac{U_d\, a_\nu}{2\sqrt{2}} = \frac{\sqrt{2}\, U_d}{\pi}\cdot\frac{1}{\nu}\left[1 + 2\sum_{i=1}^{M}(-1)^i \cos(\nu\alpha_i)\right]. \tag{5.9}$$

Aus der Differenz der Spannungen $u_{a0}(\omega t) - u_{b0}(\omega t)$ ergibt sich die Ausgangsspannung des Wechselrichters, die aufgrund der Phasenverschiebung der beiden Teilspannungen um $2\pi/3$ folgende Eigenschaften aufweist:

- Die Grundschwingung und die Oberschwingungen sind zur Phasen-Nullpunkt-Spannung um 30° verschoben.
- Oberschwingungen der Ordnungszahl $\nu = 6k \pm 1$ ($k = 1, 2, 3, \ldots$) werden zusätzlich um 180° phasenverschoben.
- Oberschwingungen der Ordnung $\nu = 3k$ treten nicht auf.
- Für sämtliche Harmonischen gilt

$$\left|U_{ab\nu}\right| = \sqrt{3}\left|U_{a0\nu}\right|. \tag{5.10}$$

Damit ist es möglich, die Untersuchungen auf die Spannung U_{a0} zu beschränken. Als normierte Größe soll eingeführt werden

$$U^*_{s,\nu} = \frac{U_{a0\nu}}{\sqrt{2}\, U_d/\pi} \tag{5.11}$$

(Bezugsgröße ist die Grundschwingungsamplitude $\frac{4}{\pi}\frac{U_d}{2}$).

Nun können die Möglichkeiten für die Vorgabe von Löschwinkeln (Kommutierungswinkeln) näher betrachtet werden. Im Bild 5.9 ist der Spannungsverlauf bei getaktetem Betrieb gezeigt. Für diese Kurvenform gilt $M = 0$. Das Oberschwingungsspektrum ist gegeben durch

$$U^*_{s,\nu} = \frac{1}{\nu}. \tag{5.12}$$

Die Grundschwingungsamplitude hat ihr Maximum bei

$$U^*_{s,1} = 1.$$

Es gibt keine Beeinflussungsmöglichkeit durch Variation der Zündzeitpunkte.

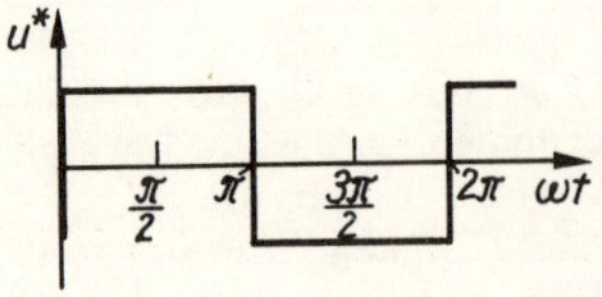

Bild 5.9. Verlauf der normierten Spannung u_{a0} bei getaktetem Betrieb

Wählt man M = 1, besteht nur die Möglichkeit zur Beeinflussung der Grundwelle. Oberschwingungsamplituden können nicht variiert werden. Aus (5.8) bzw. (5.9) geht hervor, daß

$$\alpha = \arccos \frac{1 - U^*_1}{2} \tag{5.13}$$

($0 < \alpha < 90^o$) wird. Es ergeben sich jedoch zwei unterschiedliche Werte für α, da $U_{s,1}$ positiv oder negativ sein kann (Bild 5.10).

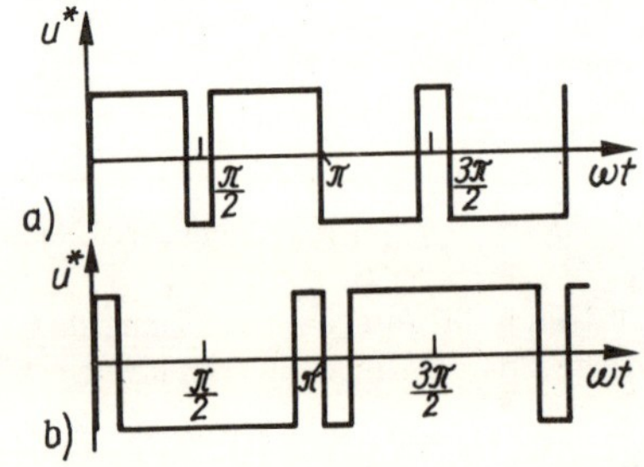

Bild 5.10
Spannungsverlauf für Zündmuster M = 1
a) Form a; b) Form b

Für Werte M ≧ 2 besteht neben der Möglichkeit der Vorgabe der Grundschwingungsamplitude auch die der Beeinflussung der Oberschwingungen. Prinzipielle Spannungsverläufe für Zündmuster mit M < 4 sind in Tafel 5.1 zusammengestellt.

5.2.3.2. Ermittlung von Zündmustern für minimierte zusätzliche Stromwärmeverluste

Die durch die Oberschwingungen der Wechselrichterspannung hervorgerufenen zusätzlichen Verluste in der Asynchronmaschine sind, wie im Abschnitt 2.3 abgeleitet wurde, hauptsächlich Eisen- und Stromwärmeverluste /5.11/ bis /5.14/. Wesentlichen Anteil haben entsprechend den Ergebnissen des Abschnittes 2.3 die Stromwärmeverluste. Eine Minimierung dieses Verlustanteils erscheint also sinnvoll. Es läßt sich zeigen /5.15/, daß die durch die Oberschwingungen verursachten zusätzlichen Stromwärmeverluste wie folgt berechnet werden können:

$$P_{vwo} = P_v = \frac{3\,(R_s + R'_r)}{4\pi^2 f_s^2 (L_{\sigma s} + L'_{\sigma r})} \; \frac{6\,U_d^2}{\pi^2} \sum_{\nu=5}^{\infty} \left(\frac{U_{s,\nu}}{\nu} \right)^2 . \tag{5.14}$$

(bzw. bei Berücksichtigung der Stromverdrängung entsprechend (2.31), (2.34)).

Tafel 5.1. Spannungsverläufe für optimierten Pulsbetrieb (M < 4)

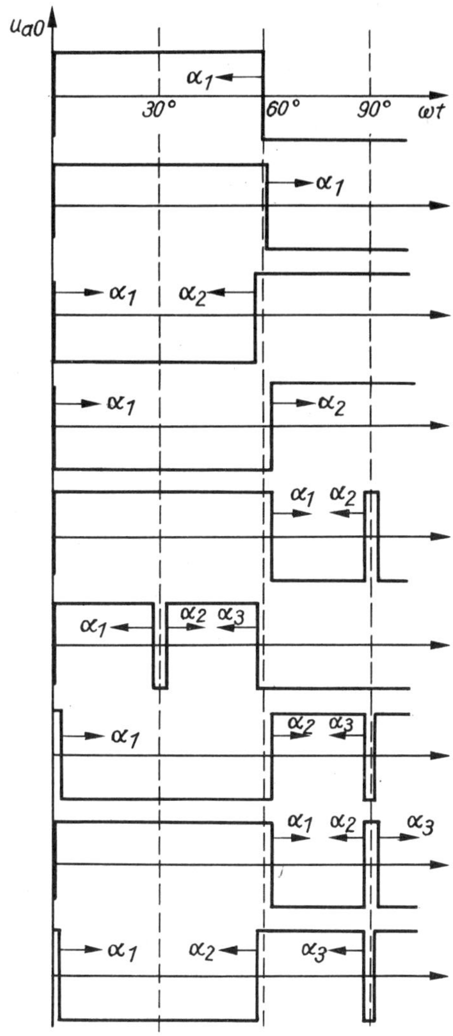

Durch geeignete Wahl der Löschwinkel kann der Ausdruck

$$\sum_{\nu=5}^{\infty} \left(\frac{U_{s,\nu}}{\nu} \right)^2$$

minimiert werden. Dadurch wird das Optimierungsproblem auf die Minimierung der folgenden Beziehung reduziert:

$$P_v^* = \sum_{\nu=5}^{\infty} \left(\frac{U_{s,\nu}}{\nu} \right)^2 = \text{Min.} \tag{5.15}$$

Bei einem stromverdrängungsfreien Motor ist die nach dieser Vorschrift ermittelte Verteilung der Löschwinkel für alle Grundschwingungsfrequenzen f_S gültig. Tritt dagegen Stromverdrängung auf, müssen streng genommen die von der Grundschwingungsfrequenz und von der konstruktiven Gestaltung des Ständers und des Läufers abhängigen Faktoren $k_{rs}(f_S, \nu)$ und $k_{rr}(f_r, \nu)$ berücksichtigt werden. Die Minimierung der Gln. (2.31) und (2.34) ist allerdings sehr aufwendig. Es hat sich gezeigt, daß die Minimierung der Gl. (5.15) ausreichend ist /5.15/. Damit ist man vom Motortyp weitgehend unabhängig. Mit den aus (5.15) ermittelten Winkeln $\alpha_1 \ldots \alpha_M$ können dann die bei Stromverdrängung auftretenden Zusatzverluste berechnet werden. Setzt man (5.9) in (5.15) ein, so wird daraus

$$P_v^* = \sum_{\nu=5}^{\infty} \frac{\left[1 + 2 \sum_{\tau=1}^{M} (-1)^i \cos(\nu\alpha_i)\right]^2}{\nu^4} = \text{Min.}, \tag{5.16}$$

wobei ein bestimmter Wert der Grundschwingung $U_{S,1}$ nach (5.8) in Abhängigkeit von f_S gewährleistet sein muß, wenn die Maschine entsprechend den im Abschnitt 3 formulierten Steuergesetzen betrieben werden soll.

In realen Thyristorwechselrichtern ist die Anwendbarkeit der Zündmuster durch die endliche Kommutierungszeit und die maximal mögliche Pulsfrequenz, die mit Rücksicht auf die Verluste im Wechselrichter verhältnimäßig niedrig sein kann, begrenzt.

5.2.3.3. Ermittlung von Zündmustern für das Unterschwingungsverfahren

Bild 5.6 zeigt das Prinzip zur Bestimmung der Zünd- bzw. Löschzeitpunkte des Unterschwingungsverfahrens. Auch hier sollen die Zündzeitpunkte bzw. -winkel vorausberechnet werden. Die Dreieckfunktion wird im Bereich $0 \leqq \alpha_1 \leqq 90^o$ wie folgt formuliert:

$$f_i(\omega_S t) = \frac{2(M+1)}{\pi} (-1)^{i+1} \omega_S t + 2i(-1)^i, \tag{5.17}$$

während die Sinusfunktion dimensionslos entsprechend (5.3) beschrieben wird

$$f(\omega_S t) = A \sin \omega_S t. \tag{5.18}$$

Die Zündzeitpunkte sind die Schnittstellen der beiden Kurven

$$f_i - f = 0 = \frac{2(M+1)}{\pi} (-1)^{i+1} \alpha_i + 2i(-1)^i - A \sin\alpha_i \tag{5.19}$$

mit $1 \leqq i \leqq M$.

Es ergibt sich somit ein System von M Gleichungen für die Zündwinkel $\alpha_1 \ldots \alpha_M$. Dieses Gleichungssystem kann auf einem Großrechner gelöst werden. Es ist zweckmäßig, für einen bestimmten Amplitudenwert (z. B. A = 0,02) Startwerte $\alpha_1 \ldots \alpha_M$ vorzugeben, die nach folgender Beziehung berechnet werden können:

$$\alpha_i = \frac{90^o}{2M+1} 2i. \tag{5.20}$$

5.2.3.4. Elimination von Harmonischen

Durch geeignete Wahl der Zündwinkel $\alpha_1 \ldots \alpha_M$ ist es möglich, bestimmte Oberschwingungen $U_{S,\nu}$ in der Ausgangsspannung des Wechselrichters zu eliminieren. Dieses Verfahren kann vor allem bei der Reduzierung bzw. Unterdrückung von Pendelmomenten niedriger Ordnungszahl von Bedeutung sein. Da aber auch noch bestimmte Werte der Grundschwingungsamplitude $U_{S,1}$ garantiert werden müssen, können nach /5.6/ nur M - 1 Harmonische beeinflußt werden. Will man die Oberschwingungen bis $\nu = k$ eliminieren, so zeigt die Fourieranalyse, daß dann die Harmonische der Ordnungszahl $\nu = k + 2$ eine besonders hohe Amplitude hat. Die Folge davon sind hohe Stromwärmeverluste. Andererseits gibt es stets mehrere Zündwinkelkombinationen, die zur Elimination einer bestimmten Oberschwingung führen, so daß es meistens möglich ist, ein im Hinblick auf die Verluste günstiges Zündmuster auszuwählen. Um M - 1 Harmonische zu eliminieren, muß folgendes Gleichungssystem gelöst werden, das sich aus (5.9) ergibt:

$$\left.\begin{aligned} U^*_{s,1} &= 1 + 2 \sum_{i=1}^{M} (-1)^i \cos \alpha_i \\ U^*_{s,\nu 1} &= 1 + 2 \sum_{i=1}^{M} (-1)^i \cos(\nu_1 \alpha_i) \\ &\vdots \\ U_{s,\nu\, M-1} &= 1 + 2 \sum_{i=1}^{M} (-1)^i \cos(\nu_{M-1} \alpha_i). \end{aligned}\right\} \qquad (5.21)$$

Die Lösung dieses Gleichungssystems erfolgt ebenfalls auf einem Rechner. Startwerte für die Zündwinkel werden zweckmäßig für $U^*_{s,1} \rightarrow 0$ vorgegeben. Die Rechnung liefert folgende Werte:

- die jeweils vorgegebene Grundschwingungsamplitude
- die Zündwinkel $\alpha_1 \ldots \alpha_M$
- die bezogene Verlustleistung P^*_V nach (5.16) für den stromverdrängungsfreien Motor
- den bezogenen Oberschwingungspegel bis zur 61. Harmonischen.

Die praktische Realisierung der Oberschwingungselimination scheitert aber meistens daran, daß die diskrete Winkelvorgabe zur Ansteuerung des Wechselrichters nicht beliebig fein erfolgen kann.

5.2.3.5. Vergleich der Verfahren

Im Bild 5.11 ist ein Beispiel für realisierte Zündmuster angegeben. Die Vielzahl der angewandten Zündmuster resultiert aus der angestrebten vollen Ausnutzung der relativ niedrigen Pulsfrequenz des Wechselrichters ($f_{p\ zul} \leqq 300$ Hz). Die für einen bestimmten Motor unter Verwendung der angegebenen Zündmuster berechneten relativen Zusatzverluste zeigt Bild 5.12. Die Verluste wurden ohne Berücksichtigung der Stromverdrängung berechnet. Die Zuordnung der Frequenz f_s zur Spannung $U_{s,1}$ erfolgte linear. Bei der Auswahl der Zündmuster wurde eine Mindesteinschaltzeit der Thyristoren von 250 µs und eine maximale Pulsfrequenz $f_{p\ max} = 272$ Hz zugrunde gelegt. Zum Vergleich wurden die entsprechend berechneten Verluste für symmetrische Pulsbreitenmodulation und für getakteten Betrieb (π-Einschaltung) mit dargestellt. Bei getaktetem Betrieb verändert sich die Zwischenkreisspannung, und damit sinken die Verluste P_V gegenüber gepulstem Betrieb. Man erkennt, daß der getaktete Betrieb hinsichtlich der Verluste wesentlich günstiger als der Pulsbetrieb ist. Erst bei sehr hohen Pulszahlen ($M \geqq 16$) verschwinden diese Unterschiede. Bei Vernachlässigung der Stromverdrängung bestehen im oberen Frequenzbereich zwischen 40 und 50 Hz deutliche Vorteile der berechneten Zündmuster gegenüber allen anderen Verfahren. Im unteren Frequenzbereich ist auch die Anwendung von Zündmustern nach dem Unterschwingungsverfahren sehr günstig, die im übrigen etwa die gleichen Werte der Zusatzverluste wie die symmetrische Pulsbreitenmodulation liefern. Können Stromverdrängungseffekte nicht vernachlässigt werden, ist die erreichbare Verlustreduzierung durch optimierte Zündmuster jedoch gering.

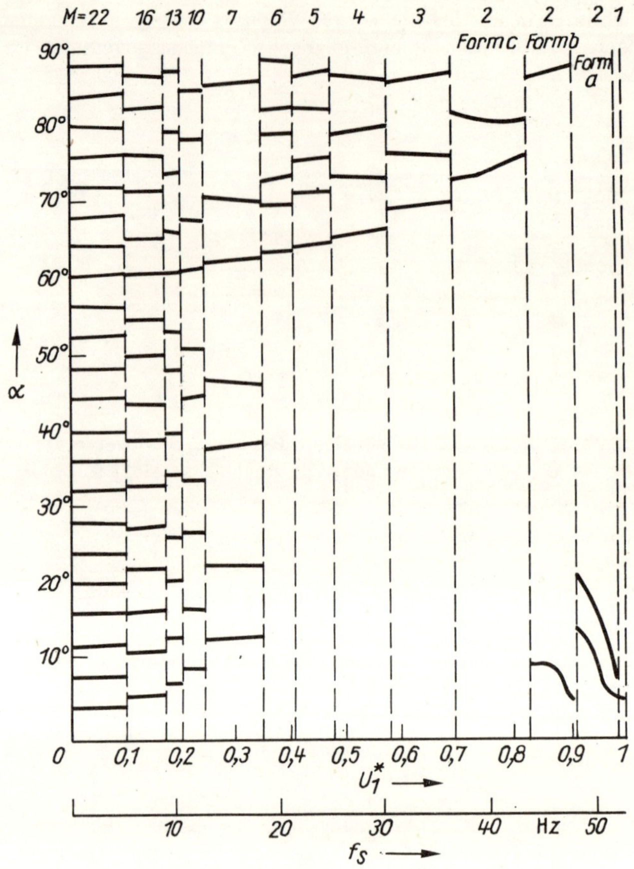

Bild 5.11. Löschwinkel als Funktion der Frequenz für einen Thyristorwechselrichter mit $f_{p\,max}$ = 272 Hz

5.2.4. Schaltungen zur Signalverarbeitung

Die nachfolgend dargestellten Schaltungen beziehen sich auf die Ansteuerung von Pulswechselrichtern, die nach den oben beschriebenen Verfahren gesteuert werden. Es werden hier nur Fragen behandelt, die unmittelbar mit der Gewinnung der Ansteuersignale im Zusammenhang stehen. Spezielle Probleme der Impulsformung und -verstärkung sowie der Potentialtrennung unterscheiden sich nicht von anderen Stromrichtern und sollen hier nicht betrachtet werden.

5.2.4.1. Universeller Ansteuerautomat

Der sogenannte Ansteuerautomat besteht im wesentlichen aus einem Speicher und einem Zuordner. Er kann als Moore-Automat aufgefaßt werden. Als Beispiel wird ein Ansteuerautomat für einen Transistorwechselrichter näher beschrieben. Der Wechselrichterantrieb ist mit einer normalen analogen Drehzahl- und unterlagerten Stromregelung ausgerüstet. Bild 5.13 gibt einen Überblick. Eingangsgrößen sind: ein ganzzahliges Vielfaches der Ständerfrequenz nf_s, das über einen Spannungs-Frequenz-Wandler aus dem Stromreglerausgangssignal gewonnen wird. Parallel dazu wird dieses Signal mit einer Dreiecksspannung von Pulsfrequenz f_p verglichen und damit die Pulsbreite T_p festgelegt. Als dritte Eingangsgröße erhält der Ansteuerautomat ein Drehrichtungssignal.

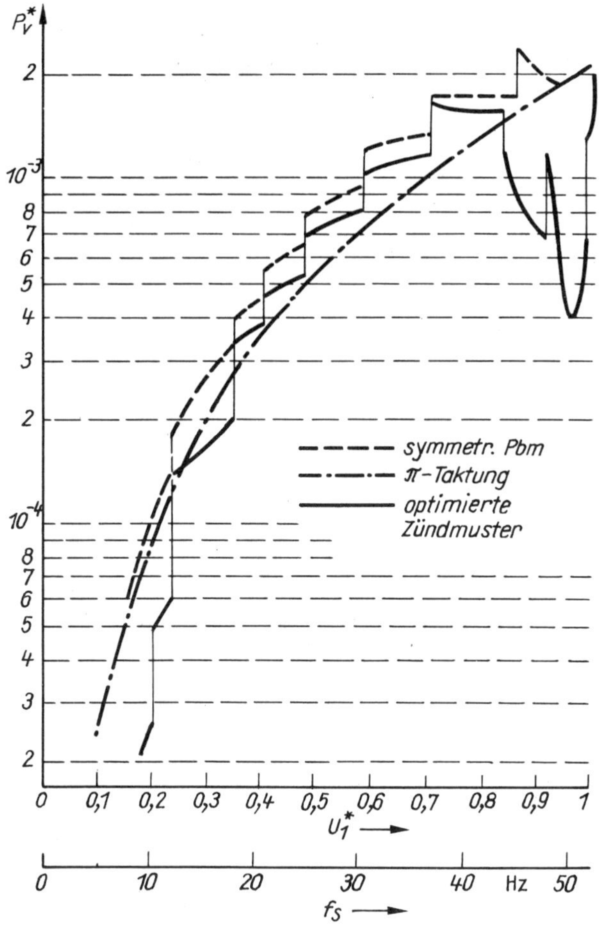

Bild 5.12. Normierte Zusatzverluste als Funktion der Frequenz für optimierte Zündmuster nach Bild 5.11 im Vergleich mit symmetrischer Pulsbreitenmodulation (Pbm) und π-Taktung

Dieser Ansteuerautomat ist im Bild 5.14 ausführlich dargestellt. Das Eingangssignal nf_s gelangt über zwei Binärzähler und ein Exclusiv-ODER zum Pulszuordner (EPROM 2708). Das Pulsbreitensignal T_p wird dem Zuordner direkt zugeführt. Seine acht Ausgänge werden dem Ein-/Ausgabebaustein 8212 zugeleitet, der entsprechend diesen Signalen Zündsignale für die Transistoren T1 bis T6 ausgibt, die gleichzeitig auf den Zuordner zurückgeführt werden, worauf dieser den nächsten Schaltzustand ermittelt. Der Ansteuerbaustein wird durch einen externen Taktgenerator gesteuert. Außerdem kann über eine Zusatzbaugruppe (D-Trigger und ODER-Glied) ein Startsignal und ein Signal zur Impulssperrung bei Havarien dem Ausgabebaustein zugeleitet werden. Anstelle des Ein-/Ausgabebausteins kann auch eine aus acht D-Triggern bestehende Speicherlogik eingesetzt werden. Drei Ansteuersignale müssen aber dann über einen zusätzlichen Multiplexer auf den EPROM zurückgeführt werden.

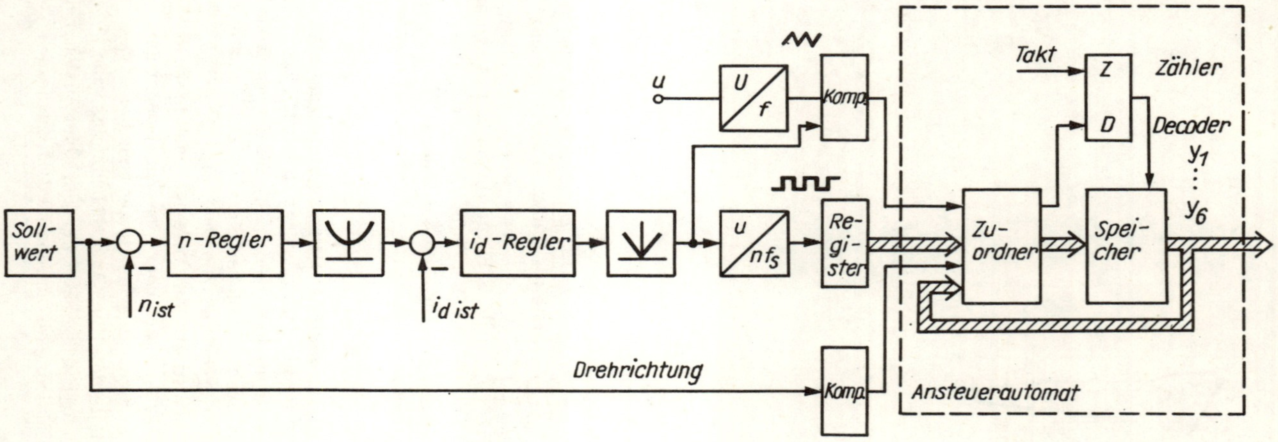

Bild 5.13. Prinzip der Ansteuerung und Regelung eines Wechselrichterantriebs

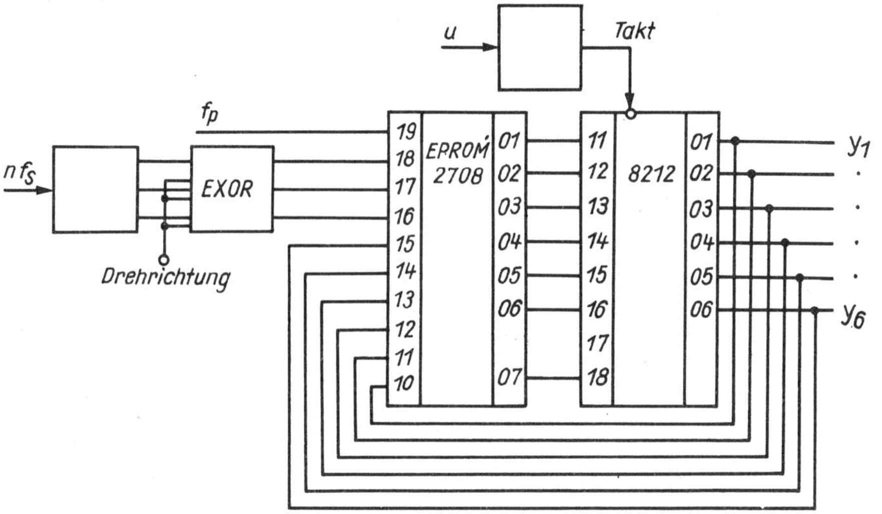

Bild 5.14. Prinzip eines Ansteuerautomaten

5.2.4.2. Ansteuerung mit Mikrorechner

- Beschreibung der Hardware

Auf die Notwendigkeit und Möglichkeit der Verwendung von Mikrorechnern in der stromrichternahen Signalverarbeitung ist bereits verschiedentlich hingewiesen worden /5.8//5.9/. Die ökonomischste Form ist der Einchiprechner, der u. a. den Vorteil kürzerer Befehlsbearbeitungszeiten hat. Jedoch ist es unter Umständen schwierig, mit der Speicherkapazität von 2 kByte des internen ROM auszukommen. Im Bild 5.15 ist das Prinzip einer Ansteuerschaltung mit Einchiprechner gezeigt.

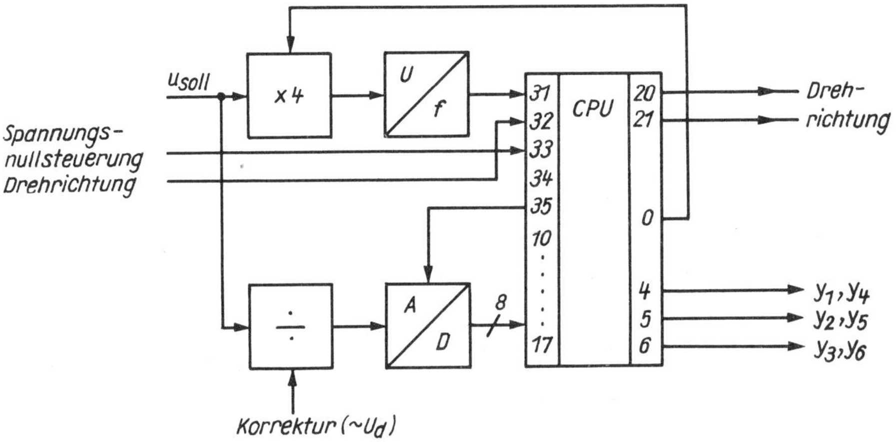

Bild 5.15. Prinzip einer Ansteuerschaltung mit Mikrorechner für Pulswechselrichter

Eingangsgröße ist eine Spannung U_{soll}, die der Ständerfrequenz f_s proportional ist. Über einen Spannungs-Frequenz-Wandler wird dieses Signal an den Takteingang des Rechners gelegt. Der Frequenzwandler ist so konzipiert, daß er beispielsweise für f_s = 100 Hz eine

Frequenz von 288 kHz erzeugt. Damit stehen z_i Impulse je Grundschwingungsperiode zur Verfügung:

$$z_i = \frac{f_T}{f_s} = 2880. \qquad (5.22)$$

Das Auflösungsvermögen ist damit

$$\Delta\alpha = \frac{360^o}{z_i} = 0,125^o. \qquad (5.23)$$

Bei sehr niedrigen Ausgangsfrequenzen des Wechselrichters ist diese Auflösung zu gering, um eine genaue Spannungsführung entsprechend den Steuergesetzen zu ermöglichen. Deshalb wird für Frequenzen unterhalb einer bestimmten Grenze die Eingangsspannung des Frequenzwandlers vervierfacht, und es ergibt sich eine entsprechend höhere Auflösung. Der Spannungssollwert wird außerdem von einem AD-Wandler in ein 8-bit-Signal (Grundschwingungsamplitude) umgeformt. Die Wandlerkonstante ist so gewählt, daß bei Nennbetrieb (f_s = 50 Hz) ein bestimmter dezimaler Zahlenwert (z. B. 200) ausgegeben wird. Damit wird eine Spannungsverstellung in Frequenzsprüngen von Δf_s = 50 Hz/200 = 0,25 Hz erreicht. Zur Erfassung von Netzspannungsschwankungen kann dem Eingangssignal des AD-Wandlers eine Korrekturgröße aufgeschaltet werden, die der Zwischenkreisspannung proportional ist. Für jeden Wert der Grundschwingungsamplitude wird ein Zündmuster abgespeichert. Mit dieser Variante kann die Frequenz des Wechselrichters kontinuierlich, die Ständerspannung des Motors aber nur in diskreten Werten verstellt werden.

Für bestimmte Thyristorwechselrichter ist auch eine sogenannte Spannungsnullsteuerung erforderlich, die bei f_s = 0 periodisch alle Ventile der oberen und alle Ventile der unteren Brückenhälfte abwechselnd zündet. Dadurch bleiben die Löschkondensatoren (z. B. bei Phasenlöschung) stets geladen. Diese Schaltung hat, wie im Abschnitt 4 bereits beschrieben wurde, die Eigenart, daß nach dem Löschen eines Hauptventils (z. B. Ventil 1) das andere Hauptventil (z. B. Ventil 4) erst gezündet werden darf, wenn der Umschwingvorgang im Löschkreis beendet ist (Bild 5.16). Die dafür notwendige Verzugszeit kann durch eine dem Rechner nachgeschaltete Einrichtung zur Impulsbildung realisiert werden (Bild 5.17).

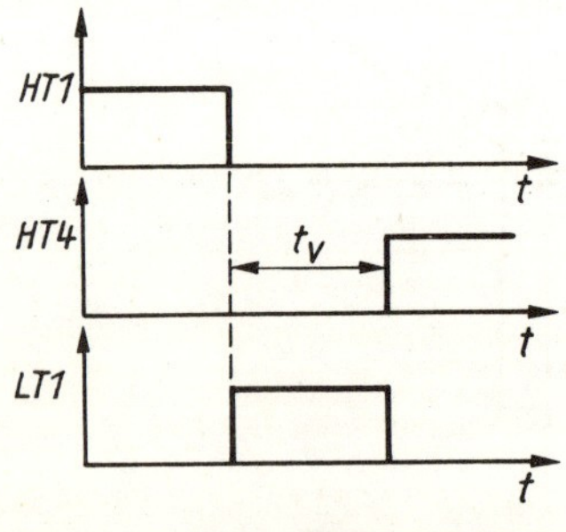

Bild 5.16
Verzögerung der Hauptimpulse eines Ventilzweigs
HT Hauptthyristor, LT Löschthyristor

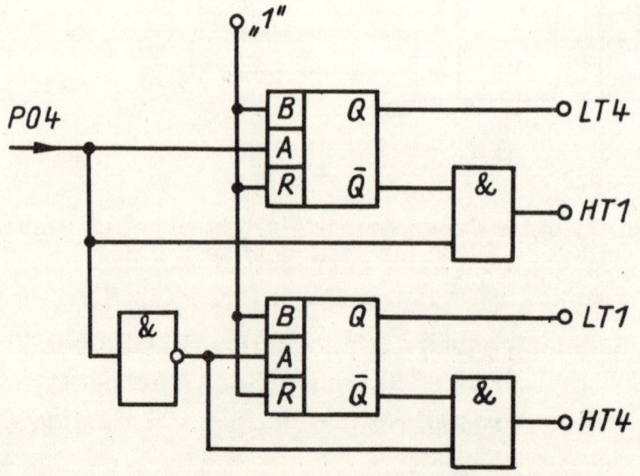

Bild 5.17
Verzögerungsschaltung zu Bild 5.16

Auch eine vollständige Impulsbildung im Einchiprechner ist möglich. Dazu sind aber noch zusätzliche Speicherplätze notwendig (4 kByte EPROM). Außerdem verzögert sich die Rechenzeit.

- Beschreibung der Software

Hier soll ein Überblick über den Programmablauf gegeben werden. Die als Beispiel im Bild 5.11 angegebenen Zündmuster sind im ROM des Rechners abgespeichert. Für jede Schaltzustandsänderung werden 2 Byte Informationen benötigt, die aus dem Speicher abgerufen werden. Die Information über den Schaltzustand der 6 Hauptventile ist durch 3 bit darstellbar. Die dem Rechner nachgeschaltete Hardware bildet aus dieser Information die Ansteuerimpulse für die Haupt- und Löschventile (Bild 5.17). Die restlichen 5 bit des Zustandsbytes (ZB) können anderweitig genutzt werden. Des weiteren wird eine Information über die Dauer des jeweiligen Schaltzustands benötigt (Intervallänge I_ν · 1 Byte). Diese Information wird in den Zähler-Zeitgeberkanal CTC 1 geladen und vom externen Takt dekrementiert. Bei Erreichen des Wertes Null wird vom Rechner ein neuer Schaltzustand ausgegeben. Die Speicherung eines Zustandsbytes und einer Intervallänge erfolgt für alle drei Phasen gemeinsam. Bild 5.18 zeigt am Beispiel des Zündmusters M = 1b, wie die abgespeicherten Werte gewonnen werden.

ωt	I_ν	ZB
0°	20°	101
20°	10°	111
30°	10°	111
40°	20°	101
60°	20°	100
80°	10°	000
90°	10°	000
100°	20°	100
120°	20°	110
140°	10°	111
150°	10°	111
160°	20°	110
180°	20°	010
200°	10°	000
210°	10°	000
220°	20°	010
240°	20°	011
260°	10°	111
270°	10°	111
280°	20°	011
300°	20°	001
320°	10°	000
330°	10°	000
340°	20°	001

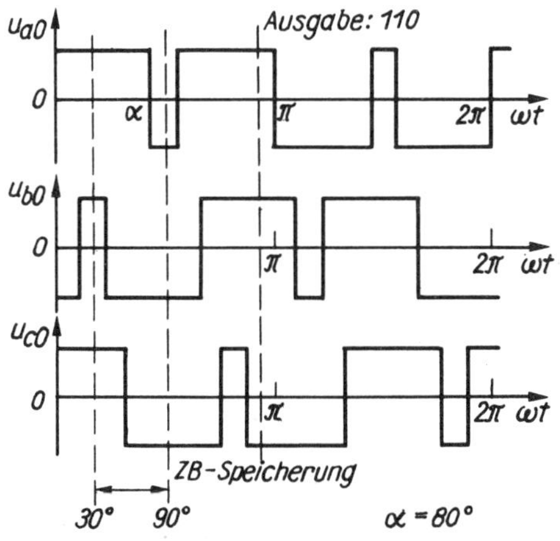

Bild 5.18. Gewinnung der Zustandsbytes am Beispiel M = 1 (Form b), α = 80°

Aus den bekannten Winkeln $\alpha_1 \ldots \alpha_M$ müssen für jedes Zündmuster die Verläufe der Spannungen u_{a0}, u_{b0} und u_{c0} im Bereich von 0 ... 360° dargestellt werden. Für jeden Schaltzustand (1 = $+U_d/2$; 0 = $-U_d/2$) wird die zugehörige Intervallänge ermittelt. Es ergeben sich insgesamt 12(M + 1) Werte für I_ν. Aus Symmetriegründen kann man sich aber auf den Bereich $30° \leqq \omega t \leqq 90°$ beschränken, d.h., es brauchen nur noch 2(M+1) Werte für I_ν gespeichert zu werden. Die Organisation des Ansteuerrechners ist aus dem Programmablaufplan (Bild 5.19) zu erkennen.

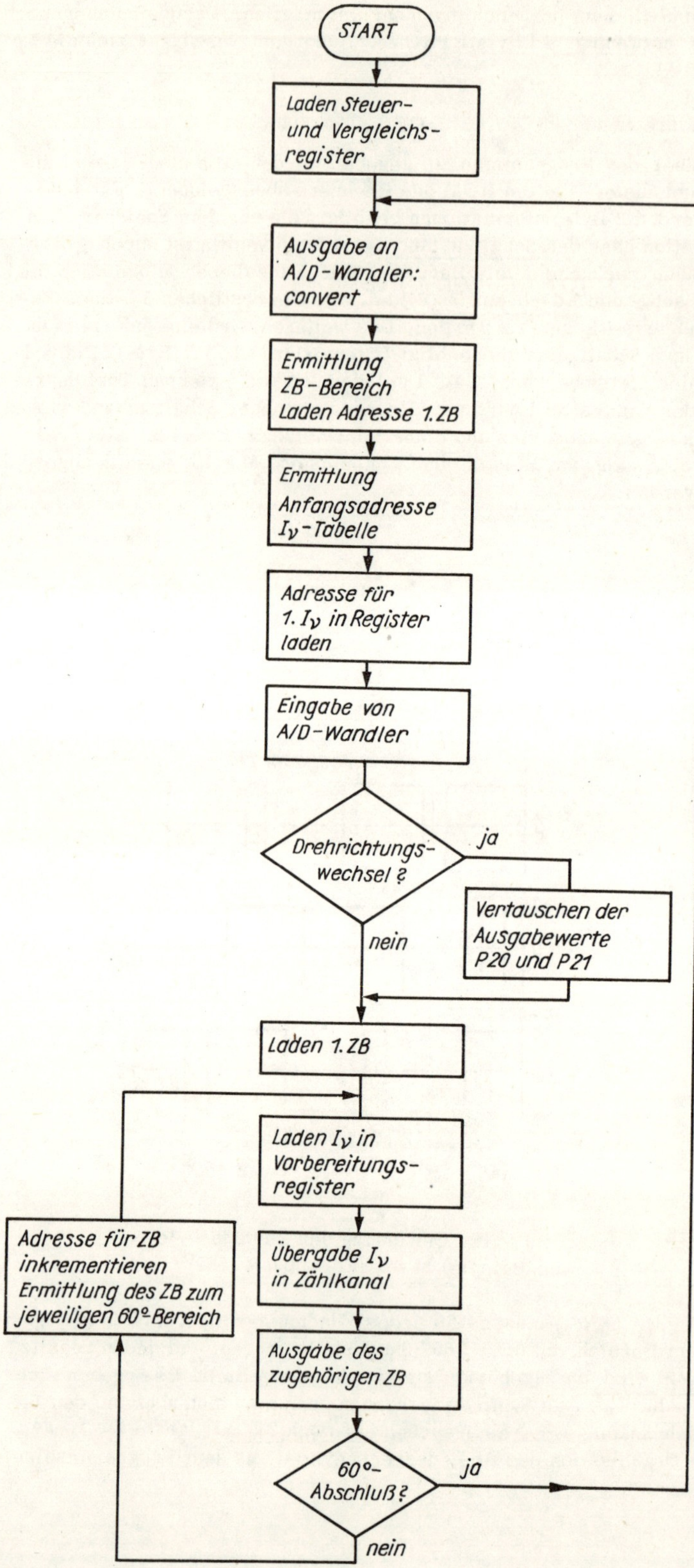

Bild 5.19. Beispiel eines Programmablaufplans für einen Ansteuerrechner nach Bild 5.15

Nachdem das Vorbereitungsprogramm abgearbeitet wurde (Laden der Steuerregister und der Register für Vergleichs- und Sprungoperationen), wird der erste Schaltzustand ausgegeben. Die weitere Bearbeitung geschieht in zwei Programmschleifen. In der äußeren Schleife werden neue Eingabewerte eingelesen; die Auswahl eines neuen Zündmusters ist möglich. Diese Schleife wird nur in Abständen von 60° der Grundschwingungsperiode durchlaufen. In der inneren Schleife werden normalerweise die jeweils folgende Intervallänge und das folgende Zustandsbyte ermittelt. Ein Zündmusterwechsel ist nicht möglich. Die Rechenzeit ist wesentlich kürzer als die der äußeren Schleife.

5.3. Steuerung von Stromwechselrichtern

5.3.1. Anforderungen an die Steuerung

Im allgemeinen wird der Stromwechselrichter mit Phasenfolgelöschung (Tafel 4.11) betrieben. Der Stromwechselrichter zeichnet sich durch das Fehlen von Löschventilen aus. Damit hat die Ansteuerschaltung lediglich 6 Hauptimpulse zu liefern, die eine Stromführdauer der Ventile von 120° ermöglichen müssen. Der Strom in den Motorphasen ist bei völliger Glättung im Zwischenkreis rechteckförmig, wenn der Einfluß der Kommutierungsvorgänge vernachlässigt wird. Wie beim Spannungswechselrichter treten hier im Strom nur ungeradzahlige Harmonische der Ordnungszahl $\nu = 6(k + 1)$ auf, und die Amplituden der Stromharmonischen verringern sich mit steigender Ordnungszahl:

$$I_{s\nu} = \frac{I_{s1}}{\nu}. \tag{5.24}$$

Dieses Oberschwingungsspektrum hat Einfluß auf die Verluste und auf die Pendelmomente, wie das bereits im Abschnitt 2 gezeigt wurde. Wegen der Pendelmomente ist der Stellbereich zu niedrigen Frequenzen hin begrenzt.

Für einen Stromwechselrichter mit Phasenlöschung /5.17/ müssen neben den Zündsignalen für die Hauptventile auch solche für die Löschventile 1′ bis 6′ (Bild in Tafel 4.11) bereitgestellt werden.

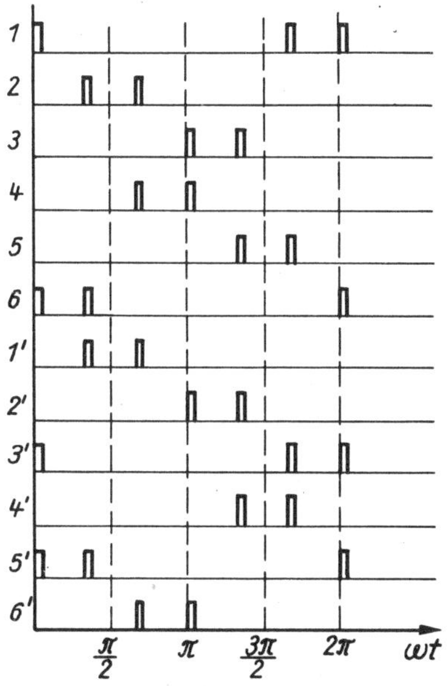

Bild 5.20. Impulsdiagramm für einen Stromwechselrichter mit Phasenfolgelöschung

Die Löschthyristoren benötigen 2 Impulse im Abstabd von 60°. Der erste Impuls leitet den Löschvorgang des zugehörigen Hauptventils ein, während der zweite Impuls die Nachladung des Löschkondensators ermöglicht. Bei diesem Nachladevorgang kann es zu Spannungseinbrüchen kommen, die die Hauptventile löschen. Deshalb müssen auch die Hauptventile nach 60° abermals gezündet oder mit 120° breiten Signalen beaufschlagt werden. Im Bild 5.20 ist das Impulsdiagramm dargestellt, das für getakteten Betrieb des Wechselrichters gilt.

5.3.2. Getakteter Betrieb

Die Generierung der Zündsignale für getakteten Betrieb eines Stromwechselrichters kann auf die gleiche Weise wie beim Spannungswechselrichter erfolgen (Abschn. 5.2.1). In dieser Hinsicht bestehen keine Unterschiede zwischen Spannungs- und Stromwechselrichter. Hier soll nun eine Schaltungsvariante vorgestellt werden, die ohne Ringregister arbeitet. Eine solche Lösung hat den Vorteil, daß nach Einschalten der Versorgungsspannung kein besonderer Setzimpuls notwendig ist, der beim Ringregister die Aufgabe hat, einen definierten Anfangszustand herzustellen. Die Schaltung besteht im wesentlichen aus einem Zählerbaustein und einem Dekodierer. Bild 5.21 zeigt eine Schaltung, die einen synchronen 4-bit-Binärzähler enthält, dessen Ausgangssignale durch einen 4-bit-Decoder in dezimal kodierte Signale umgewandelt werden.

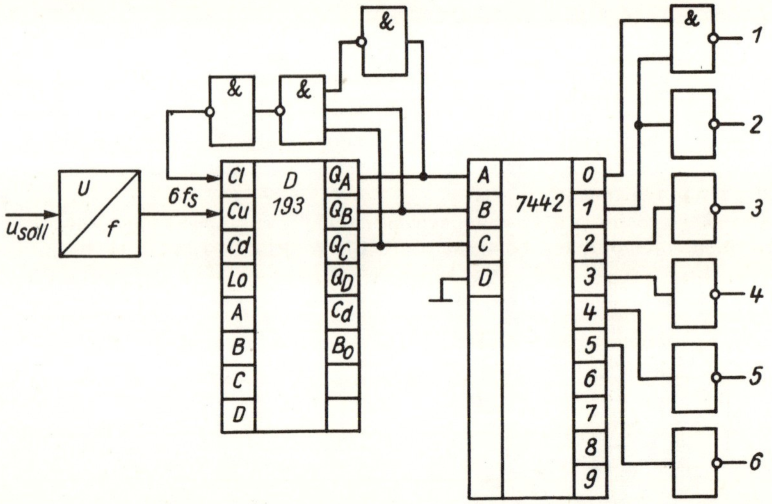

Bild 5.21. Ansteuerschaltung für einen Stromwechselrichter mit Phasenfolgelöschung unter Verwendung eines 4-bit-Binärzählers

Die Führungsgröße u_{soll} wird durch einen Spannungs-Frequenz-Wandler in eine Frequenz umgesetzt, die der sechsfachen Ausgangsfrequenz des Wechselrichters entspricht. Jeweils sechs Impulse werden in den Zähler gezählt. Nach Einzählen dieser Impulsfolge wird der Zähler durch ein Dekodiernetzwerk über den Eingang Cl zurückgesetzt, und der Zählvorgang beginnt von neuem. Der Dekodierer hat die Aufgabe, je nach Zählerstand Q_A, Q_B, Q_C einen seiner sechs Ausgänge 0 bis 5 auf Low-Pegel zu setzen. Nach Negation bzw. Invertierung wird das jeweilige Ventil für eine Dauer von 60° angesteuert. Eine Besonderheit stellt die Verlängerung des Zündimpulses für Ventil 1 um 60° dar, die zu einer Überlappung mit Ventil 6 führt. Dadurch ist gewährleistet, daß sich bei Einschalten des Wechselrichters die Löschkondensatoren in der richtigen Weise aufladen. Diese Schaltung arbeitet im gesamten Stellbereich mit $2\pi/3$-Taktung. Praktische Erprobungen ergaben eine ausreichende Drehzahlgleichförmigkeit bis zu minimalen Drehzahlen von 3 ... 10 min^{-1}.

Das Prinzip dieser Steuerung ist auch für den Stromwechselrichter mit Phasenlöschung anwendbar. Im Bild 5.22 ist die Schaltung für diesen Wechselrichtertyp gezeigt, die das Impulsdiagramm Bild 5.20 realisiert. Die erforderliche Impulsbreite wird durch ein Monoflop gesichert.

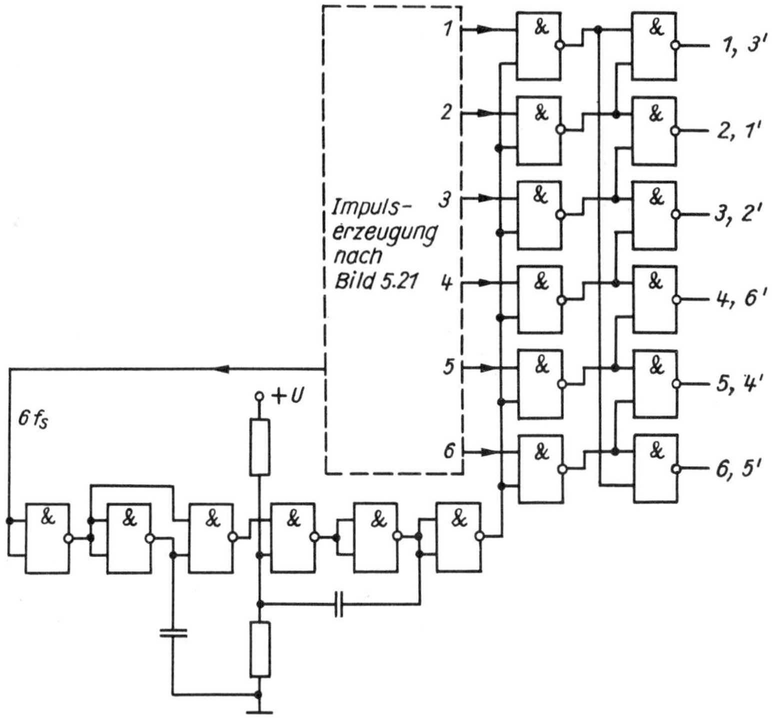

Bild 5.22. Ansteuerschaltung für einen Stromwechselrichter mit Phasenlöschung

5.3.3. Pulsbetrieb

5.3.3.1. Prinzip des Verfahrens

Um den Oberschwingungsgehalt des Motorstroms zu verringern, kann auch beim Stromwechselrichter in bestimmten Grenzen eine Pulssteuerung angewendet werden. Ziel dieser Steuerung ist vor allem die Reduzierung der Amplitude der Harmonischen mit niedriger Ordnungszahl /5.18/. Die Pulsung wird beim Wechselrichter mit Phasenfolgelöschung durch zusätzliche Löschungen während der Leitdauer eines Ventils erreicht. Der Wechselrichterausgangsstrom (Ständerstrom des Motors) hat dann einen Verlauf, wie er im Bild 5.23 dargestellt ist. Im gleichen Bild ist ebenfalls gezeigt, welche Ventile an der Stromführung beteiligt sind. Dieses Beispiel gilt für ein Frequenzverhältnis $f_p/f_s = 3$. Die zusätzlichen Löschvorgänge sind an folgende Bedingungen geknüpft:

- Es muß stets ein Ventil der oberen und ein Ventil der unteren Brückenhälfte leitfähig sein, damit ein Strom fließen kann.
- Es darf jeweils gerade nur ein Ventil in jeder Brückenhälfte leitfähig sein.
- Es muß an den Ausgangsklemmen ein symmetrisches Drehstromsystem entstehen.

Entsprechend dem Ziel einer derartigen Pulssteuerung lassen sich für den Stromwechselrichter ähnlich wie beim Spannungswechselrichter optimierte Zündmuster ermitteln. Optimierungskriterium ist hier aber die Reduzierung der 5. und 7. Harmonischen.

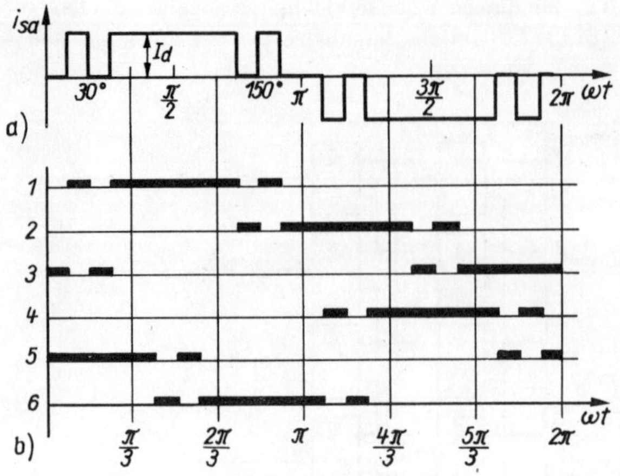

Bild 5.23. Pulsbetrieb eines Stromwechselrichters mit Phasenfolgelöschung

a) Ausgangsstrom der Phase a
b) Leitdauer der Ventile

5.3.3.2. Optimierte Zündmuster

Im Bild 5.24 ist nochmals der Verlauf des Motorstroms bei Pulsbetrieb für $f_p/f_s = 5$ gezeigt.

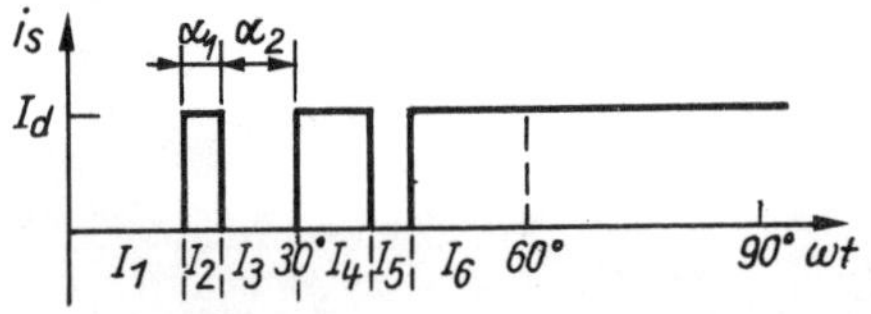

Bild 5.24. Gepulster Ausgangsstrom eines Stromwechselrichters mit $f_p/f_s = 5$; (M = 2)

Der Stromverlauf ist in bezug auf 90° symmetrisch. Aufgrund der Wirkungsweise der Schaltung mit Phasenfolgelöschung kann eine Pulsung nur im Bereich von $0 \leqq \omega_s t \leqq 60^\circ$ erfolgen. Außerdem sind die Zündzeitpunkte in diesem Bereich zu $\omega_s t = 30^\circ$ symmetrisch. Damit kann das in diesem Bild dargestellte Pulsschema eindeutig durch zwei Zündwinkel α_1 und α_2 gekennzeichnet werden. Nach /5.19/ und /5.20/ können die Fourierkoeffizienten nach folgender Beziehung bestimmt werden:

$$I_{s\nu} = \frac{8\,I_d}{\nu\pi}\cos(\nu\,30^\circ)\left[\sum_{i=1}^{M}\left((-1)^{i+1}\cos\left(\nu\sum_{m=i}^{M}\alpha_m\right)+\frac{1}{2}(-1)^M\right)\right]. \qquad (5.25)$$

Wie im Abschnitt 5.2 festgelegt wurde, ist M die Zahl der Löschvorgänge eines Ventils im Bereich $\omega_s t = 0^\circ \ldots 90^\circ$. Beim Stromwechselrichter mit Phasenfolgelöschung gilt damit für den Zusammenhang zwischen Pulszahl f_p/f_s und M:

$$f_p/f_s = 2M - 1. \qquad (5.26)$$

Gleichung (5.25) gilt wieder unter der Annahme einer idealen Glättung. Durch den endlichen Anstieg des Stroms während der Kommutierungsvorgänge wird sein Oberschwingungsspektrum verändert. Es kann nachgewiesen werden, daß im Bereich niedriger Frequenzen f_s, auf den der Pulsbetrieb des Stromwechselrichters beschränkt bleibt, dieser Einfluß vernachlässigbar ist.

Im Gegensatz zu den bisherigen Betrachtungen ist der Zwischenkreisstrom nicht völlig geglättet. Die Welligkeit des Zwischenkreisstroms hat einen wesentlichen Einfluß auf den Oberschwingungsgehalt des Ausgangsstroms des Wechselrichters. Da der netzseitige Stromrichter in den meisten Fällen eine Drehstrombrückenschaltung ist, ist die niedrige Ordnungszahl der Harmonischen im Zwischenkreis mit $\nu = 6$ anzusetzen. Bei einer Netzfrequenz von 50 Hz hat diese Harmonische eine Frequenz von 300 Hz. Insgesamt kann man feststellen:

- Die Welligkeit des Zwischenkreisstroms beeinflußt vor allem die Harmonischen des Ausgangsstroms, deren Frequenz bei 300 Hz liegt.
- Im ungepulsten Betrieb erfolgt ebenfalls eine Erhöhung der Amplitude dieser Oberschwingung, wodurch erhöhte Stromwärmeverluste im Motor entstehen können.
- Die Auswirkung der bei diesen Frequenzen entstehenden Pendelmomente auf die Drehzahl des Motors ist nicht nachweisbar.
- Eine Vernachlässigung der Welligkeit des Zwischenkreisstroms bei der Berechnung der Zusatzverluste ist nur zulässig, wenn die Welligkeit gering ist (Richtwert: $w_i = 20\,\%$).

Ähnlich wie beim Spannungswechselrichter haben hier die Stromoberschwingungen Auswirkungen auf die Pendelmomente und die zusätzlichen Stromwärmeverluste.

Die Pendelmomente lassen sich näherungsweise wie folgt aus den relativen Oberschwingungsamplituden berechnen, wie bereits im Abschnitt 2.2 gezeigt wurde /5.19/ /5.21/ /5.22/:

$$\frac{M_{p6}}{M_n} = \sqrt{\left[\left(\frac{I_{s(6k-1)}}{I_{sn}}\right)^2 + \left(\frac{I_{s(6k+1)}}{I_{sn}}\right)^2\right] - 2\left[\left(\frac{I_{s(6k-1)}}{I_{sn}}\right)\left(\frac{I_{s(6k+1)}}{I_{sn}}\right)\right]\cos\psi} \qquad (5.27)$$

mit k = 1, 2, 3, ...

I_{sn} ist der Nennwert der Grundschwingungsamplitude. Die Oberschwingungsströme $I_{s(6k+1)}$ können aus (5.25) berechnet werden

$$\psi \approx \mathrm{arc\ cot}\,\frac{\Omega_r L_m}{R_r}. \qquad (5.28)$$

Die Pendelmomente der 6- und 12fachen Grundfrequenz können demnach nur unterdrückt werden, wenn die 5. und 7. Harmonische des Ständerstroms eliminiert werden.

Die zusätzlichen Stromwärmeverluste sind nach (2.31) und (2.34)

$$P_{vwo} = P_v = 2\,R_s \sum_{\nu=5}^{\infty} k_{rs}\, I_{s,\nu}^2 + 3\,R_r \sum_{\nu=5}^{\infty} k_{rr}\, I_{r,\nu}^2, \qquad (5.29)$$

wobei für die Oberschwingungsströme in erste Näherung $I_{s,\nu} \approx I'_{r,\nu}$ gelten soll. Da für normal ausgelegte Asynchronmaschinen außerdem $R_s \approx R'_r$ angenommen werden kann, lassen sich die Verluste normieren:

$$P_v^* = \sum_{\nu=5}^{\infty} \left(\frac{I_{s,\nu}}{I_{s1}}\right)^2 (k_{rs} + k_{rr}). \qquad (5.30)$$

Die Vorausberechnung der optimalen Zündwinkel für eine beliebige Zahl M erfolgt zweckmäßig mit einem Großrechner, wobei die Optimierung nach zwei Kriterien durchgeführt werden kann:

1. Minimierung der zusätzlichen Stromwärmeverluste
2. Elimination bestimmter Pendelmomente.

Zur Vereinfachung soll ein idealer rechteckförmiger Stromverlauf vorausgesetzt werden, so daß (5.25) die Grundlage für die Berechnung bilden kann. Minimiert wird diese Gleichung für bestimmte vorgegebene Werte ν bis zum Wert Null, wodurch die gewünschten Pendelmomente unterdrückt werden. Wird das erste Optimierungskriterium angewandt, muß (5.30) minimiert werden. Zwischen beiden Extremen sind Kompromißlösungen möglich. In Tafel 5.2 sind für verschiedene M derartige Kompromisse dargestellt.

Tafel 5.2. Verluste und Oberschwingungsamplituden bei optimiertem Pulsbetrieb

M	P_v^*	I_{S5}/I_{S1} %	I_{S7}/I_{S1} %	α_1 °	α_2 °	α_3 °	α_4 °
1	0,34	-5,9	4,7	10,01	-	-	-
	0,24	-16,9	-10,0	4,6	-	-	-
	0,15	-19,9	-14,2	0,77	-	-	-
2	0,54	0	0	5,82	16,25	-	-
	0,45	-3,5	1,7	4,91	13,16	-	-
	0,32	-10,8	-1,9	5,48	3,21	-	-
	0,16	-19,5	-13,6	0,5	3,33	-	-
3	0,52	0	0	5,78	15,46	0,83	-
4	0,55	0	0	5,54	8,21	0,84	8,14

Zündmuster mit M = 1 gestatten keine Elimination bestimmter Harmonischer. Ein Minimum der Pendelmomente M_{p6}/M_n erhält man bei $\alpha_1 = 10,01°$. Erst Zündmuster mit M ≧ 2 gestatten die Elimination von Pendelmomenten sechsfacher Grundfrequenz. Es zeigt sich aber, daß für diesen Fall die zusätzlichen Stromwärmeverluste gegenüber ungepulstem Betrieb stark ansteigen. Für das in Tafel 5.2 vorgestellte Beispiel bedeutet $P_v^* = 0,54$ etwa den 3,6fachen Wert der zusätzlichen Stromwärmeverluste bei ungepulstem Betrieb. Damit ist gleichzeitig gesagt, daß hinsichtlich der Stromwärmeverluste der ungepulste Betrieb am günstigsten ist (vgl. auch Spannungswechselrichter).

In /5.18/ wurde vorgeschlagen, eine Pulsbreitenmodulation durch Vergleich zwischen einer Trapez- und einer Dreiecksspannung analog zu Bild 5.6 vorzunehmen. Für den gleichen Motor (P_n = 22 kW, f_s = 5 Hz) wurden die sich für dieses Verfahren ergebenden Oberschwingungen und Verluste in Tafel 5.3 zusammengestellt.

Tafel 5.3. Verluste und Oberschwingungsamplituden bei optimiertem Pulsbetrieb

M	1	2	3	4	5	6	ungepulst
P_v^*	0,32	0,46	0,48	0,56	0,50	0,55	0,15
I_{S5}/I_{S1}	-8,5	-1,3	-4,5	-4,3	-6,1	-5,7	-20,0
I_{S7}/I_{S1}	1,3	6,5	2,6	2,4	1,5	1,3	-14,3
I_{S4}/I_{S1}	-12,2	-3,0	-1,5	-1,2	-3,5	-1,7	9,1
I_{S13}/I_{S1}	-15,0	4,2	1,4	1,0	-2,0	0,1	7,7
I_{S17}/I_{S1}	16,8	-18,8	-1,7	-0,9	0,1	-1,0	-5,9
I_{S19}/I_{S1}	16,1	-22,6	2,4	1,0	0	-0,1	-5,3
I_{S23}/I_{S1}	-12,4	19,5	-14,7	-1,5	0,6	-0,9	4,3
I_{S25}/I_{S1}	-9,9	13,5	-19,4	2,2	1,6	-0,3	4,0
I_{S29}/I_{S1}	4,6	0,6	19,4	-14,5	-2,9	-1,0	-3,4
I_{S31}/I_{S1}	2,3	5,8	14,7	-19,6	-1,6	-0,6	-3,2
I_{S35}/I_{S1}	1,2	-8,5	-2,4	19,6	-6,6	-1,6	2,9

Ein Vergleich mit den Werten in Tafel 5.2 zeigt, daß die Pendelmomente M_{p6}/M_n nur schwach ausgebildet sind; die Verluste sind entsprechend erhöht. Eine vollständige Elimination bestimmter Pendelmomente ist mit diesem Verfahren nicht möglich.

5.3.4. Ansteuerung mit Mikrorechner

Auch beim Stromwechselrichter bietet sich zur Ansteuerung bei Pulsbetrieb der Einsatz eines Einchiprechners an. Gegenüber einer Hardwarelösung mit EPROM stellt der Einchiprechner eine günstigere Variante im Hinblick auf eine geringe Anzahl von Schaltkreisen dar. Der Hauptvorteil liegt allerdings in der Möglichkeit der flexiblen Programmierung beliebiger Zündmuster. Im Bild 5.25 ist das Prinzip dargestellt /5.23/.

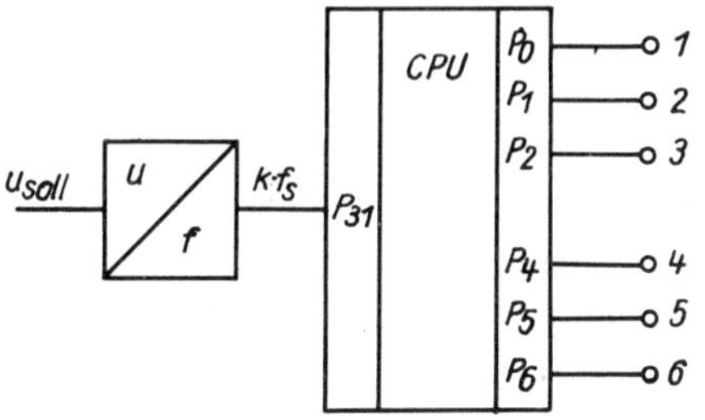

Bild 5.25. Ansteuerung eines Stromwechselrichters mit Mikrorechner

Eingangsgröße ist hier eine Spannung u_{soll} als analoges Signal, das entweder dem Drehzahlsollwert oder der Regelabweichung entspricht. Ein Spannungs-Frequenz-Wandler erzeugt eine dem Sollwert proportionale Impulsfrequenz, die an einem Port des Rechners anliegt. Der Frequenzwandler ist so dimensioniert, daß für f_s = 100 Hz eine Impulsfrequenz f_T = 288 kHz ausgegeben wird. Diese Frequenz ist gleichzeitig Zeitbasis des Einchiprechners. Damit kann entsprechend (5.23) eine Auflösung von $\Delta\alpha$ = 0,125° erzielt werden.

Ausgangsgrößen des Einchiprechners sind die Zündimpulse für die Thyristoren 1 bis 6, die über die entsprechenden Ports ausgegeben werden. Impulsverstärkung und Potentialtrennung sind in diesem Bild nicht dargestellt. Diese einfache Schaltung ist zunächst nur für Einrichtungsbetrieb konzipiert. Eine Erweiterung zum Reversierbetrieb ist mit einfachen Mitteln möglich.

Die Realisierung der vorausberechneten Zündmuster ist durch die endliche Löschzeit bzw. Kommutierungszeit der Schaltung eingeschränkt. Die Leitdauer eines Ventils muß mindestens so groß wie die Kommutierungszeit T_k sein, da sonst die Löschkondensatoren nicht ordnungsgemäß umgeladen werden. Jedes Zündintervall α_i muß demzufolge eine Mindestlänge besitzen:

$$\alpha_{i\,min} = 360° \, T_k \, f_s. \qquad (5.31)$$

Beispielsweise ergeben sich für T_k = 1 ms und f_s = 10 Hz Mindestintervallängen von $\alpha_{i\,min}$ = 3,6°. Daraus erkennt man, daß die Anwendung von Zündmustern mit einer hohen Pulszahl bei gegebener Frequenz nicht immer möglich ist. In jedem Fall ist der mögliche Frequenzbereich eines bestimmten Zündmusters anhand der Gl. (5.31) zu überprüfen.

Auf der Grundlage der auf einem Großrechner vorausberechneten Zündmuster und deren Anwendungsbereiche wird der Mikrorechner programmiert, und die Zündmuster werden in dessen internem ROM gespeichert. Für die Änderung des Schaltzustands der Wechselrichterventile werden wieder 2 Byte Informationen benötigt:

- Schaltzustand (Zustandsbyte ZB)
- Dauer des jeweiligen Zustands (Intervallänge I_ν).

Die Intervallängen werden in einen Zählkanal T eingegeben und durch den externen Takt dekrementiert. Bei Erreichen der Zahl Null erfolgt ein Zustandswechsel wie bei der Steuerung des Spannungswechselrichters. Der Ablauf des Programms ist im Bild 5.26 dargestellt. Im Vorbereitungsprogramm wird das Steuerregister geladen und das erste Zustandsbyte ZB ausgegeben. Der weitere Programmablauf kann in zwei Schleifen erfolgen. Nach dem Beginn des Zählvorgangs und der ZB-Ausgabe werden die Werte I_ν und ZB des nächsten Schaltzustands aus der im ROM abgelegten Tabelle gesucht. Wenn am Ende eines Intervalls I_ν ein durch 60° teilbarer Winkelwert erreicht wird, muß die Ständerfrequenz f_s neu berechnet werden. In diesem Fall kann auf ein anderes Zündmuster übergegangen werden (äußere Schleife). Wird ein 60°-Abschluß nicht erreicht, wird nur die innere Schleife durchlaufen, in der ein Wechsel des Zündmusters nicht möglich ist.

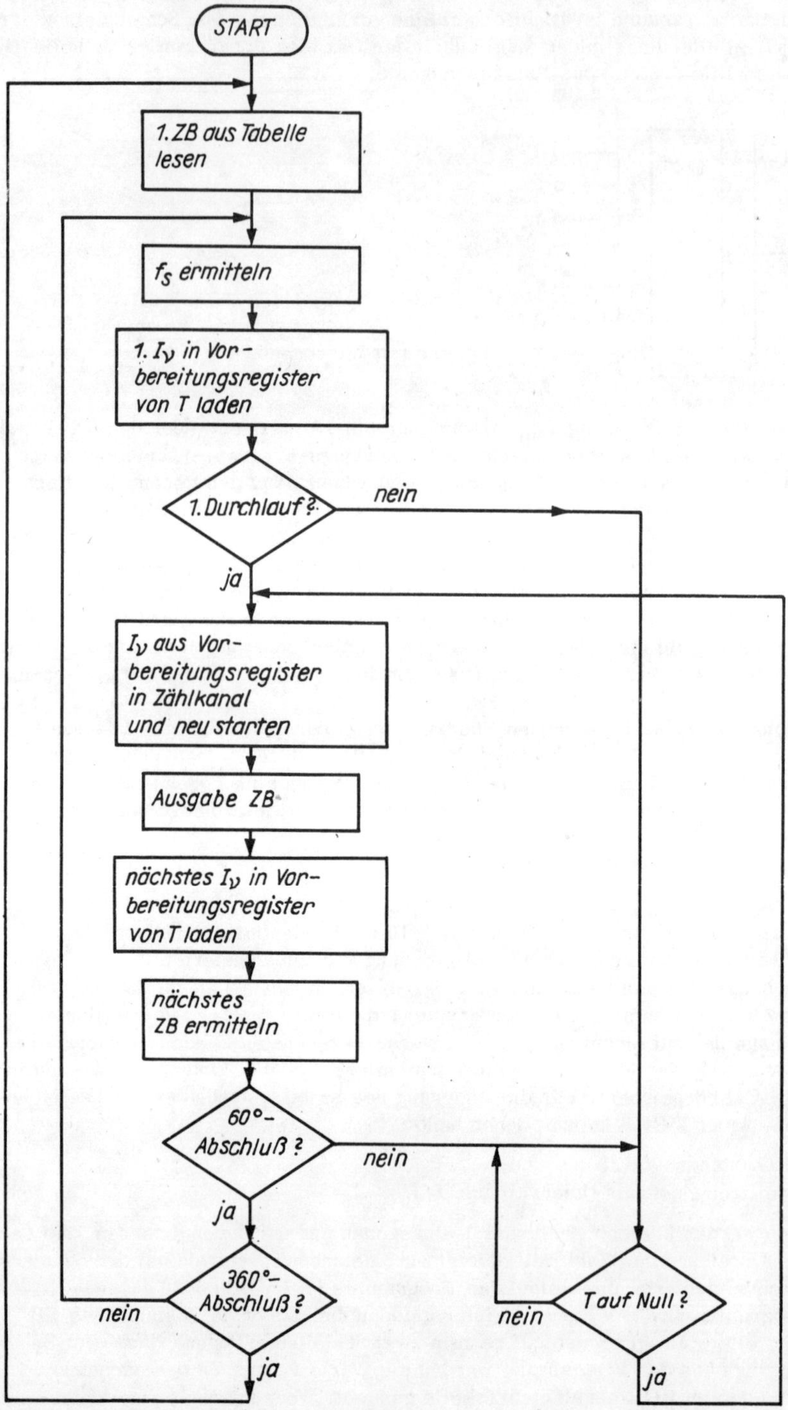

Bild 5.26. Beispiel eines Programmablaufplans für den Ansteuerrechner nach Bild 5.25

Die Bestimmung des Frequenzbereichs für einzelne Zündmuster soll anhand des Unterprogramms Bild 5.27 näher betrachtet werden.

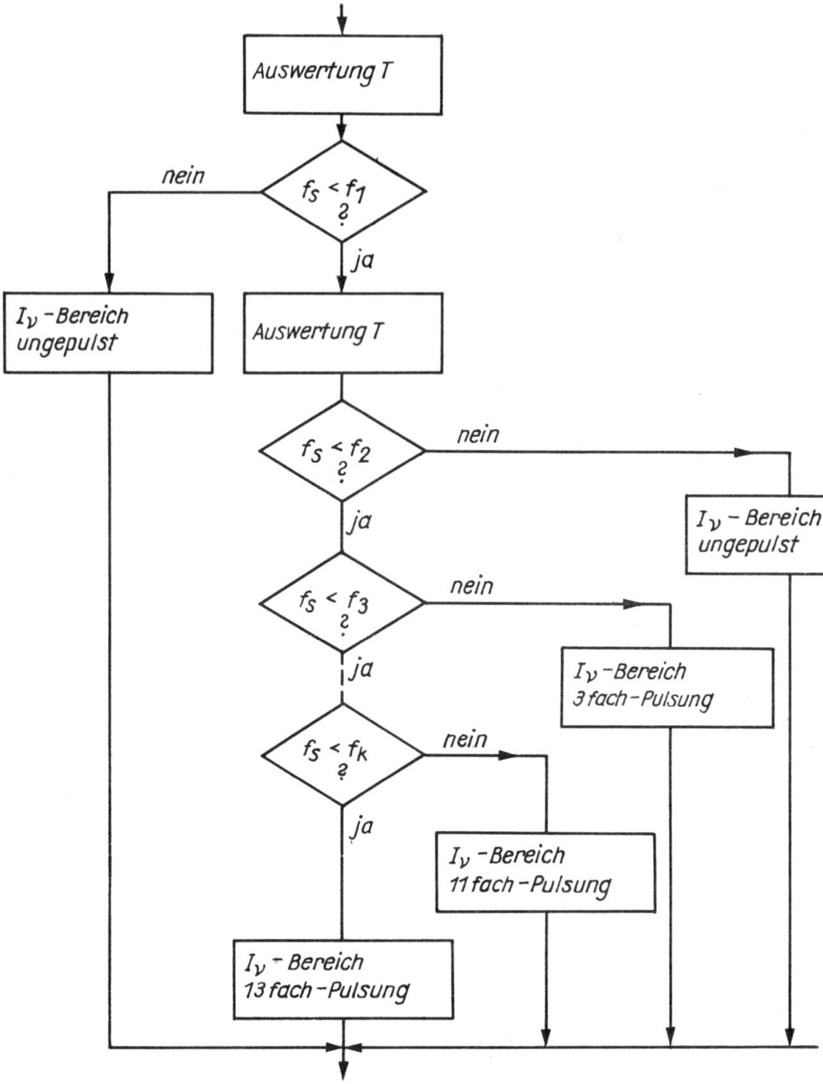

Bild 5.27. Unterprogramm „Bestimmung der Frequenzbereiche für einzelne Zündmuster"

Die Frequenz wird mittels eines Zähler-Zeitgeberkanals CTC gemessen, der vom internen Rechnertakt gesteuert wird. Die Meßzeit t_m ist frei wählbar. Am Anfang und am Ende der Meßzeit wird der jeweils aktuelle Zählerstand des Kanals T ermittelt. Die Differenz Δz beider Werte ist ein Maß für die Frequenz f_s, wobei die Genauigkeit durch das Auflösungsvermögen bestimmt wird. Es gilt:

$$f_s \geqq \frac{\Delta z}{t_m} \frac{\Delta\alpha}{360^\circ}$$

$$f_s < \frac{\Delta z + 1}{t_m} \frac{\Delta\alpha}{360^\circ}. \qquad (5.32)$$

Entsprechend dem Auflösungsvermögen ergeben sich Frequenzbereiche für die einzelnen Werte Δz; beispielsweise:

$\Delta z = 0 : 0 \text{ Hz} \leqq f_s \leqq 0{,}35 \text{ Hz}$

$\Delta z = 1 : 0{,}35 \text{ Hz} \leqq f_s \leqq 0{,}7 \text{ Hz}$

.
.
.

usw.

Aus dem Wert Δz wird die Intervallänge I_ν berechnet. Das erste I_ν in der Tabelle der Intervallängen muß mindestens eine Dauer

$$t_{min} = t_m + t_R \tag{5.33}$$

besitzen. t_R ist die Rechnerzeit für die äußere Schleife. Demzufolge ist

$$I_{\nu\,min} = f_s\, 360^o\, (t_m + t_R). \tag{5.34}$$

Bei einer bestimmten Frequenz f_s wird I_ν größer als 360°, so daß dann nur noch ungepulster Betrieb möglich ist. Die Ermittlung der Tabelle der Intervallängen soll am Beispiel M = 2 (Bild 5.24) demonstriert werden. Es gilt:

$$I_1 = 30^o - (\alpha_1 + \alpha_2)$$
$$I_2 = \alpha_1$$
$$I_3 = \alpha_3$$
$$I_4 = \alpha_2$$
$$I_5 = \alpha_1$$
$$I_6 = 30^o - (\alpha_1 + \alpha_2).$$

Es besteht also eine Symmetrie zu 30° und 60°. Aus Gründen der Programmvereinfachung ist eine Abspeicherung der Werte im Bereich 0 ... 60° zweckmäßig. Bild 5.28 gibt einen Überblick über die notwendigen 6 bit eines Zustandsbytes zur Ansteuerung der Hauptventile für M = 2 (5fach-Pulsung).

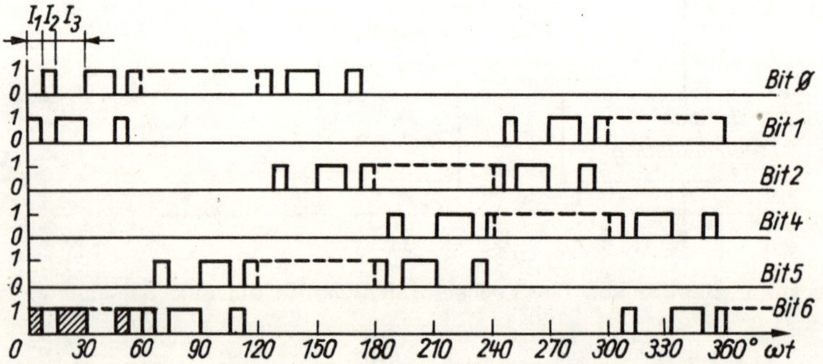

Bild 5.28
Zustandsbytes für M = 2

Bit 3 und 7 werden nicht benötigt; sie sind stets 1.

Die Belegung einer Bitstelle mit 1 bedeutet, daß das jeweilige Ventil einen Zündimpuls erhält. Im Bild 5.28 bezieht sich die Zeitachse auf den positiven Nulldurchgang der Grundschwingung des Stroms I_s in der Motorphase a. Es ist ferner zu beachten, daß sich die Dauer der Zündimpulse von den Intervallängen I_ν unterscheiden kann. In den gestrichelten Bereichen führt zwar das entsprechende Hauptventil Strom, das zugehörige Bit ist aber Null. Bei ungepulstem Betrieb ergibt sich alle 30° eine Zustandsänderung der Ausgangsgrößen i_{sa}, i_{sb}, i_{sc}. Bei Pulsbetrieb erfolgt ein mehrfacher Wechsel der Ausgabe von zwei benachbarten Zustandsbytes, und zwar treten insgesamt (M + 1) Wechsel auf. Damit beim Einschalten des Wechselrichters ein Strom fließen kann, muß mindestens je ein Ventil in der oberen und in der unteren Brückenhälfte eingeschaltet sein. Deshalb wird Bit 6 verlängert auf Wert 1 gehalten (im Bild 5.28 schraffiert). Es sei noch darauf hingewiesen, daß die Steuerung des Stromwechselrichters mit einem Mikrorechner verhältnismäßig einfach zu verwirklichen ist. Die hier vorgestellte Lösung benötigt eine Speicherkapazität für Programm und Tabellen von nur 340 Byte.

6. Regelung

6.1. Analoge Regelung

Wesentliche Probleme der Regelung der spannungsgespeisten Asynchronmaschine wurden bereits im Abschnitt 3 herausgearbeitet. Die im Bild 3.1 gezeigte außerordentlich verwikkelte Regelstruktur ist eine mehrfach verkoppelte, nichtlineare Mehrgrößenregelstrecke /6.4/, deren entscheidende Zustandsgrößen, z. B. die Läuferflußverkettungen, nicht meßbar sind. Besonders bei niedrigen Frequenzen, also in einem Bereich, in dem der ohmsche Widerstand der Ständerwicklung nicht mehr zu vernachlässigen ist, ändert sich der Winkel zwischen Ständerspannungs- und Flußverkettungsvektor, was bei Reversierantrieben wegen des Nulldurchgangs der Frequenz zu einem nichtoptimalen Verhalten führt, weil die im Bild 3.1 dargestellten mehrfachen Verkopplungen wirksam werden. Wie im Abschnitt 3 dargestellt wurde, ergeben sich übersichtliche Verhältnisse nur dann, wenn durch geeignete Steuerungsmaßnahmen diese Verkopplungen aufgehoben werden. Wenn es also gelingt, sowohl die Amplitude als auch den Winkel des Ständerspannungsvektors unabhängig voneinander zu beeinflussen, um die formulierten Steuergesetze einhalten zu können, ist der Betrieb mit konstanter Ständer- oder Läuferflußverkettung möglich. In allen anderen Fällen sind die Flußverkettungen nicht konstant. Hierbei können die Übergangsvorgänge von Strom und Drehzahl in Form von schwach gedämpften Schwingungen verlaufen, die sich auch durch eine Regelung nur schwer beherrschen lassen. Das gleiche ungünstige Verhalten kann durch einen schwingungsfähigen Spannungszwischenkreis hervorgerufen werden. Da dessen Resonanzfrequenz meistens sehr kleine Werte hat, wird der Antrieb dynamisch schlechter. Für den Fall einer ausreichenden Dämpfung im Ständer kann eine nichtkonstante Flußverkettung in Kauf genommen werden. Die Übergangsvorgänge verlaufen aber entsprechend langsam.

Die möglichen Eingangs- und Ausgangsgrößen der Asynchronmaschine sind in Tafel 6.1 zusammengestellt. Durch das Stellglied können die Leiterspannungen u_{sa}, u_{sb} und u_{sc} oder die Strangströme i_{sa}, i_{sb} und i_{sc} unmittelbar beeinflußt werden.

Tafel 6.1. Übersicht über die Betriebsarten der Asynchronmaschine

Betriebsart	Zustandsgleichungen	Steuergrößen	Hilfssteuergrößen
Spannungs-steuerung	$\begin{pmatrix} \dot{\vec{\psi}}_s \\ \dot{\vec{\psi}}_r \end{pmatrix} = A_u \begin{pmatrix} \vec{\psi}_s \\ \vec{\psi}_r \end{pmatrix} + B_u \begin{pmatrix} \vec{u}_s \\ \omega_s \\ \omega_r \end{pmatrix}$ $\begin{pmatrix} m \\ \vec{i}_s \end{pmatrix} = \vec{C}_u \begin{pmatrix} \vec{\psi}_s \\ \vec{\psi}_r \end{pmatrix}$	u_{sx} u_{sy} ω_s ω_r	i_{sx} i_{sy} (i_d)
Stromsteuerung	$\dot{\vec{\psi}}_r = \vec{A}_i \left(\vec{\psi}_r\right) + \vec{B}_i \begin{pmatrix} \vec{i}_s \\ \omega_r \end{pmatrix}$ $m = \vec{C}_i \left(\vec{\psi}_r\right) + \vec{D}_i \left(i_s\right)$	i_{sx} i_{sy} ω_r	u_{sx} u_{sy} (i_d)

Bei der Wahl eines Koordinatensystems ist es zweckmäßig, dieses auf den Ständer- oder auf den Läuferflußvektor zu orientieren, wie bereits oben gezeigt wurde, wenn die Vorgänge innerhalb der Maschine untersucht werden sollen. Bei der Beschreibung von Vorgängen im Stellglied kann auch ein räumlich feststehendes Bezugssystem vorteilhaft sein.

6.1.1. Spannungsgesteuerte Asynchronmaschine

6.1.1.1. Grundsätzliche Regelstrukturen für konstante Ständerflußverkettung bei quasistationärem Betrieb

Prinzipielle analoge Regelverfahren für den Betrieb der Asynchronmaschine mit konstanter Ständerflußverkettung wurden z. B. von /6.1/ und /6.2/ angegeben. Wesentlich für das Verhalten des Antriebssystems sind die Struktur des Zwischenkreises und die Betriebsart des Wechselrichters (getaktet oder gepulst). Bei getaktetem Betrieb und Veränderung der Zwischenkreisspannung muß das dynamische Verhalten des LC-Glättungsgliedes berücksichtigt werden. Dagegen verhält sich ein Pulswechselrichter weitgehend verzögerungsfrei, wenn die abtastende Arbeitsweise an eine kontinuierliche angenähert werden kann. Im Bild 6.1 sind die Regelstrukturen der spannungsgesteuerten Asynchronmaschine dargestellt. Das Signalflußbild für eine Spannungssteuerung mittels Pulswechselrichter über einen Funktionsgenerator $U_S = f(\Omega_S)$ zur Steuerung auf konstante Ständerflußverkettung ist im Bild 6.1a angegeben. Den gleichen Sachverhalt zeigt Bild 6.1b für einen getakteten Wechselrichter. Man erkennt, daß das Spannungssignal u_{sy} gegenüber dem Frequenzsignal ω_S durch den Einfluß des Zwischenkreises verzögert wird. Durch eine zusätzliche schnelle Spannungsregelung (Bild 6.1c) kann diese Verzögerung teilweise kompensiert werden. Nach /3.9/ ist es aber schwierig, eine in einem weiten Bereich brauchbare Reglereinstellung zu finden. Eine andere Möglichkeit zur Realisierung einer konstanten Ständerflußverkettung zeigt Bild 6.2. Hier erfolgt eine feste Zuordnung von Läuferfrequenz und Ständerstrom durch einen Funktionsgenerator $I_S(\Omega_r)$. Die Stromregelung muß den vorgegebenen Stromsollwert durch Beeinflussung der Ständerspannung einhalten.

Die Bestimmung der Ständerfrequenz ω_S aus ω_r und ω über analoge Signale ist infolge der Größenunterschiede dieser beiden Frequenzen problematisch. Eine zusätzliche Läuferfrequenzregelung kann unter Umständen eine Verbesserung bringen.

6.1.1.2. Übertragungsverhalten des Spannungszwischenkreises

Der Zwischenkreis zwischen den beiden Stromrichtern besteht im allgemeinen Fall aus einem RLC-Glied (Bild 6.3) mit den Eingangsgrößen u_e und i_e sowie den Ausgangsgrößen u_a und i_a. Die beiden Stromrichter werden als verzögerungsfrei angesehen und durch die Verstärkungsfaktoren

$$V_{stN} = \frac{dU_e}{dU_N} \tag{6.1}$$

$$V_{stM} = \frac{dU_s}{dU_a} \tag{6.2}$$

bei Vernachlässigung der Pulsation gekennzeichnet. Hierbei sind dU_e und dU_a die Änderungen der Gleichspannungsmittelwerte, während dU_N und dU_S die Änderungen der Effektivwerte der Wechselspannungen darstellen. Das Gleichungssystem des RLC-Gliedes lautet:

$$u_e = i_e R_d + L_d \frac{di_e}{dt} + u_a \tag{6.3}$$

$$u_a = u_C = C \frac{di_C}{dt} \tag{6.4}$$

$$i_a = i_e - i_C. \tag{6.5}$$

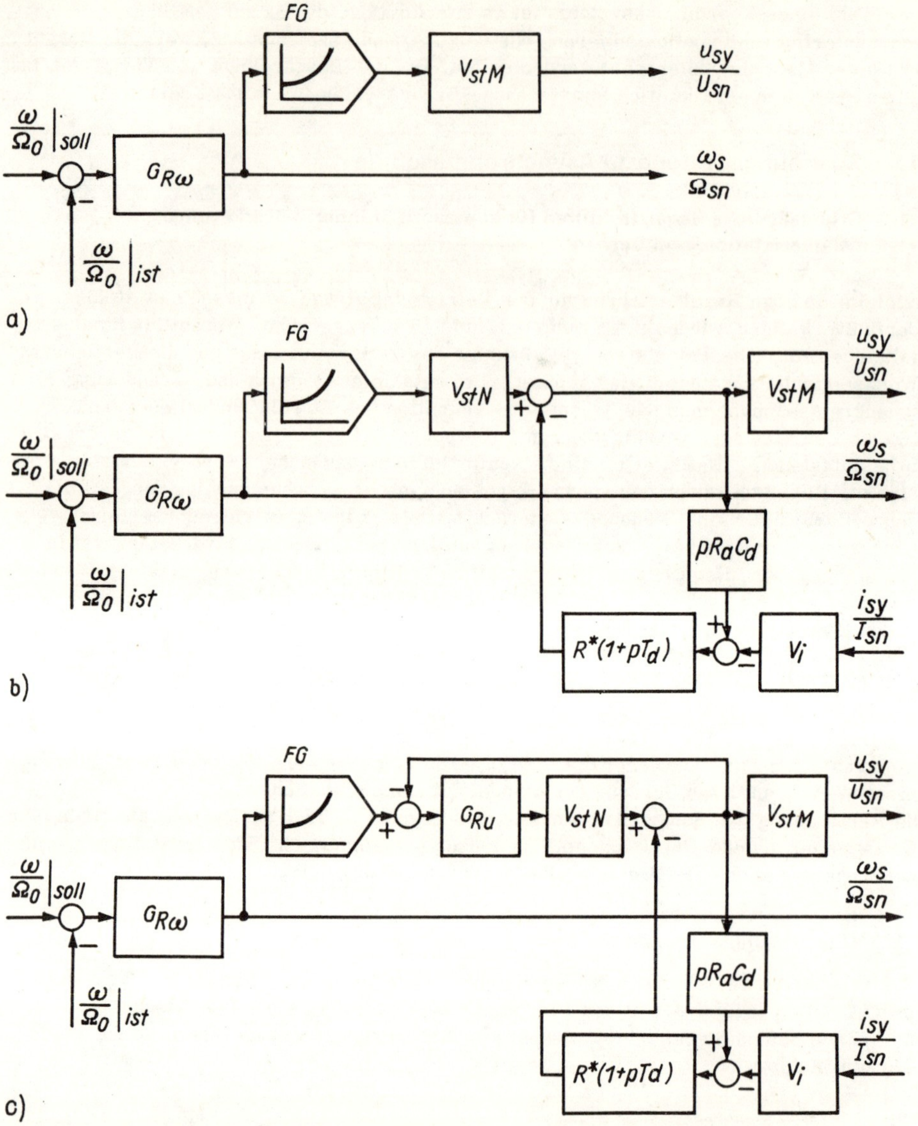

Bild 6.1. Regelstrukturen der spannungsgesteuerten Asynchronmaschine für konstante Ständerflußverkettungen im quasistationären Betrieb bei Einsatz eines

a) Pulswechselrichters mit konstanter Zwischenkreisspannung,
b) getakteten Wechselrichters mit veränderlicher Zwischenkreisspannung,
c) getakteten Wechselrichters mit veränderlicher Zwischenkreisspannung und unterlagerter Spannungsregelung.

V_{stM} Verstärkung des maschinenseitigen Stromrichters

V_{stN} Verstärkung des netzseitigen Stromrichters

FG Funktionsgenerator

$G_{R\omega}$ Übertragungsfunktion des Drehzahlreglers

G_{Ru} Übertragungsfunktion des Spannungsreglers

V_i Verstärkung des Strommeßgliedes

R^* normierter Widerstand der Zwischenkreisdrossel $R_d \, I_{an}/U_{an}$

L_d Induktivität der Zwischenkreisdrossel

C_d Kapazität des Zwischenkreiskondensators

$T_d = L_d/R_d$

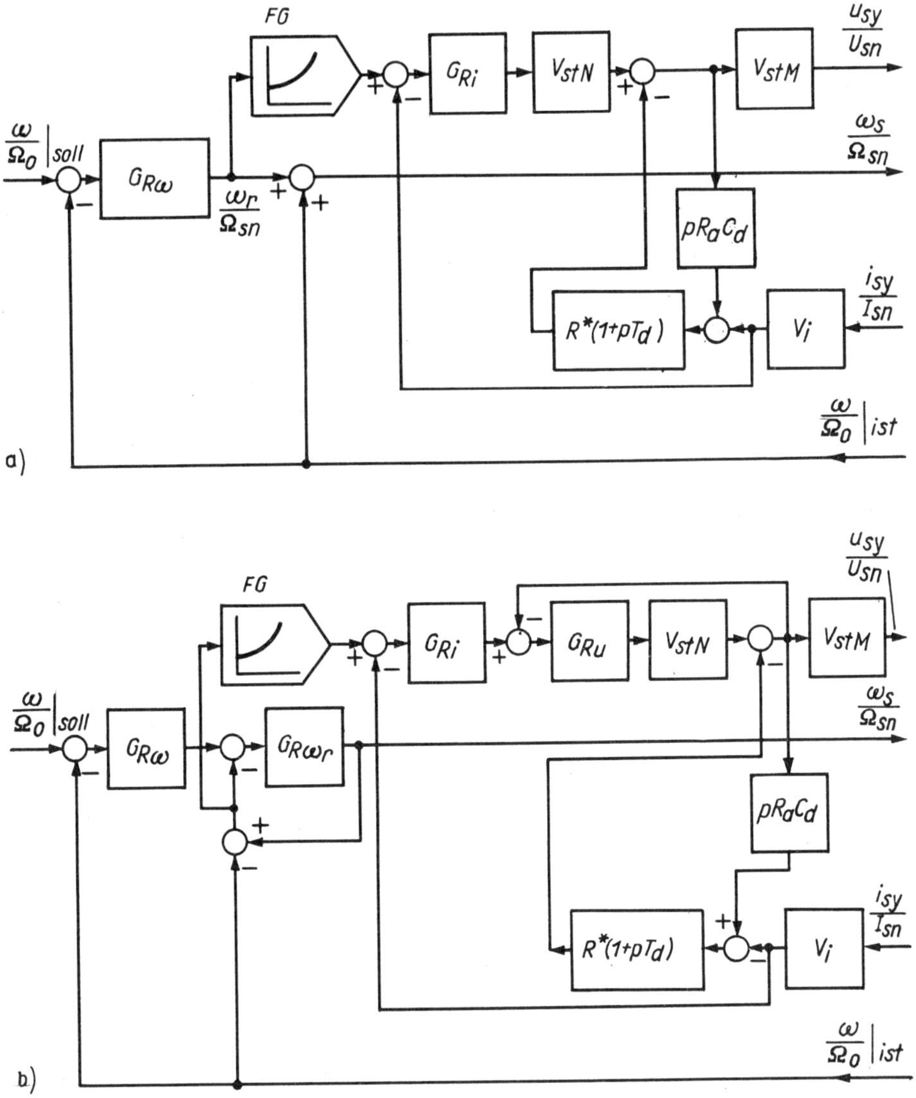

Bild 6.2. Regelstrukturen bei Einsatz eines getakteten Wechselrichters mit veränderlicher Zwischenkreisspannung für konstante Ständerflußverkettung im quasistationären Betrieb mit

a) Stromregelung; b) Stromregelung und unterlagerter Spannungsregelung

G_{Ri} Übertragungsfunktion des Stromreglers

$G_{R\omega_r}$ Übertragungsfunktion des Läuferfrequenzreglers

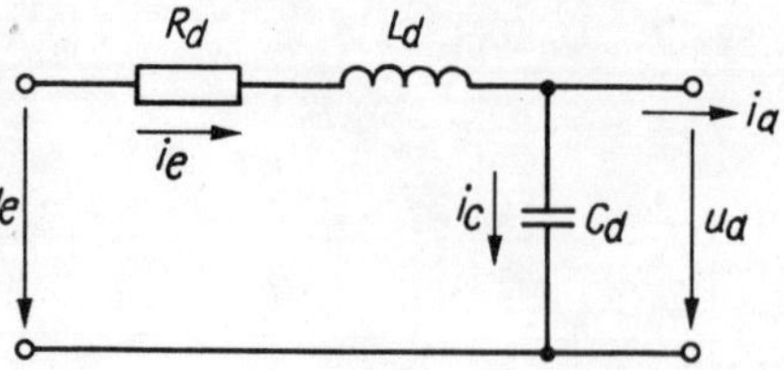

Bild 6.3
Ersatzschaltbild des Zwischenkreises

Normiert man dieses Gleichungssystem auf die Nennwerte der Motorgrößen bzw. Ausgangsgrößen des Zwischenkreises, so gilt unter Voraussetzung eines konstanten Verstärkungsfaktors V_{stM}

$$\frac{u_a}{U_{an}} = \frac{u_s}{U_{sn}} \quad \text{und} \quad \frac{i_a}{I_{an}} = \frac{i_s}{I_{sn}}.$$

Mit

$$T_d = \frac{L_d}{R_d} \tag{6.6}$$

erhält man die im Bild 6.4 gezeigten Signalflußbilder mit den Ausgangsgrößen Strom und Spannung /6.1/.

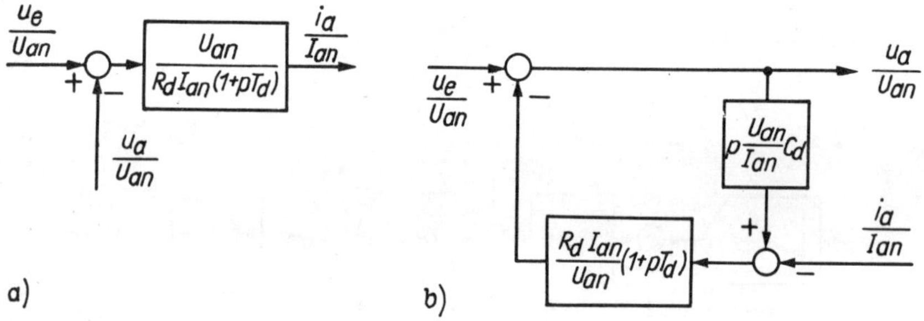

Bild 6.4. Signalflußbild des Zwischenkreises

a) Ausgangsgröße Strom; b) Ausgangsgröße Spannung

6.1.1.3. Spannungsregelung mit unterlagerter Stromregelung

Für Gruppenantriebe mit begrenztem Drehzahlstellbereich werden häufig Umrichter eingesetzt, die mit veränderlicher Zwischenkreisspannung arbeiten. Die Beeinflussung der Ständerspannung des Motors geschieht über den netzseitigen Stromrichter. Eine Drehzahlregelung erfolgt nicht. Eine entsprechende Anordnung ist im Bild 6.5 dargestellt. Bild 6.5a zeigt das Prinzipschaltbild, Bild 6.5b das Signalflußbild. Hier wird eine konstante Ständerflußverkettung im stationären Betrieb durch eine angepaßte Kennliniensteuerung $U_{soll} = f(f_{soll})$ erreicht, die bei höheren Frequenzen in eine frequenzproportionale Spannungssteuerung übergeht. Untersuchungen haben gezeigt, daß es wichtig ist, die Frequenzen des Wechselrichters unverzögert zu verstellen. Eine Verzögerung im Spannungskanal ist leichter zu beherrschen als eine Verzögerung im Frequenzkanal. Das Signalflußbild läßt den Einfluß des Zwischenkreises erkennen. Sowohl der Spannungs- als auch der Stromregler sind PI-Regler, deren Optimierung aber nicht problemlos ist. Eine Verbesserung des dynamischen Verhaltens kann durch Aufschalten einer Korrekturgröße erzielt werden. Diese Korrekturgröße ist der Spannungsabfall im Zwischenkreis.

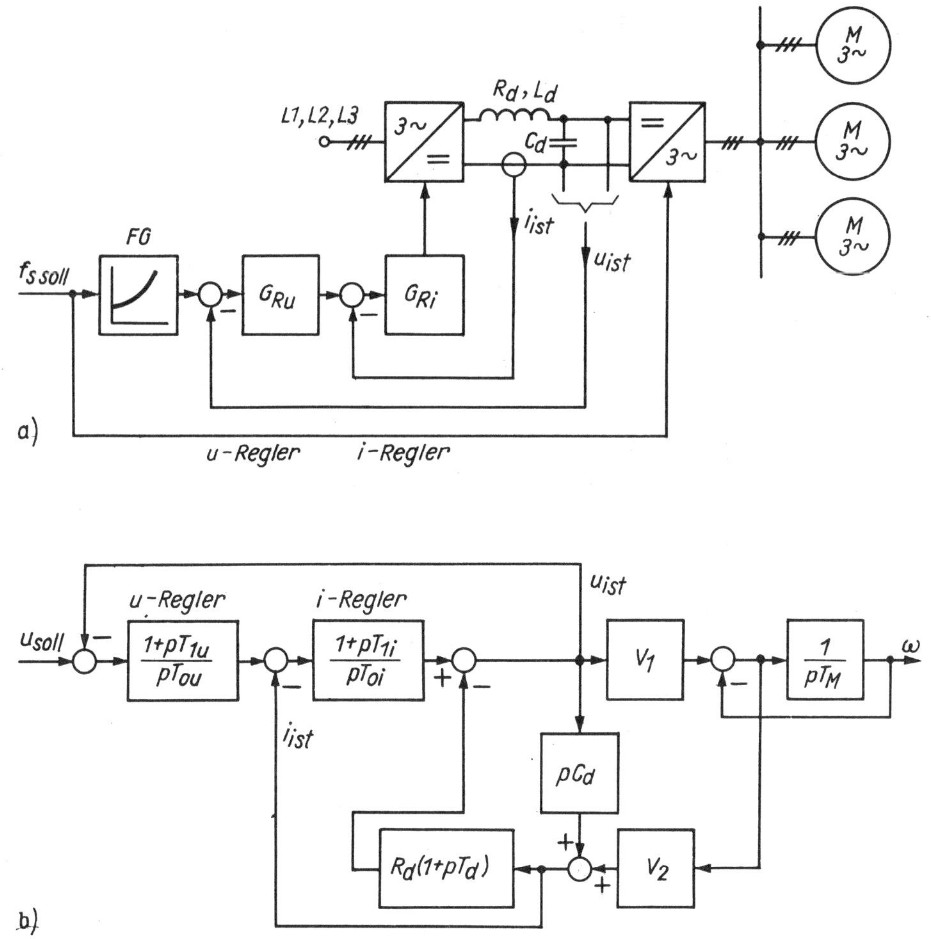

Bild 6.5. Spannungsregelung mit unterlagerter Stromregelung

a) Struktur; b) Signalflußbild

6.1.1.4. Störgrößenaufschaltung

Das Übertragungsverhalten des Zwischenkreises wurde im Abschnitt 6.1.1.2 behandelt. Das Prinzip der Störgrößenaufschaltung ist im Bild 6.6 dargestellt.

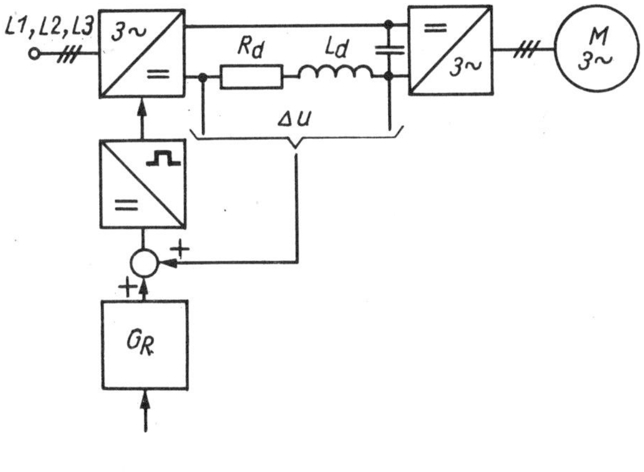

Bild 6.6. Störgrößenaufschaltung (Struktur)

Vernachlässigt man die elektrischen Ausgleichsvorgänge im Motor und betrachtet den Motorstrom und damit den Ausgangsstrom des LC-Glieds als konstant (Bild 6.3), so kann man aus Bild 6.4 ableiten:

$$\frac{u_a}{u_e} = \frac{1}{1 + pC_d R_d(1 + pT_d)}. \tag{6.7}$$

Bei einer Störgrößenaufschaltung ist die Kreisverstärkung gleich 1. Die Meßgröße entsteht als

$$\Delta u = u_e - u_a \tag{6.8}$$

über der Reihenschaltung R_d und L_d. Sie muß ausreichen, um das Steuergerät des netzseitigen Stromrichters zu beeinflussen. Ist dieses Signal zu gering, wird ein zusätzlicher Verstärker mit der Verstärkung V notwendig (Bild 6.7). Die Gesamtübertragungsfunktion wird

$$\frac{u_a}{u_e} = \frac{V_{stN}}{1 + pC_d R_d(1 + pT_d)(1 - VV_{stN})}. \tag{6.9}$$

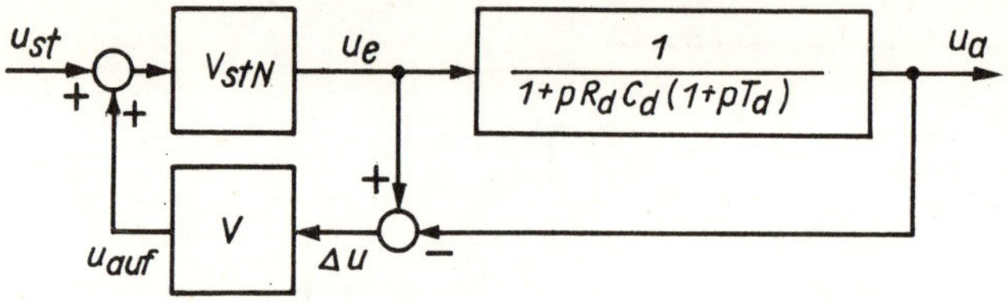

Bild 6.7. Signalflußbild der Störgrößenaufschaltung mit zusätzlicher Verstärkung V

Da die Störgrößenaufschaltung auch bei niedrigen Wechselrichterausgangsfrequenzen wirksam sein soll, darf die Resonanzfrequenz des LC-Gliedes $\omega_0 = 100\ s^{-1}$ nicht überschreiten. Das ist für Antriebe bis zu einer Nennleistung von etwa 15 kW durchaus realisierbar. Aus diesen Gründen eignet sich die Störgrößenaufschaltung nur für folgende Anwendungsfälle:

- Steuerung von Mehrmotorenantrieben ohne Spannungs- und Stromregelung (nur Führungsgrößenänderung)
- Antriebe mit konstanter Belastung, die einen überlagerten Stromregelkreis besitzen
- spannungsgeregelte Antriebe.

Theoretisch kann der Einfluß des Zwischenkreises vollständig beseitigt werden ($VV_{stN} = 1$), so daß bei der Bemessung überlagerter Regelkreise nur noch die Stromübertragungsfunktion des Zwischenkreises berücksichtigt werden muß.

6.1.2. Drehzahlregelung mit unterlagerter Stromregelung

Die durch (3.18) und (3.19) formulierten Steuergesetze garantieren den Betrieb mit konstanter Ständerflußverkettung. Wird aber auf eine derartige Konstanz während des dynamischen Betriebs verzichtet, ergeben sich, solange $R_s = 0$ und $\omega_r L_r' \ll R_r'$ gültig ist, d. h. bei Betrieb in der Nähe des Synchronismus mit geringen Belastungen und Drehzahländerungen, besonders einfache Verhältnisse:

$$u_{sx} = 0$$

$$u_{sy} = \omega_s \Psi_{sx} \tag{6.10}$$

oder

$$\frac{u_{sy}}{\omega_s} = \text{konst.} \tag{6.11}$$

Gleichung (6.11) gibt die bekannte Tatsache wieder, daß bei Änderung der Frequenz der Ständerspannung des Motors auch die Amplitude proportional geändert werden muß. Diese Näherung ist in einem relativ weiten Bereich gültig. Bei sehr kleinen Frequenzen ($\Omega_S \to 0$), wie sie bei Reversierantrieben auftreten, ist diese Näherung nicht mehr gültig. Es muß in diesem Fall durch geeignete Maßnahmen garantiert werden, daß (3.19) erfüllt wird. Lösungsvorschläge sind in /3.8/ /3.10/ und /3.4/ enthalten. Alle hochwertigen Lösungen gehen heute jedoch von einem Pulswechselrichter aus, der eine verzögerungsfreie Verstellung der Ständerspannung gestattet. Lediglich Antriebe mit begrenztem Stellbereich (z. B. Gruppenantriebe) werden mit veränderlicher Spannung im Zwischenkreis betrieben. Bild 6.8 zeigt die Drehzahlregelung mit unterlagerter Stromregelung einer spannungsgespeisten Asynchronmaschine. Das Signalflußbild ist im Bild 6.8b dargestellt.

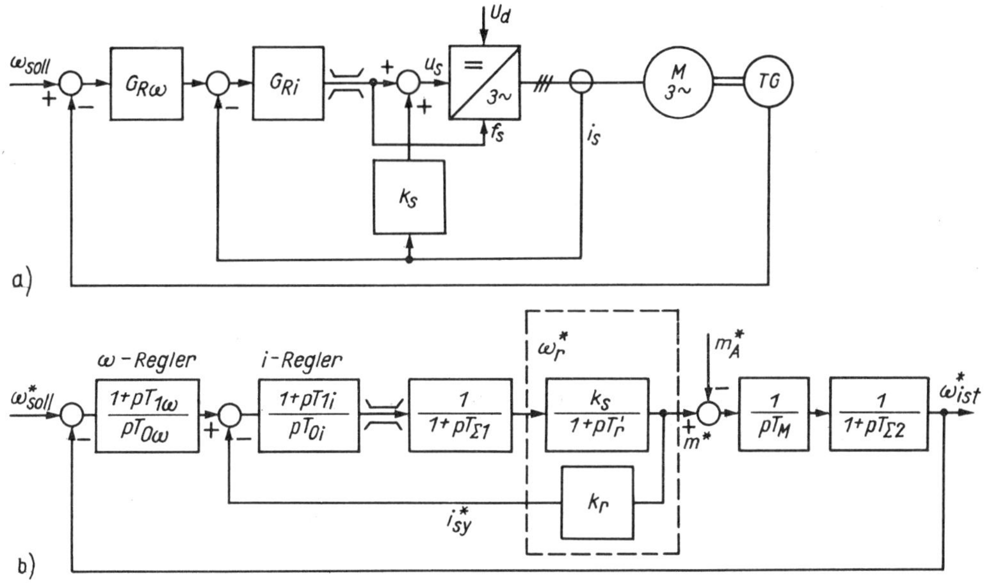

Bild 6.8. Drehzahlregelung mit unterlagerter Stromregelung

a) Struktur; b) Signalflußbild

Man erkennt eine weitgehende Übereinstimmung mit der Regelstruktur eines Gleichstromantriebs. Das Signalflußbild enthält normierte (durch * gekennzeichnete) Signale. Der eingerahmte Teil ist mit dem im Bild 3.4 gezeigten Signalflußbild identisch. Aus der Differenz zwischen Motormoment m^* und dem Widerstandsmoment m^*_A erhält man über die Bewegungsgleichung (1.8) die mechanische Winkelgeschwindigkeit des Antriebs, wobei $T_M = J\,\Omega_S/M_{St}$ die mechanische Zeitkonstante des Systems ist.

Die Schlupffrequenz wird bei dieser Methode nur indirekt durch den Strom festgelegt. Wichtig ist, daß die stromabhängige Komponente der Ständerspannung u_{sy} (3.19) unverzögert über k_s an der Regelstrecke angreift. Die Reglerzeitkonstanten sind auf der Grundlage des Betragsoptimums wie folgt zu wählen:

$$T_{1i} = T'_r$$

$$\frac{T_{0i}}{V_i} = 2\,T_{\Sigma 1} \qquad (6.12)$$

$$T_{1\omega} = T_M$$

$$\frac{T_{0\omega}}{V_\omega} = 2(2\,T_{\Sigma 1} + T_{\Sigma 2}), \tag{6.13}$$

wobei die Summen der kleinen, nicht kompensierbaren Zeitkonstanten des Strom- und des Drehzahlregelkreises in $T_{\Sigma 1}$ und $T_{\Sigma 2}$ zusammengefaßt werden. Die Anregelzeit für die Drehzahl ist

$$T_\alpha \approx 5(2\,T_{\Sigma 1} + T_{\Sigma 2}), \tag{6.14}$$

d. h., die Anregelzeit ist stets größer als 10 $T_{\Sigma 1}$.

6.1.3. Stromgesteuerte Asynchronmaschine

6.1.3.1. Möglichkeiten zur Stromeinprägung

Die stromgespeiste Asynchronmaschine ist vorzugsweise für den Betrieb mit konstanter Läuferflußverkettung geeignet. Für diesen Betriebsfall wurde ebenfalls im Abschnitt 3 das Signalflußbild aufgestellt (Bild 3.6). Die Verkopplungen im Läufer bleiben unwirksam, wenn sich die Signale an den Summationsstellen 1 bis 4 zu Null ergänzen. Daraus ergibt sich das Steuergesetz, das konstante Läuferflußverkettung auch im nichtstationären Betrieb gewährleistet [Gln. (3.46) und (3.47)], wonach über die Komponente i_{sy} ein direkter Eingriff in das von der Maschine entwickelte Drehmoment möglich wird. Dieser Sachverhalt ist im Signalflußbild des Bildes 3.7 dargestellt. Für die Stromeinprägung gibt es folgende Möglichkeiten:

- Verwendung eines Spannungswechselrichters mit Regelung des Zwischenkreisstroms (quasistationärer Betrieb)
- Verwendung eines Spannungswechselrichters mit Regelung der Strangströme (Wechselrichter mit hoher Pulsfrequenz, Transistorwechselrichter)
- Verwendung eines Spannungswechselrichters mit zweiachsiger Stromregelung (Wechselrichter mit begrenzter Pulsfrequenz, Thyristorwechselrichter)
- Verwendung eines Stromwechselrichters.

6.1.3.2. Stromeinprägung durch Spannungswechselrichter

- Quasistationäre Regelung des Zwischenkreisstroms

Die Regelung des Zwischenkreisstroms wird vor allem bei solchen Wechselrichtern bzw. Umrichtern angewendet, die eine unmittelbare Beeinflussung des Zwischenkreisstroms gestatten, d. h. für getaktete Wechselrichter mit steuerbarem netzseitigem Stromrichter. Durch eine entsprechende Sollwertvorgabe für den Zwischenkreisstrom kann man erreichen, daß dem Motor der Ständerstrom eingeprägt wird, wie das im Bild 6.9 wiedergegeben ist. Durch einen Funktionsgenerator FG ist der Zusammenhang $I_d = f(\Omega_r)$ festgelegt, der natürlich nur für den stationären Betrieb gilt. Bild 6.9 zeigt ferner, daß der im Abschnitt 5 beschriebene universelle Ansteuerautomat zusammen mit dieser Regelung betrieben werden kann. Damit ist auch die Regelung des Zwischenkreisstroms eines Pulswechselrichters möglich. Insgesamt ist diese Variante Antrieben mit geringen dynamischen Anforderungen vorbehalten. Stationär ist in Abhängigkeit vom Arbeitspunkt der Zwischenkreisstrom I_d wie folgt vorzugeben, wenn die Läuferflußverkettung etwa ihrem Nennwert entsprechen soll:

$$I_d = \frac{3}{2}\,\frac{I_\mu^2}{U_d}\left[R_s(1 + \Omega_r T_r)^2 + \frac{\Omega_s\,\Omega_r\,L_m^2\,T_r}{L_r}\right], \tag{6.15}$$

wobei I_μ der Magnetisierungsstrom der Maschine ist. Bei kleinen Abweichungen vom Arbeitspunkt ergeben sich bereits komplizierte Zusammenhänge, da der Zwischenkreisstrom sowohl von ω_s als auch von ω_r abhängt. So gilt am Nennpunkt näherungsweise

$$i_d = k_1 \Omega_{rn}(1 + pT_r)\,\omega_r + k_2 \Omega_{sn}\,\omega_r, \tag{6.16}$$

wenn vorausgesetzt wird, daß $\omega_s = \omega_r$ ist. k_1 und k_2 sind Koeffizienten, die für die jeweilige Maschine bestimmt werden müssen.

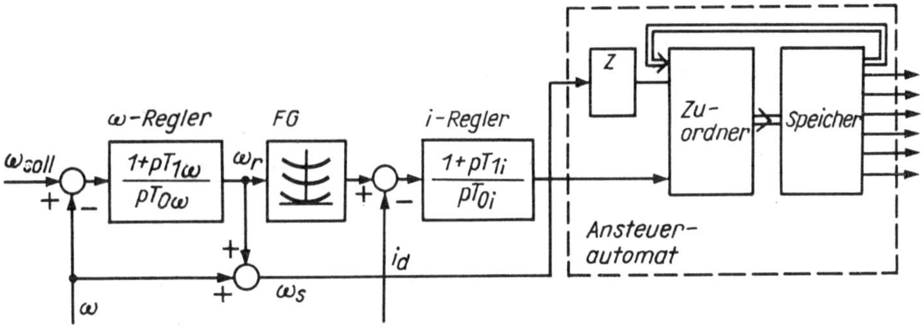

Bild 6.9. Regelung des Zwischenkreisstroms

Aus (6.15) lassen sich die Kennlinien des Funktionsgenerators bestimmen:

$$I_d = a + b\,\Omega_s\,\Omega_r, \tag{6.17}$$

mit

$$a = \frac{3}{2}\,\frac{I_\mu^2\,R_s}{U_d}$$

$$b = \frac{3}{2}\,\frac{I_\mu^2\,L_m^2\,T_r}{L_r}. \tag{6.18}$$

Gleichung (6.17) gilt für $(\Omega_r\,T_r)^2 \ll 1$. Die sich aus (6.17) ergebenden Steuerkennlinien sind qualitativ im Bild 6.10 dargestellt.

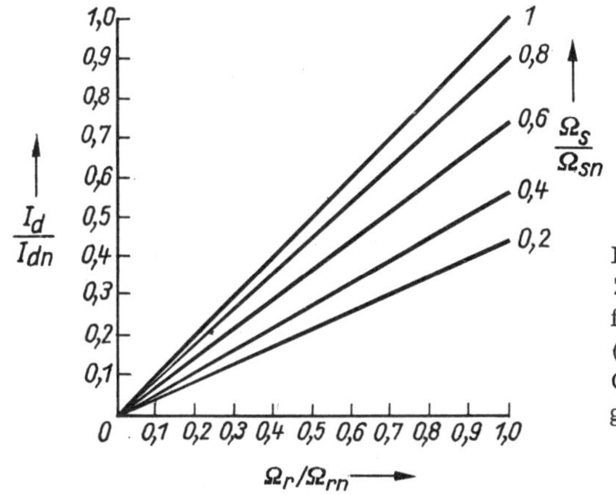

Bild 6.10. Stationäre Abhängigkeit des Zwischenkreisstroms von der Läuferfrequenz (Parameter: Ausgangsfrequenz) als Grundlage für den Entwurf des Funktionsgenerators (Bild 6.11b)

Die Regeleinrichtung (Bild 6.11) enthält nach (6.16) als Stromregler einen PD-Regler, dessen Führungsgröße durch einen speziellen Sollwertbildner (Bild 6.11b) ermittelt wird.

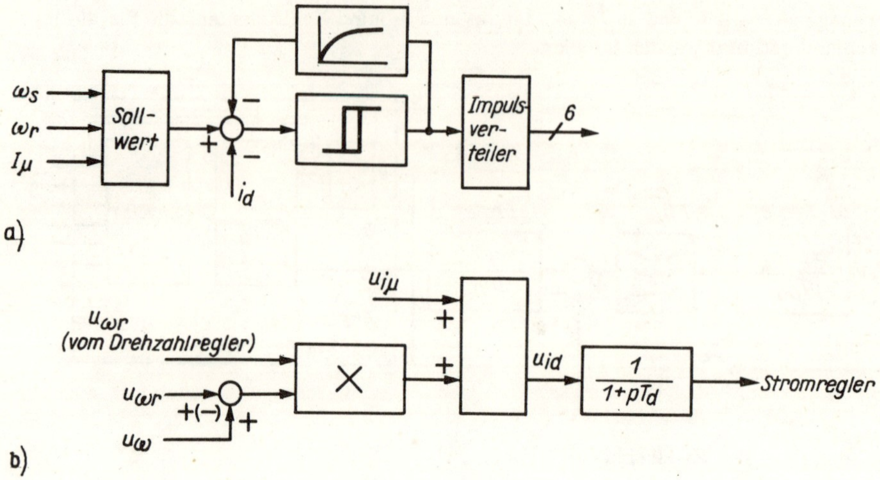

Bild 6.11. Regeleinrichtung zur Zwischenkreisstromregelung

a) Struktur; b) Sollwertbildung

- Regelung der Strangströme

Dieses Verfahren (Bild 6.12) setzt einen Pulswechselrichter voraus, der die getrennte Regelung der drei Strangströme gestattet.

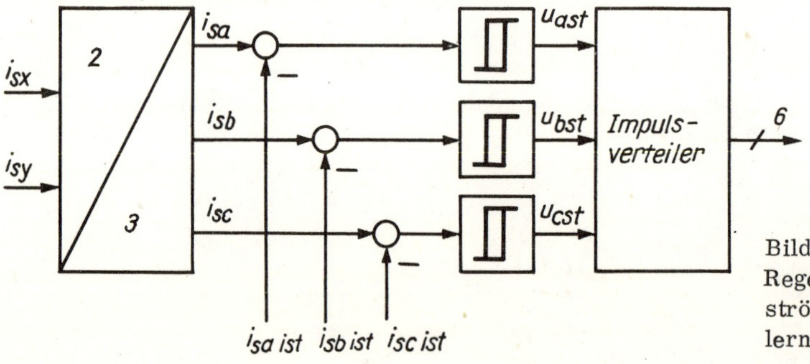

Bild 6.12
Regelung der Strangströme mit Zweipunktreglern

Besonders bei Wechselrichtern mit hoher Pulsfrequenz (Transistorwechselrichter) können durch eine Zweipunktregelung in jedem Strang dem Motor die drei Strangströme aufgeprägt werden. Die Stromsollwerte müssen durch eine spezielle Schaltung (Sollwertquelle) als sinusförmige Größen bereitgestellt werden. Die Eingangssignale für diese Sollwertquelle, die gleichzeitig ein Koordinatenwandler ist, werden zweckmäßig im feldorientierten Koordinatensystem (vgl. Abschn. 1.5) vorgegeben. Von dieser Lösung wird zum Beispiel beim Unterschwingungsverfahren Gebrauch gemacht /6.2/.

Für Wechselrichter mit niedriger Pulsfrequenz (Thyristorwechselrichter) können Zweipunktregler wegen der dann auftretenden zu großen Schwankungsbreite des Stroms nicht eingesetzt werden. Als Stromregler kommen P- oder PI-Regler in Betracht (Bild 6.13).

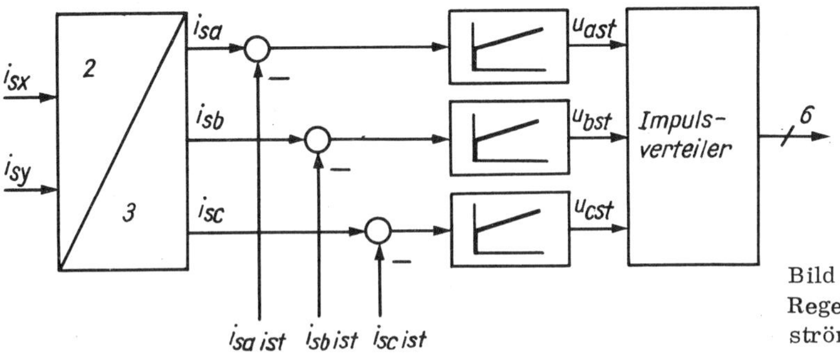

Bild 6.13
Regelung der Strangströme mit PI-Reglern

Die Lösung ist aber problematisch, da bei Verwendung von betragsoptimal eingestellten PI-Reglern

- relativ große statische Fehler auftreten, da die Verstärkung infolge der Verkopplung der drei Stränge gering bleiben muß,
- die Steuergesetze im dynamischen Betrieb nicht eingehalten werden können.

Zusammenfassend muß festgehalten werden, daß die dreisträngige Stromregelung nur bei der Anwendung von Zweipunktreglern sinnvoll ist. Die Stromregler verarbeiten Wechselgrößen, was zu einem Geschwindigkeitsfehler führt, weil die Regler sich ständig im dynamischen Betrieb befinden /6.6/.

- Zweiachsige Stromregelung in Feldkoordinaten

Der Vorteil dieser Methode besteht darin, daß die Regelalgorithmen im feldorientierten Koordinatensystem abgearbeitet werden können, d. h., die Soll- und Istwerte treten als Gleichgrößen auf. Da die Ausgangsgrößen der Regelung die Ansteuersignale für den Wechselrichter bestimmen, müssen diese Signale ständerorientiert, d. h. im räumlich festen α, β-Koordinatensystem zeitlich veränderliche Größen (Wechselgrößen) sein. Bei zweiachsigen Regelungen ist deshalb im allgemeinen eine zweiachsige Koordinatenwandlung erforderlich: Umwandlung der drei Stranggrößen (Istwerte) in x, y-Koordinaten und Umwandlung der x, y-Größen in dreisträngige. Dabei ist es gleichgültig, ob die Signalverarbeitung im x, y-Koordinatensystem mit kartesischen oder mit Polarkoordinaten erfolgt (Bild 6.14).

Die zweiachsige Stromkomponentenregelung (Bild 6.14a) ist durch folgende Merkmale gekennzeichnet:

- Die Regler arbeiten im Bereich der Feldkoordinaten und regeln den Stromvektor in kartesischen Koordinaten.
- Die Regler sind linear und können nach dem Prinzip der Mehrgrößenregelung (ggf. auch schrittoptimal) ausgelegt werden /6.4/.
- Als Stellglied kommt ein Thyristorwechselrichter in Frage.

Dagegen ist die zweiachsige Strombetrags- und -phasenregelung /6.5/ durch folgende Merkmale gekennzeichnet:

- Die Regler sind auf das Feldkoordinatensystem orientiert und regeln den Stromvektor in Polarkoordinaten.
- Es werden getrennte Regler für Betrag und Phase benötigt, wobei die Entkopplung meist nichtlinear ist.
- Das Stellglied ist ein Thyristorwechselrichter.

Die dreisträngige Stromregelung mit Zweipunktverhalten, die zweiachsige Stromkomponentenregelung und die zweiachsige Strombetrags- und Phasenregelung müssen gegenwärtig als die Standardregelstrukturen frequenzgesteuerter Asynchronmotoren betrachtet werden. Die dreisträngige lineare Regelung, die Strombetragsregelung sowie die zwei- oder einsträngige Zweipunktstromregelung stellen vereinfachte Varianten der Standardstrukturen dar. Nur mit diesen Standardstrukturen lassen sich optimale Verhältnisse erreichen.

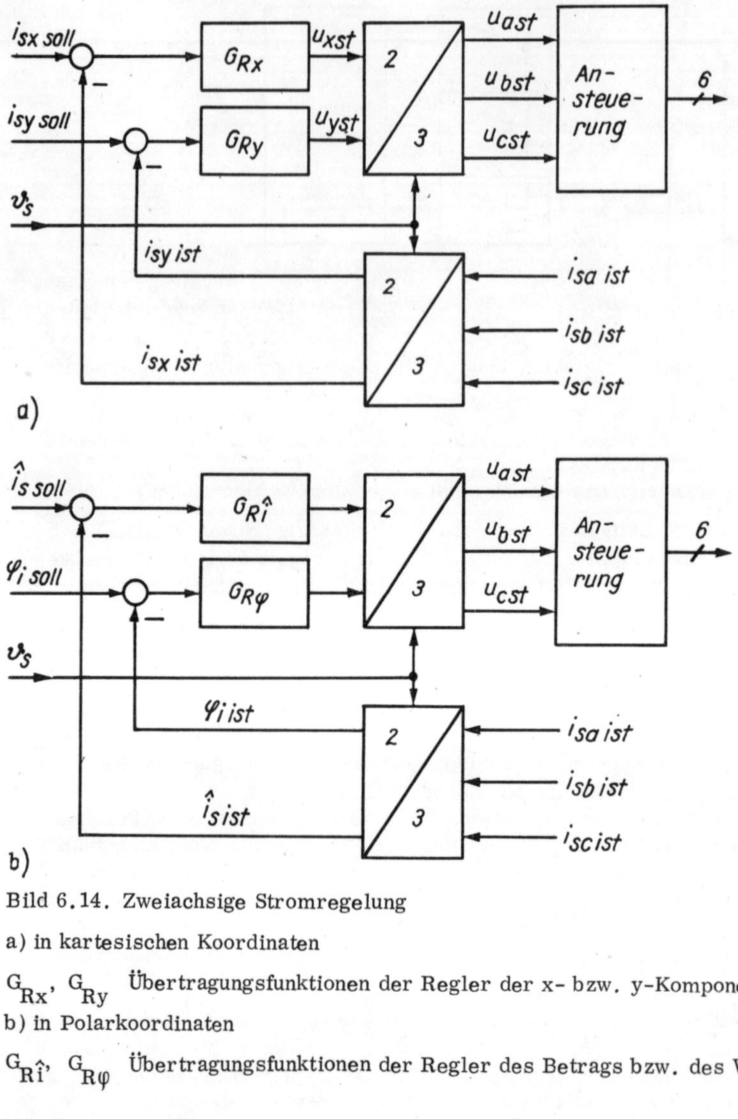

Bild 6.14. Zweiachsige Stromregelung

a) in kartesischen Koordinaten

G_{Rx}, G_{Ry} Übertragungsfunktionen der Regler der x- bzw. y-Komponenten

b) in Polarkoordinaten

$G_{R\hat{i}}$, $G_{R\varphi}$ Übertragungsfunktionen der Regler des Betrags bzw. des Winkels

6.1.3.3. Stromeinprägung durch Stromwechselrichter

- Drehzahlregelung

Die im Bild 6.15 gezeigte Variante /6.7/ weist einen Drehzahlregelkreis auf. Der Ausgang des Drehzahlreglers liefert die Sollwerte für das Drehmoment (Strom I_s) und für die Läuferfrequenz Ω_r. Der Funktionsgenerator bildet das stationäre Steuergesetz

$$\left| I_s \right| = \sqrt{I_{sx}^2 + I_{sy}^2}, \tag{6.19}$$

wobei I_{sx} und I_{sy} entsprechend (3.61) und (3.62) eingesetzt werden können. Der Stromregelkreis gewährleistet, daß sich der Betrag des Stromes I_s entsprechend $\Omega_{r\ soll}$ einstellt. Da durch diese Steuerung die Läuferflußverkettung zumindest im stationären Betrieb konstant bleibt, wird das Drehmoment des Motors direkt durch die Stromkomponente I_{sy} (3.65) gebildet. Der Strom folgt einer Änderung von ω_r angenähert mit der Zeitkonstante T_d (6.6). Außerdem kann angenommen werden, daß zwischen Soll- und Istwert der Läuferfrequenz ω_r

keine Verzögerung auftritt. Damit wird auch das Drehmoment verzögerungsfrei verstellt, so daß der im Bild 6.15 b gezeigte Signalflußplan gilt. Man erkennt Ähnlichkeiten zum spannungsgesteuerten Gleichstrommotor.

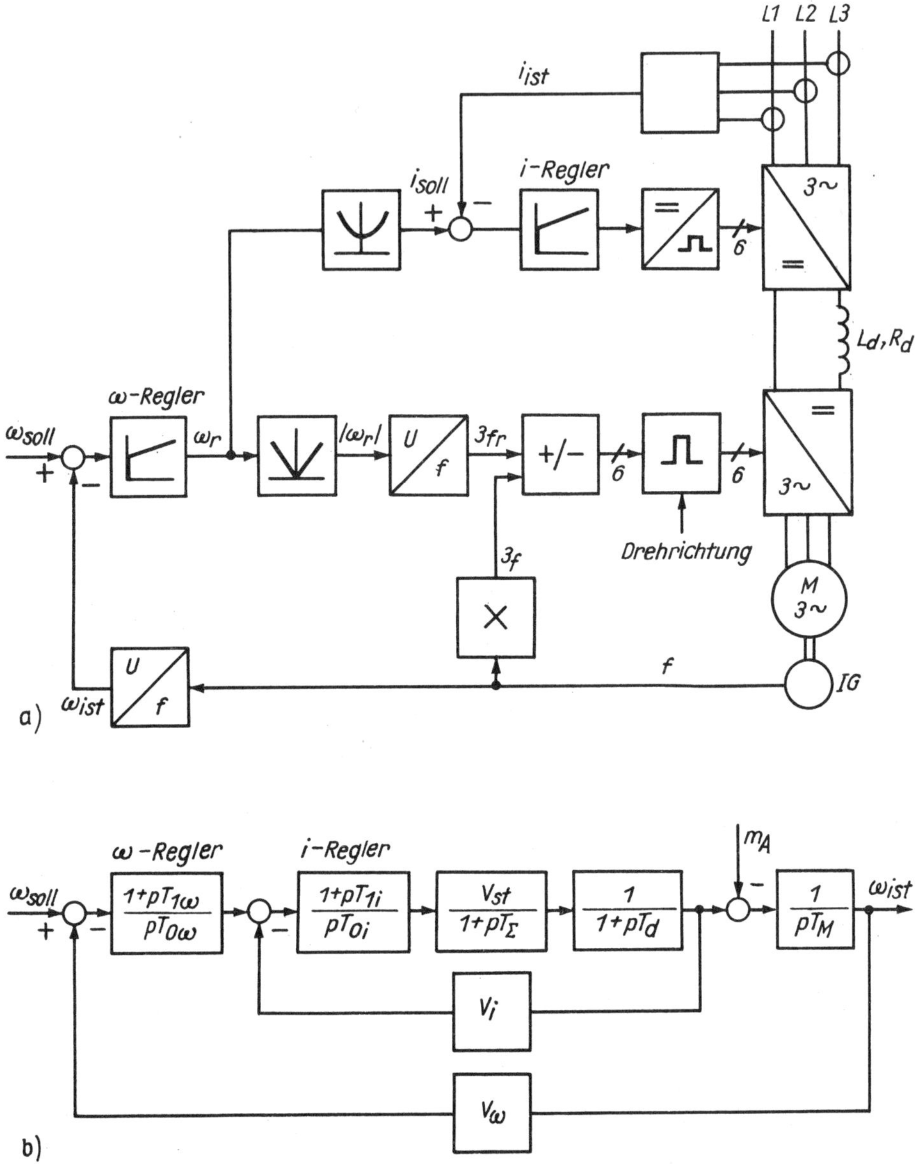

Bild 6.15. Drehzahlregelung mit Stromwechselrichter

a) Struktur; b) Signalflußbild

$T_Σ$ Summe der nichtkompensierten kleinen Zeitkonstanten

V_i, $V_ω$ Verstärkungen der Strom- bzw. Drehzahlmeßeinrichtung

• Spannungsregelung

Bei dieser Regelstruktur entfällt ein gesondertes Drehzahlmeßglied (Bild 6.16) /6.7/.

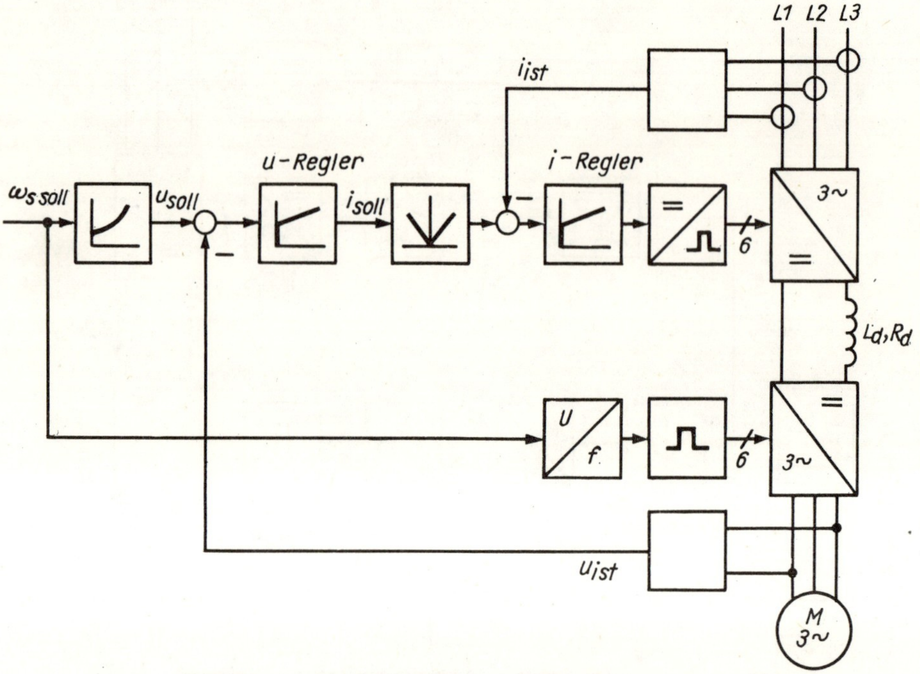

Bild 6.16. Stromwechselrichterantrieb mit Spannungsregelung

Dem Stromregelkreis ist hier ein Spannungsregelkreis überlagert. Der Ständerstrom wird den Erfordernissen der Ständerspannung entsprechend ausgeregelt. Damit wird aber aus der stromgespeisten Asynchronmaschine eine spannungsgespeiste. Der Funktionsgenerator bildet den Zusammenhang $U_S = f(\Omega_S)$, was zu konstanter Ständerflußverkettung im stationären Betrieb führt. Infolge des Spannungsabfalls über dem ohmschen Ständerwiderstand ist diese Konstanz bei veränderlicher Last nicht gegeben, und es müssen Maßnahmen zur Kompensation dieses Spannungsabfalls getroffen werden (z. B. durch Einsatz eines Lastrechners, /6.8/). Die Vorgabe von f_S erfolgt unverzögert; dagegen kann die Ständerspannung Führungsgrößenänderungen nur verzögert folgen, was bei großen Signaländerungen zum Kippen der Maschine führen kann. Ähnliche Erscheinungen treten beim Ansprechen der Strombegrenzung auf. Da der Drehzahlsollwert unmittelbar die Ständerfrequenz bildet, kann der Einfluß des Schlupfes nicht kompensiert werden.

• Lastregelung

Auch hier wird auf eine Drehzahlregelung verzichtet (Bild 6.17). Dafür wird die Ständerfrequenz geregelt. Es ergibt sich wieder eine lastabhängige Drehzahlabweichung. Infolge des Funktionsgenerators $I_S = f(\Omega_r)$ liegt eine Stromsteuerung vor. In der Funktionseinheit 6 wird aus den Istwerten der Ständerspannung und des Ständerstroms die Läuferfrequenz berechnet. Dieses Signal wird vom Ausgangssignal des Ω_S-Reglers subtrahiert und die Differenz dem Lastregler als Eingangsgröße zugeführt, der sein Ausgangssignal so lange vergrößert, bis die Regelabweichung vor Block 3 Null ist. Das ist der Fall, wenn $\omega_{r\,ist}$ und das Ausgangssignal von Block 2 ($\omega_{r\,soll}$) gleich sind. Bei großen Sollwertsprüngen können auch bei dieser Variante große Läuferfrequenzwerte auftreten, die nur durch einen zusätzlichen Hochlaufregler zu vermeiden sind (Einschränkung der Dynamik).

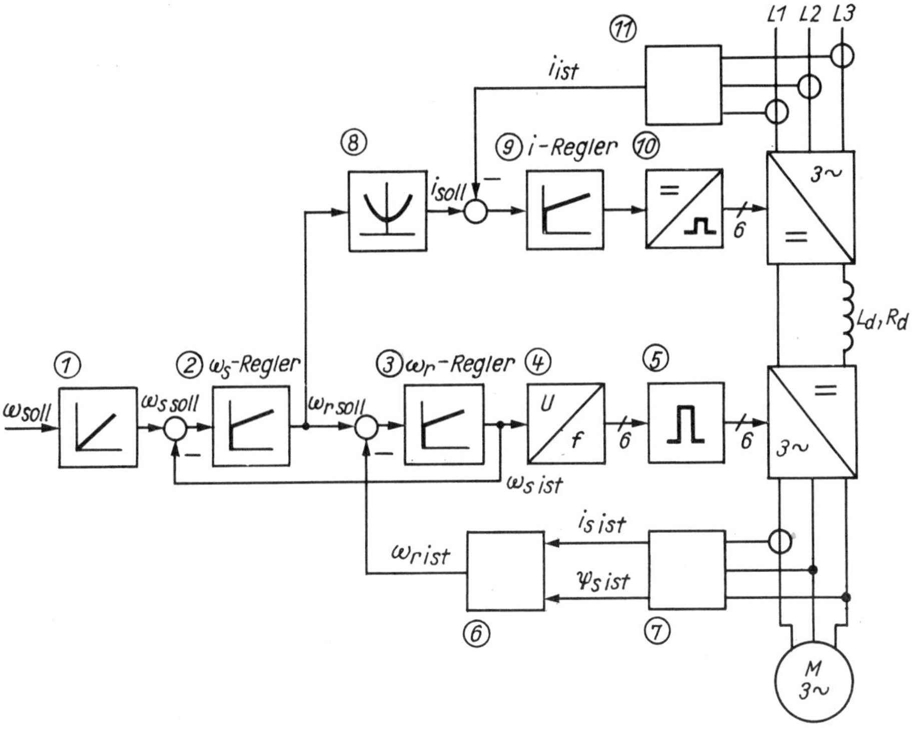

Bild 6.17. Stromwechselrichterantrieb mit sogenannter Lastregelung

- Flußregelung

Das Blockschaltbild (Bild 6.18) zeigt eine Drehzahlregelung mit unterlagerter Flußregelung /6.9/. Die direkte Flußregelung erzwingt eine konstante Ständerflußverkettung, wobei die Ermittlung des Flußistwerts erfolgen kann durch

- Messung des Luftspaltfeldes mittels Hallsonden,
- Berechnung aus den Augenblickswerten von u_s und i_s entsprechend (2.7) (Maschinenmodell, /6.39/).

Der Ständerstrom wird so über den Zwischenkreisstrom geregelt, daß die Ständerflußverkettung konstant bleibt. Der Drehzahlregelung ist eine Schlupfregelung unterlagert. Damit kann aber durch Begrenzung der Ausgangsspannung des Drehzahlreglers der Maximalwert des Schlupfes vorgegeben werden. Zur Entkopplung des netzseitigen und des maschinenseitigen Stromrichters wird ein LCL-Glied eingesetzt. Die Spannung über dem Zwischenkreiskondensator kann als Korrekturgröße dem Stromreglerausgang aufgeschaltet werden, wodurch das dynamische Verhalten wesentlich verbessert wird.

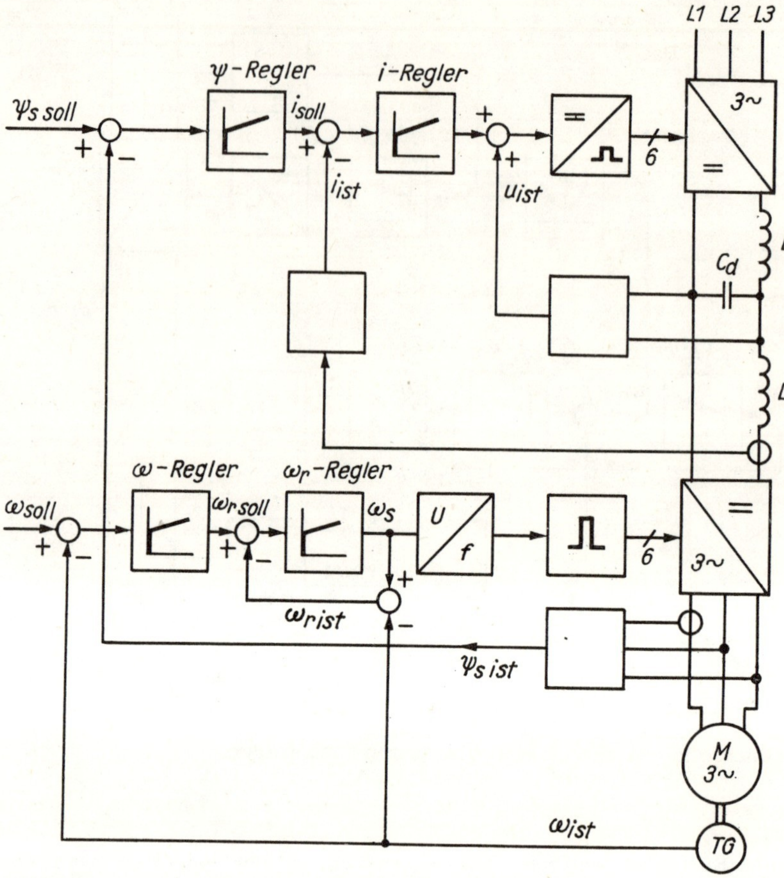

Bild 6.18. Stromwechselrichterantrieb mit Flußregelung

- Drehzahl-Spannungs-Regelung

Die Spannungsregelung (Bild 6.19) bewirkt wieder eine Einprägung der Ständerspannung, wodurch stationär konstante Ständerflußverkettung erzielt wird /6.10/. Durch den Funktionsbildner FG wird ein der Ständerflußverkettung entsprechendes Spannungssignal erzeugt. Der Einfluß der Belastung wird in gewissem Umfang durch die Nachbildung des Spannungsabfalls über R_s erfaßt. Die Differenz zwischen dem Drehzahl-Istwert und dem Ausgangssignal des Funktionsgenerators ist die Eingangsgröße des Flußreglers, der die Schlupffrequenz vorgibt.

- Momentwinkelregelung

Bei Wahl eines feldorientierten Koordinatensystems sind der Stromvektor $\vec{i}_s$ und der Läuferflußvektor $\vec{\Psi}_r$ um den Winkel δ versetzt /2.2/. Die momentbildende Komponente ist nach (2.21)

$$i_{sy} = \left| \vec{i}_s \right| \sin \delta \, . \tag{6.20}$$

Die Regelung benötigt keine Flußmeßeinrichtung, sondern bildet aus dem Integral der Ständerspannung einen fiktiven Fluß

$$\vec{\Psi} = \int \vec{u}_s \, dt. \tag{6.21}$$

Dieser fiktive Flußvektor ist gegenüber dem Ständerstrom $\vec{i}_s$ um den Winkel α verschoben. Um den wirklichen Momentwinkel δ zu erhalten, ist eine Korrektur dieses Winkels um den Betrag $\Delta\alpha$ erforderlich. Das Blockschaltbild der Regelung ist im Bild 6.20 /6.40/ dargestellt. Der Strom wird über den Stromregler i geregelt, dessen Istwert durch ein Meßglied auf der Drehstromseite des Netzstromrichters gemessen wird. Der Sollwert I_{soll} wird über einen Funktionsgenerator FG aus der Führungsgröße für das Moment m abgeleitet. Die Ansteuerung des maschinenseitigen Stromrichters ist mit der Bildung des Ständerspannungsintegrals synchronisiert. Der Winkel α wird aus den Anteilen α_0 und $\alpha_{ü}$ gebildet. Die Frequenz ω_s stellt sich selbständig in Abhängigkeit vom Drehzahlsollwert ein. Die Drehzahlvorgabe und die Bildung von α_0 und $\Delta\alpha$ wurden nicht mit dargestellt.

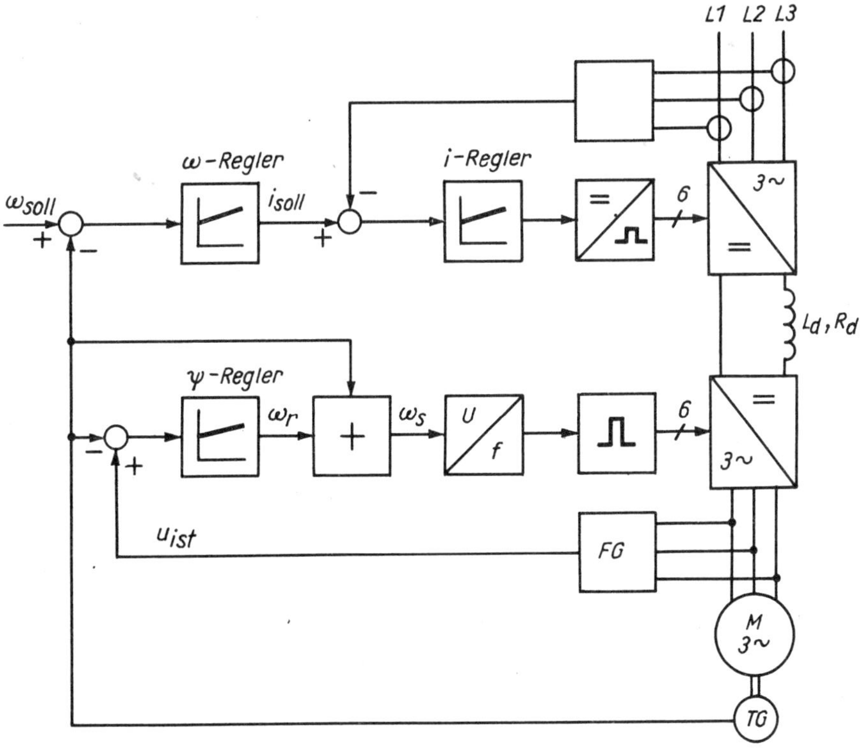

Bild 6.19. Stromwechselrichterantrieb mit Drehzahl-Spannungsregelung und unterlagerter Stromregelung

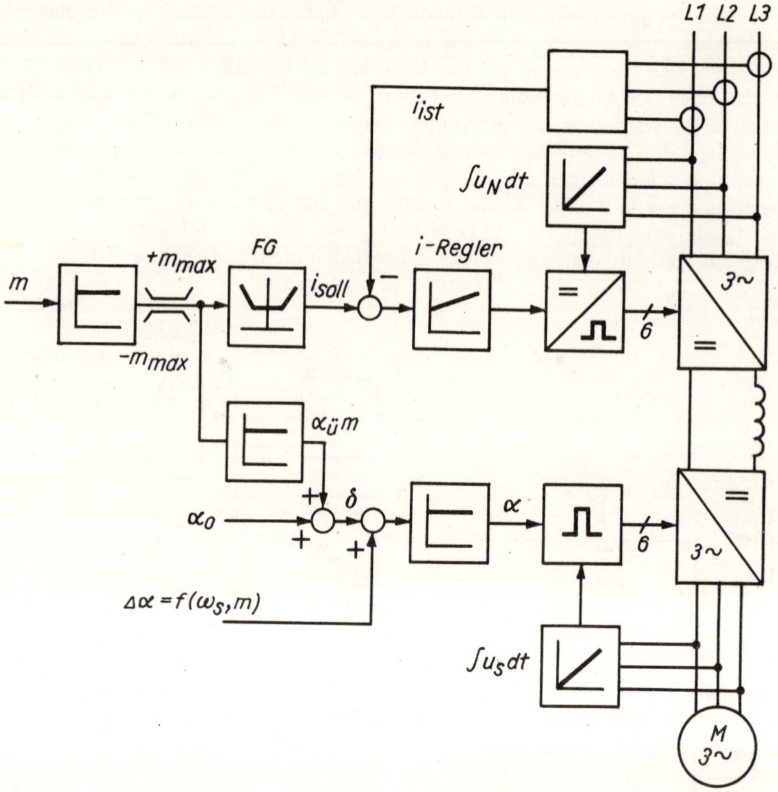

Bild 6.20. Stromwechselrichterantrieb mit sogenannter Momentwinkelregelung

6.1.4. Feldorientierte Regelung

6.1.4.1. Prinzip

Alle vorstehend beschriebenen Verfahren haben den Nachteil, daß die im Abschnitt 3 abgeleiteten Steuergesetze für die spannungs- und stromgespeiste Asynchronmaschine mit analogen Mitteln meist nur im stationären Betrieb eingehalten werden können. Eine exakte Einhaltung dieser Vorschriften ist nur möglich, wenn es gelingt, das x, y-Koordinatensystem starr mit dem Feldvektor derart zu verknüpfen, daß dieser Vektor mit einer Achse des Koordinatensystems zusammenfällt und diese Lage bei allen Betriebszuständen beibehält. Diese Forderung erfüllt die sogenannte feldorientierte Regelung /6.11/ /6.12/ /6.41/, deren Grundgedanke darin besteht, das Verhalten der Asynchronmaschine dem der Gleichstrommaschine anzugleichen. Das Verhalten der Gleichstrommaschine wird durch folgende Eigenschaften bestimmt:

- Das Feld hat eine räumlich feste Lage und wird bei der idealisierten Gleichstrommaschine nur durch den Erregerstrom bestimmt.
- Feld und gedachter Ankerstromvektor bilden immer einen rechten Winkel, wodurch stets das maximale Moment in Anlehnung an (3.7) gebildet wird

$$m = \vec{i} \times \vec{\psi} . \qquad (6.22)$$

- Ankerstrom und Erregerstrom können getrennt und unabhängig voneinander beeinflußt werden. Beide Größen sind gleichermaßen an der Bildung des Moments beteiligt.

Die Asynchronmaschine hat von Natur aus keine dieser Eigenschaften. Der zur Momentbildung notwendige Läuferstrom wird durch die im Läufer induzierte Spannung angetrieben, deren Größe vom Schlupf abhängt (quasistationär betrachtet). Außerdem rotiert der Feldvektor in Gestalt des Drehfeldes. Im Bild 6.21 sind die räumlichen Verhältnisse und das Vektordiagramm dargestellt.

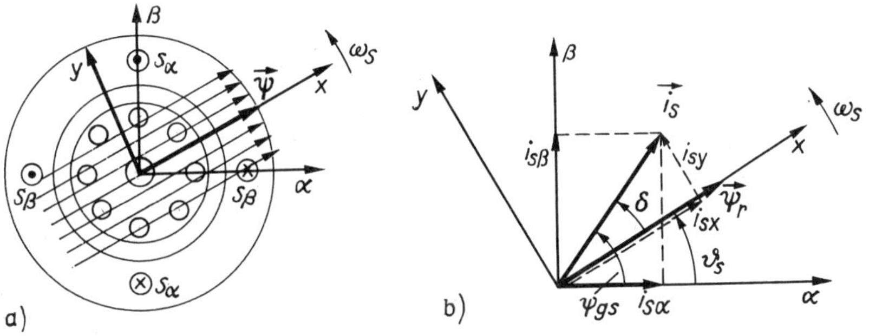

Bild 6.21. Feldorientierter Betrieb der Asynchronmaschine

a) räumliche Verhältnisse in der zweisträngigen Maschine; b) Vektordiagramm

Es wird nochmals betont, daß das α, β-Koordinatensystem mit dem Ständer fest verbunden ist, also räumlich feststeht, während das x, y-Koordinatensystem mit dem jeweiligen Flußverkettungsvektor synchron umläuft. Demzufolge sind die elektrischen Größen, wie weiter oben schon gezeigt wurde, im α, β-Koordinatensystem (z. B. die Stromkomponenten $i_{s\alpha}$ und $i_{s\beta}$) weiterhin Wechselgrößen und im x, y-Koordinatensystem (z. B. die Stromkomponenten i_{sx} und i_{sy}) Gleichgrößen. Allerdings sind die Regelgrößen der Messung nicht zugänglich. Deshalb ist die Transformation der realen Stranggrößen in ein entsprechendes Koordinatensystem unumgänglich. Nach der getrennten Verarbeitung der beiden Komponenten ist eine dementsprechende Rücktransformation erforderlich, da das Stellglied nur die Stranggrößen unmittelbar beeinflußt. Die feldorientierte Beschreibung ist möglich durch die Orientierung des Koordinatensystems auf den

- Vektor der Ständerflußverkettung
- Vektor der Läuferflußverkettung
- Vektor des Luftspaltflusses.

Im folgenden wird die Orientierung des Koordinatensystems auf den Vektor der Läuferflußverkettung gewählt. Um übersichtliche Verhältnisse zu behalten, wird weiterhin Kleinsignalverhalten betrachtet.

Die allgemeinen Übertragungsfunktionen der feldorientierten Regelung bei Stromsteuerung lassen sich aus (3.38) bis (3.42) leicht bestimmen, wenn man voraussetzt, daß der Läuferflußvektor mit der x-Achse des Koordinatensystems übereinstimmt. Dann wird nämlich $\psi_{ry} = \Psi_{ry} = 0$ und $\dot{\psi}_{ry} = 0$ sowie $\psi_{rx} = \psi_r$. Für das linearisierte Gleichungssystem gilt dann

$$\begin{pmatrix}\dot{\psi}_r\\ 0\end{pmatrix} = \begin{pmatrix}-\frac{1}{T_r} & \Omega_r\\ -\Omega_r & \frac{1}{T_r}\end{pmatrix}\cdot\begin{pmatrix}\psi_r\\ 0\end{pmatrix} + \begin{pmatrix}\frac{L_m}{T_r} & 0 & 0\\ 0 & \frac{L_m}{T_r} & -\Psi_r\end{pmatrix}\begin{pmatrix}i_{sx}\\ i_{sy}\\ \omega_r\end{pmatrix} \qquad (6.23)$$

$$m = \begin{pmatrix}I_{sy} & -I_{sx}\end{pmatrix}\frac{3}{2}\,p\,k_r\begin{pmatrix}\psi_r\\ 0\end{pmatrix} + \begin{pmatrix}0 & \Psi_r & 0\end{pmatrix}\frac{3}{2}\,p\,k_r\begin{pmatrix}i_{sx}\\ i_{sy}\\ \omega_r\end{pmatrix}. \qquad (6.24)$$

Daraus ergeben sich

$$\Psi_r = \frac{L_m}{1 + pT_r} i_{sx} \qquad (6.25)$$

$$\omega_r = \frac{1}{\Psi_r}\left(\frac{L_m}{T_r} i_{sy} - \Omega_r \Psi_r\right) \qquad (6.26)$$

und

$$m = \frac{3}{2} p k_r (I_{sy} \psi_r + \Psi_r i_{sy}). \qquad (6.27)$$

Bild 6.22 zeigt den Signalflußplan einer idealisierten streuungslosen Asynchronmaschine unter Einbeziehung der Bewegungsgleichung. Der Feldvektor ist der Vektor der Läuferflußverkettung. Dieses Bild gilt wieder für Kleinsignalverhalten. Deshalb erscheinen dort die stationären Werte der Flußverkettung Ψ_r, des Ständerstroms I_{sy} und der elektrischen Läuferfrequenz Ω_r. Eingangsgrößen der Maschine sind die drei Strangströme i_{sa}, i_{sb}, i_{sc} oder der Ständerstromvektor, gekennzeichnet durch seine Polarkoordinaten Betrag i_s und Winkel ψ_{gs}. Dieser Winkel beschreibt die Lage des Vektors im α, β-Koordinatensystem. Wird von diesem Winkel der Feldwinkel ϑ_s abgezogen, so ergibt sich der Lastwinkel δ. Die Maschine kann als Koordinatenwandler KW1 (polar-kartesisch) aufgefaßt werden, der aus $|i_s|$ und δ die Komponenten i_{sx} und i_{sy} bildet. Über ein Verzögerungsglied mit der Hauptfeldzeitkonstanten T_r wird aus dem Magnetisierungsstrom der Betrag von $\vec{\psi}_r$ gebildet. Durch Multiplikation von $|\psi_r|$ mit i_{sy} ergibt sich sofort das Drehmoment. Andererseits wird aus den Größen ψ_r und i_{sy} die Schlupffrequenz ω_r gebildet, die mit der Drehfrequenz ω die Ständerfrequenz ω_s ergibt. Der Feldwinkel ist dann

$$\vartheta_s(t) = \int_0^t \omega_s(t)\, dt. \qquad (6.28)$$

Die Gegenkopplung eines I-Gliedes zu einem VZ1-Glied ergibt ein VZ2-Glied, das schwingende Übergangsvorgänge verursachen und durch eine entsprechende Entkopplung außerhalb der Maschine unwirksam gemacht werden kann:

Die Gegenkopplung wird durch die zusätzliche Summierstelle für die Führungsgröße

$$\psi_{gsw}(t) = \delta_w + \vartheta_s(t) \qquad (6.29)$$

aufgehoben.

Der in der Maschine wirkende Koordinatenwandler KW1 erfordert eine inverse Koordinatentransformation (hier zum Beispiel kartesisch-polar), um in den Bereich der feldorientierten Größen zu gelangen.

Die Führungsgrößen i_{sxw} und i_{syw} können jetzt beliebig und unabhängig voneinander vorgegeben werden.

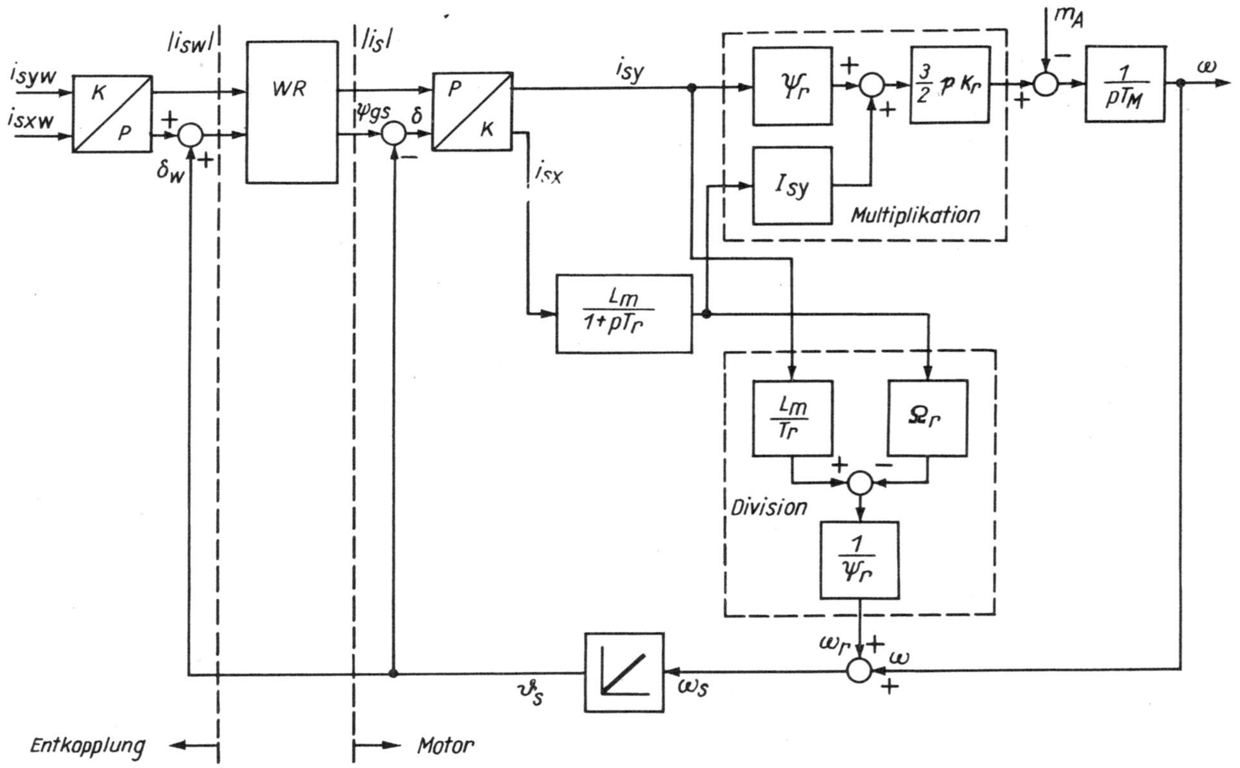

Bild 6.22. Vereinfachtes Signalflußbild der feldorientierten Regelung

K/P Koordinatenwandler kartesisch-polar
P/K Koordinatenwandler polar-kartesisch
WR Wechselrichter

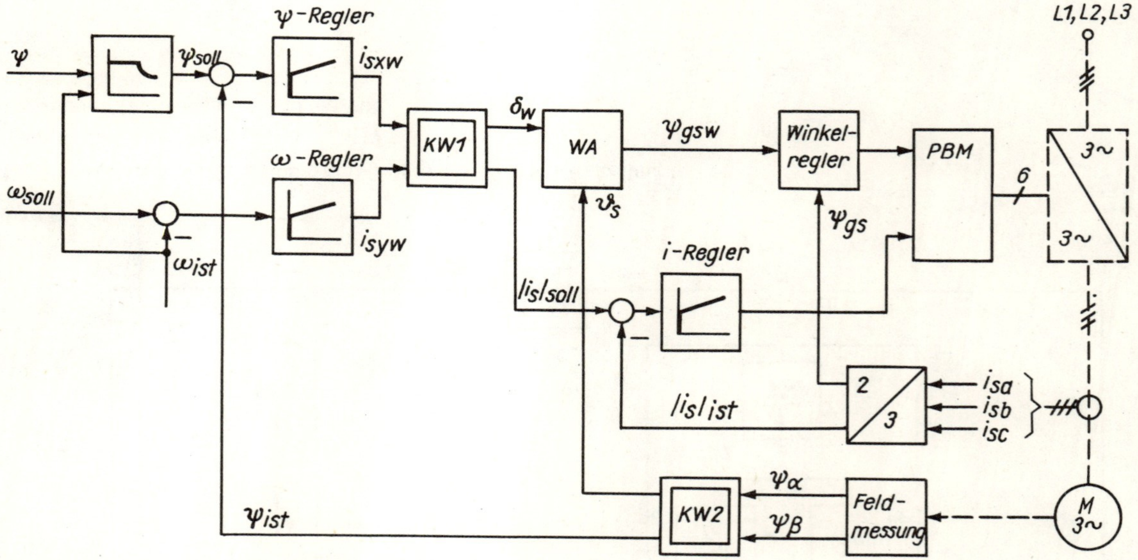

Bild 6.23. Signalflußbild für direkte Flußregelung

6.1.4.2. Regelstrukturen

- Regelung mit direkter Flußführung

Der Signalflußplan für eine derartige Regelung ist im Bild 6.23 dargestellt. Die Ausgangsgrößen des Drehzahl- bzw. Feldreglers bilden die Sollwerte i_{sxw} und i_{syw} für den Wirk- und Blindstrom. Beide Sollwerte sind unabhängig voneinander verstellbar. Für Betrieb mit Feldschwächung wird der Sollwert ψ_{soll} abgesenkt. Der Koordinatenwandler KW 1 bildet aus den kartesischen Komponenten i_{sxw} und i_{syw} die Komponenten in Polarkoordinaten $|i_{sw}|$ und δ. Der Winkel δ wird in Form seiner sin- und cos-Werte zur Verfügung gestellt. Der Stromregler liefert das Amplitudensignal (Pulsbreite) an den Wechselrichter. Da die Maschine aber im α, β-Koordinatensystem im Zusammenhang mit dem Stellglied arbeitet, muß der Lastwinkel δ in dieses Koordinatensystem transformiert werden. Die Baugruppe Winkeladdition WA übernimmt diese Aufgabe gemäß den Beziehungen

$$\cos \psi_{gsw}(t) = \cos(\delta_w + \vartheta_s(t)) = \cos \vartheta_s(t) \cos \delta_w - \sin \vartheta_s(t) \sin \delta_w \tag{6.30}$$

und

$$\sin \psi_{gsw}(t) = \sin(\delta_w + \vartheta_s(t)) = \sin \vartheta_s \cos \delta_w + \cos \vartheta_s \sin \delta_w .$$

Die beiden Signale können direkt zum Ansteuern des Wechselrichters verwendet werden; sie bestimmen dessen Ausgangsfrequenz bzw. die Ständerfrequenz ω_s des Motors.

Die Erfassung des „Feldvektors" erfolgt durch Messung des Luftspaltfeldes mittels Hallsonden in der Maschine /6.13/. Die Hallspannungen liefern Aussagen über die Komponenten des Luftspaltfeldes ψ_α und ψ_β bezüglich der Achsen α und β. Diese beiden Komponenten werden durch einen Koordinatenwandler KW 1 in Polarkoordinaten umgesetzt. Problematisch ist hierbei, daß der Luftspaltfluß infolge der Streuung und des Einflusses der ohmschen Widerstände nicht exakt dem Läuferfluß entspricht. Der Koordinatenwandler KW 2 bildet also angenähert den Betrag der Läuferflußverkettung sowie den Feldwinkel $\vartheta_s(t)$ in Form seiner sin- und cos-Werte.

- Regelung mit Flußberechnung

Die gleiche Struktur, die im Bild 6.23 gezeigt ist, kommt auch ohne direkte Feldmessung aus, wenn mittels eines Flußrechners aus den verketteten Spannungen zwei Flußkomponenten ψ_α und ψ_β berechnet werden. Der Flußrechner ist ein Maschinenmodell, das im Echtzeitbetrieb arbeitet. Bild 6.24 zeigt den Signalflußplan für diese Variante.

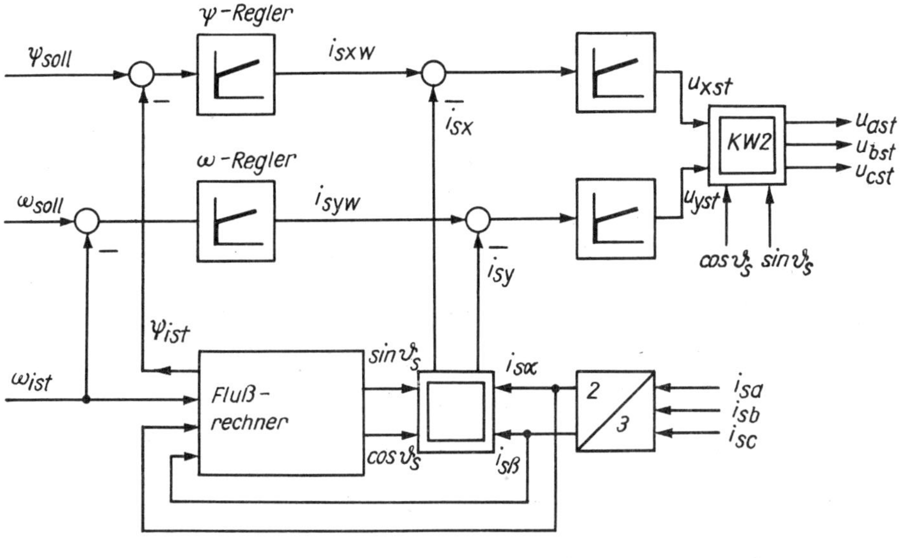

Bild 6.24. Signalflußbild für indirekte Flußregelung über einen Flußrechner

An Stelle der Spannungen können auch die Strangströme zur Berechnung herangezogen werden. Der Vorteil dieser Variante besteht darin, daß eine Flußregelung unter Verwendung von Meßgrößen möglich ist, die keinen Eingriff in die Maschine, wie z. B. das Anbringen von Hallsonden im Luftspalt, erfordern. Nachteile sind die Verfälschung der Flußberechnung durch Parameteränderungen (vor allem des Läuferwiderstands R_r) der Maschine und die Notwendigkeit des Rechnerbetriebs in Echtzeit. Der Rechner selbst muß digital arbeiten. Analoge Rechenschaltungen haben nicht die erforderliche Genauigkeit.

6.1.5. Steuerung der Läuferflußverkettung

Neben der Betriebsweise mit geregeltem Fluß ist auch der Betrieb mit gesteuertem Fluß möglich /6.14/, der zu einem guten dynamischen Verhalten der Maschine führt /6.15/ bis /6.21/ /6.37/ /6.38/. Bei der feldorientierten Regelung wird das umlaufende Koordinatensystem auf den Istwert des gewählten Flußverkettungsvektors (z.B. Läuferflußverkettung) orientiert, während bei der Steuerung der Läuferflußverkettung das Koordinatensystem auf dessen Sollwert fixiert wird. Diese Methode weist die bekannten Nachteile einer Steuerung mit offener Wirkungskette auf, ist aber gegenüber der feldorientierten Regelung mit geringerem Aufwand zu verwirklichen. Die Methode der Steuerung der Läuferflußverkettung beruht auf der Anwendung entsprechender Steuergesetze. Dabei hat sich die Stromeinprägung über unterlagerte Stromregelkreise besonders bewährt. Prinzipiell ist auch eine Steuerung auf konstanten Hauptfluß oder konstante Ständerflußverkettung /6.22/ /6.23/ möglich, jedoch sind diese beiden Methoden mit höherem Aufwand verbunden. Im Abschnitt 3 wurden bereits die Steuergesetze hergeleitet. Die Gln. (3.18) und (3.19) gelten für eine spannungsgesteuerte und die Gln. (3.46) und (3.47) für die stromgesteuerte Maschine. Man erkennt aus der Gegenüberstellung die wesentlichen Vereinfachungen, die durch die Stromeinprägung entstehen.
Die Regelstrukturen für die Steuerung der Läuferflußverkettung sind identisch mit den Regelstrukturen für die zweiachsige Stromregelung (Bild 6.14). Die Sollwerte i_{sx} und i_{sy} für den Stromregelkreis müssen lediglich entsprechend den Steuergesetzen vorgegeben werden, was Aufgabe der überlagerten Drehzahlregelung ist. Ein Beispiel für die Drehzahlregelung ist im Bild 6.25 dargestellt, das eine zweiachsige Stromregelung nach Bild 6.14 enthält.

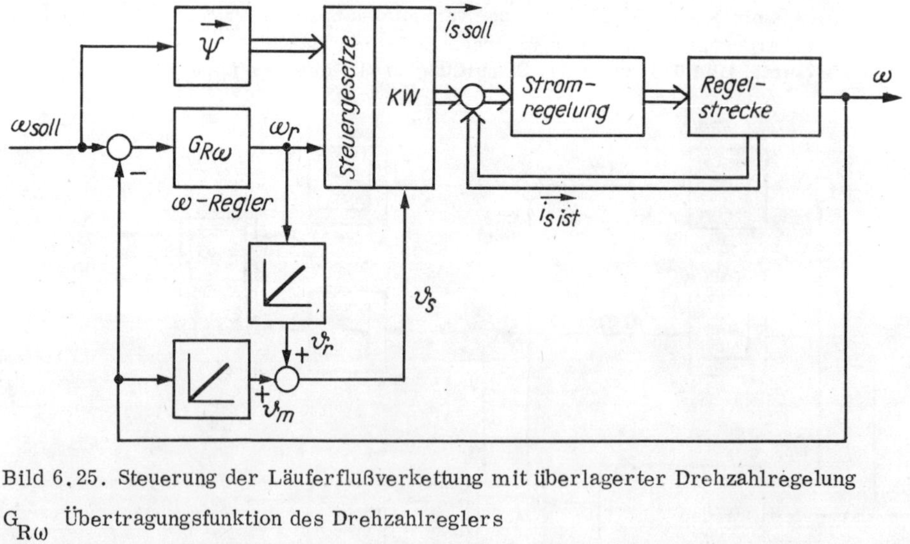

Bild 6.25. Steuerung der Läuferflußverkettung mit überlagerter Drehzahlregelung

$G_{R\omega}$ Übertragungsfunktion des Drehzahlreglers

KW Koordinatenwandler

6.2. Digitale Regelung

6.2.1. Zustandsbeschreibung diskontinuierlicher Systeme

Die folgenden Betrachtungen gelten vor allem Pulswechselrichtern, die einen Gleichspannungszwischenkreis aufweisen. Diskontinuierliche Systeme sind sequentielle Automaten und werden ebenfalls durch die Zustandsgleichungen (1.104) und (1.105) beschrieben:

$$\vec{x}(k+1) = \vec{A}\,\vec{x}(k) + \vec{B}\,\vec{u}(k)$$

$$\vec{y}(k) = \vec{C}\,\vec{x}(k) + \vec{D}\,\vec{u}(k). \qquad (6.31)$$

Die Eingangsgröße $\vec{u}(k)$, die Zustandsgröße $\vec{x}(k)$ und die Ausgangsgröße $\vec{y}(k)$ sind Vektoren, deren Komponenten nur diskrete Werte annehmen können. Eine Änderung dieser Werte ist nur zu den Taktzeiten $t(k)$, $t(k+1)$, ... möglich. Das Übertragungsverhalten derartiger Systeme wird durch Zustandsübergangs- oder Automatentabellen beschrieben. Bei der Verarbeitung digitaler Signale sind im allgemeinen die Zeitabstände zwischen zwei Zustandsübergängen konstant (Taktzeit T). Damit ist eine analytische Beschreibung des Übertragungsverhaltens ähnlich wie bei kontinuierlichen Systemen möglich. Die Systemgrößen sind dann skalare Größen, und die Zustandsgleichungen nehmen die Form an

$$x(k+1) = A\,x(k) + B\,u(k)$$

$$y(k) = C\,x(k) + D\,u(k). \qquad (6.32)$$

Für jeden Zustand lassen sich als Übertragungsfunktionen Differenzengleichungen ableiten:

$$a_0\,y(k) + a_1\,y(k+1) + a_2\,y(k+2) + \ldots = b_0\,u(k) + b_1\,u(k-1) + b_2\,u(k-2) + \ldots \qquad (6.33)$$

Diese Gleichungen beschreiben diskontinuierliche Glieder unter Verwendung der aktuellen Werte und der Vergangenheitswerte des Eingangs- und des Ausgangssignals.

Zur Analyse diskontinuierlicher Glieder dient die sogenannte Pulsübertragungsfunktion. Ausgangspunkt sind die kontinuierlichen Signale $u(t)$ und $y(t)$, die durch Abtastung mittels der synchron arbeitenden Taster T (Bild 6.26) in diskontinuierliche Signale $u^*(t)$ und $y^*(t)$ umgewandelt werden, die nur zu den Zeitpunkten $t(k)$ vorhanden sind:

$$a_0\,y^*(k) + a_1\,y^*(k-1) + \ldots = b_0\,u^*(k) + b_1\,u^*(k-1) + \ldots \qquad (6.34)$$

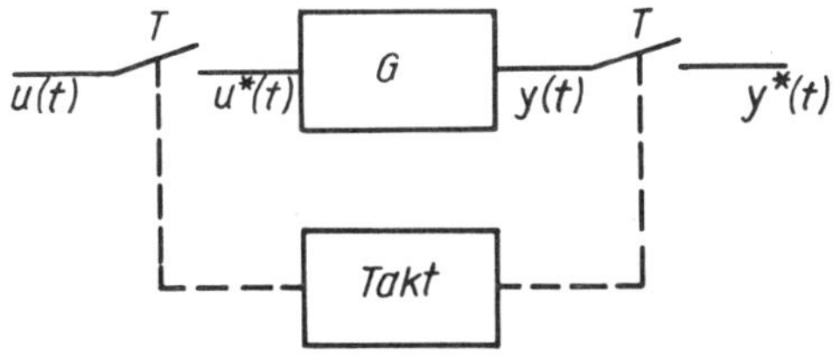

Bild 6.26. Abtastung eines kontinuierlichen Signals

Die Abtastung erfolgt durch den Einheitsimpuls $\delta_0(t)$, so daß gilt

$$u^*(t) = u(t) \sum_{k=0}^{\infty} \delta_0(t-kT). \qquad (6.35)$$

Da das Signal $u^*(t)$ nur zu den Abtastzeitpunkten vorhanden ist, kann (6.35) auch in folgender Form dargestellt werden:

$$u^*(t) = \sum_{k=0}^{\infty} u(kT)\;\delta_0(t-kT). \qquad (6.36)$$

Wie bei kontinuierlichen Systemen kann die Übertragungsfunktion durch Transformation in den Unterbereich mit Hilfe der Laplace-Transformation unter Anwendung des Verschiebungssatzes gewonnen werden:

$$\mathcal{L}\,\{u(t - kT)\} = u(p)\, e^{-kpT} \tag{6.37}$$

$$u^{*}(p) = \sum_{k=0}^{\infty} u(kT)\, e^{-kpT} \tag{6.38}$$

oder mit $e^{pT} = z$

$$u^{*}(z) = \sum_{k=0}^{\infty} u(kT)\; z^{-k}. \tag{6.39}$$

Gleichung (6.39) gibt den Zusammenhang zwischen dem kontinuierlichen Signal u und dem abgetasteten Signal u^{*} an. Für (6.34) gilt damit im Unterbereich

$$y(p)\,(a_0 + a_1\, e^{-pT} + a_2\, e^{-2pT} + \ldots) = u(p)\,(b_0 + b_1\, e^{-pT} + b_2\, e^{-2pT} + \ldots). \tag{6.40}$$

Die Pulsübertragungsfunktion im z-Bereich lautet

$$\frac{y(z)}{u(z)} = G(z) = \frac{b_0 + b_1\, z^{-1} + b_2\, z^{-2} + b_3\, z^{-3} + \ldots}{a_0 + a_1\, z^{-1} + a_2\, z^{-2} + a_3\, z^{-3} + \ldots}. \tag{6.41}$$

Die Korrespondenzen für Laplace- und z-Transformation können entsprechenden Tabellen entnommen werden (z. B. /6.24/).
Der Entwurf diskontinuierlicher Regelkreise kann erfolgen

- als quasikontinuierliche Regelung, wenn die Signalfrequenz ω wesentlich kleiner ist als die Abtastfrequenz $\Omega = 2\pi/T$,
- mittels des Abtastfrequenzgangs /6.24/,
- auf endliche Einstellzeit.

Da mit digitalen Reglern auch Regler höherer Ordnung ohne Schwierigkeiten realisiert werden können, sind prinzipiell Regelstrukturen möglich, die die Regelabweichung $x_w(kT)$ in einer bestimmten Anzahl von Abtastschritten zu Null werden lassen. Ansatz ist der Grenzwertsatz

$$\lim_{k\to\infty} x_w(kT) = \lim_{z\to 1}\; (1 - z^{-1})\, x_w(z) = 0, \tag{6.42}$$

wobei die Übertragungsfunktionen des Reglers $G_R(z)$ und der Regelstrecke $G_S(z)$ die Regelabweichung bestimmen:

$$x_w(z) = \frac{w(z)}{1 + G_R(z)\, G_s(z)} = w(z)\,(1 - G_g(z)) \tag{6.43}$$

mit

$$G_g(z) = \frac{G_r(z)\, G_s(z)}{1 + G_R(z)\, G_s(z)}. \tag{6.44}$$

w(z) wird als sprungförmiges, rampenförmiges oder parabolisches Eingangssignal vorgegeben.

Die Übertragungsfunktion des Reglers (Normalform) ist

$$G_R(z) = \frac{b_0 + b_1 z^{-1} + \ldots + b_m z^{-m}}{a_0 + a_1 z^{-1} + \ldots + a_n z^{-n}}. \qquad (6.45)$$

Es muß gewährleistet sein, daß a_0 und b_0 nicht Null sind, damit der Grad des Zählers gleich dem Grad des Nenners werden kann und damit der Regler realisierbar ist. Außerdem muß der Regler so an die Strecke angepaßt sein, daß

$$G_R(z) = \frac{1}{G_s(z)} \frac{G_g(z)}{1 - G_g(z)} \qquad (6.46)$$

ist.
Der Grad des Nenners muß gleich oder größer als der Grad des Zählers sein. Wählt man beispielsweise eine sprungförmige Eingangsgröße w(z) bei einer Regelstrecke, deren Übertragungsfunktion G_s einen Nenner aufweist, der um einen Grad höher ist als der Zähler, so kann die Regelgröße x(z) der Führungsgröße um einen Schritt verzögert folgen. Die Übertragungsfunktion des geschlossenen Kreises ist dann $G_g = 1/z$ /6.24/. Damit muß aber die Übertragungsfunktion des offenen Kreises

$$G_o = G_R \, G_s = \frac{1}{z - 1} \qquad (6.47)$$

sein, und die Übertragungsfunktion des Reglers bestimmt sich aus

$$G_R = \frac{G_o}{G_s} \qquad (6.48)$$

durch Koeffizientenvergleich mit der Normalform des Reglers (6.45).

6.2.2. Zeitdiskrete Zustandsgleichungen der Asynchronmaschine

Zur digitalen Regelung der Asynchronmaschine muß diese als ein Element eines diskontinuierlichen Systems betrachtet werden. Die Zustandsgleichungen werden demzufolge für digitale Signale umgeformt. Da die digitale Regelung vorzugsweise zur Realisierung einer feldorientierten Regelung eingesetzt wird, soll hier als Beispiel die stromgesteuerte Asynchronmaschine behandelt werden. Die linearisierten kontinuierlichen Zustandsgleichungen (1.104) und (1.105) können in folgende Differenzengleichungen übergeführt werden:

$$\vec{x}(k+1) = \vec{A}_k \, \vec{x}(k) + \vec{B}_k \, \vec{u}(k) \qquad (6.49)$$

oder in die z-Übertragungsfunktion

$$\vec{G}(z) = \frac{\vec{x}(z)}{\vec{u}(z)} = (\vec{1} \, z - \vec{A}_k)^{-1} \, \vec{B}_k. \qquad (6.50)$$

$\vec{A}_k$ und $\vec{B}_k$ sind konstante, arbeitspunktabhängige Matrizen. Das vollständige Gleichungssystem lautet

$$\vec{\psi}_r(k+1) = \vec{A}_k \, (\omega_r) \, \vec{\psi}_r(k) + \vec{B}_k \, \vec{i}_s(k)$$

$$m(k) = \vec{C}_k(i_s) \, \vec{\psi}_r(k), \qquad (6.51)$$

wobei die Matrizen $\vec{A}_k$, $\vec{B}_k$ und $\vec{C}_k$ des diskontinuierlichen Systems aus denen des kontinuierlichen bestimmt werden /6.25/.

Das Steuergesetz (3.46) und (3.47) lautet dann in zeitdiskreter Form

$$\begin{pmatrix} i_{sx}(k) \\ i_{sy}(k) \end{pmatrix} = \begin{pmatrix} 0 \\ \dfrac{T_r \Psi_{rx}}{Lm} \end{pmatrix} \omega_r(k). \tag{6.52}$$

Damit kann das Mehrgrößensystem nach (6.51) in ein Eingrößensystem überführt werden. Wesentlich für den feldorientierten Betrieb ist die Koordinatentransformation der feldbezogenen Größen $i_{sx}(k)$ und $i_{sy}(k)$ in das Ständerkoordinatensystem, da das Stellglied in diesem Koordinatensystem arbeitet:

$$\begin{pmatrix} i_{s\alpha}(m) \\ i_{s\beta}(m) \end{pmatrix} = \begin{pmatrix} \cos \vartheta_s(m) & -\sin \vartheta_s(m) \\ \sin \vartheta_s(m) & \cos \vartheta_s(m) \end{pmatrix} \begin{pmatrix} i_{sx}(k) \\ i_{sy}(k) \end{pmatrix}. \tag{6.53}$$

Der aktuelle Feldwinkel ϑ_s wird aus der Drehfrequenz ω und der elektrischen Frequenz des Läufers ω_r bestimmt. Es gilt

$$\vartheta_s(m) = \vartheta_m(m) + \vartheta_r(m-1) + T_m \ \omega_r(k) \tag{6.54}$$

als digitale Bestimmungsgleichung für den Feldwinkel, wobei

T_m die Abtastzeit für den Winkel und

T_k die Abtastzeit für die Steuerung und Regelung

mit $T_k \gg T_m$ darstellen. Die Struktur der Steuerstrecke und Steuereinrichtung ist im Bild 6.27 zusammengefaßt. Aus diesem Bild folgt die zeitdiskrete Beziehung zwischen Drehzahl und Strom, wenn das durch (6.52) formulierte Steuergesetz eingehalten wird:

$$\omega(k+1) = \omega(k) + \frac{3}{2} \frac{p L_m \Psi_r}{J L_r} T_k \, i_{sy}(k) + \frac{1}{J} T_k \, m(k) \tag{6.55}$$

oder

$$\omega(k+1) = \omega(k) + \frac{3}{2} \frac{p T_r \Psi_r^2}{J L_r} T_k \, \omega_r(k) + \frac{1}{J} T_k \, m(k), \tag{6.56}$$

so daß sich die z-Übertragungsfunktion für das Führungsverhalten zu

$$G(z) = \frac{\omega(z)}{\omega_r(z)} = T_k \frac{z^{-1}}{1 - z^{-1}} V \tag{6.57}$$

mit

$$V = \frac{3}{2} p \frac{T_r \Psi_r^2}{J L_r}$$

ergibt. Diese ideale Übertragungsfunktion muß gegebenenfalls korrigiert werden, um den Einfluß von Parameteränderungen oder nichtidealer Stromregelung zu berücksichtigen. Hier zeigt sich der Nachteil des stromgesteuerten Betriebs der Asynchronmaschine, bei der die Stromeinprägung durch eine entsprechende Steuerung vorgenommen wird. Besonders bei langsamer Stromregelung ist im dynamischen Betrieb die ständige Orientierung auf den Rotorfluß nicht möglich. Diesen Nachteil umgeht die feldorientierte Regelung mit Zustandsmodell /6.11/.

Die Eingangsgrößen dieses Zustandsmodells sind der Ständerstrom bzw. dessen Komponenten und die mechanische Winkelgeschwindigkeit bzw. der Läuferwinkel.

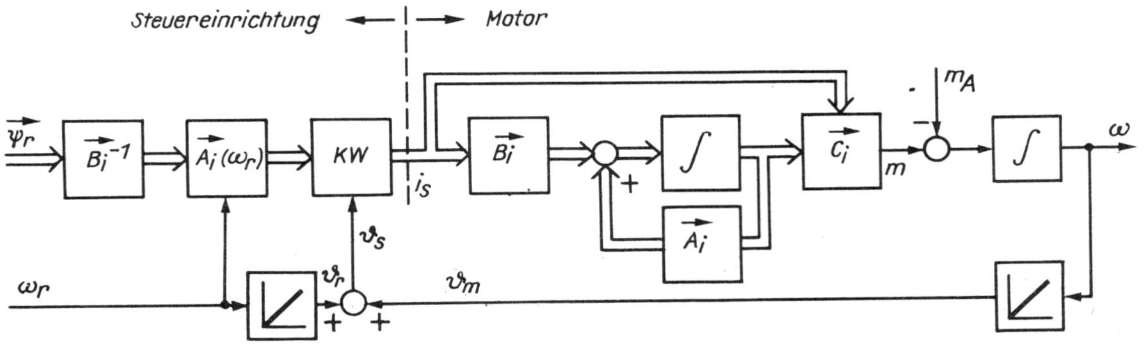

Bild 6.27. Struktur der Steuereinrichtung und der Regelstrecke bei Steuerung der Läuferflußverkettung mit digitaler Signalverarbeitung

Die berechneten Flußkomponenten bilden den Istwert der Flußregelung

$$\left|\vec{\psi}_r\right| = \sqrt{\psi_{r\alpha}^2 + \psi_{r\beta}^2} \tag{6.58}$$

und den Istwert des Feldwinkels

$$\vartheta_s(m) = \arctan \frac{\psi_{r\beta}(m)}{\psi_{r\alpha}(m)}. \tag{6.59}$$

Bild 6.28 zeigt die Struktur, wobei die Stromregelstrecke durch die Übertragungsfunktion G_i dargestellt wurde.

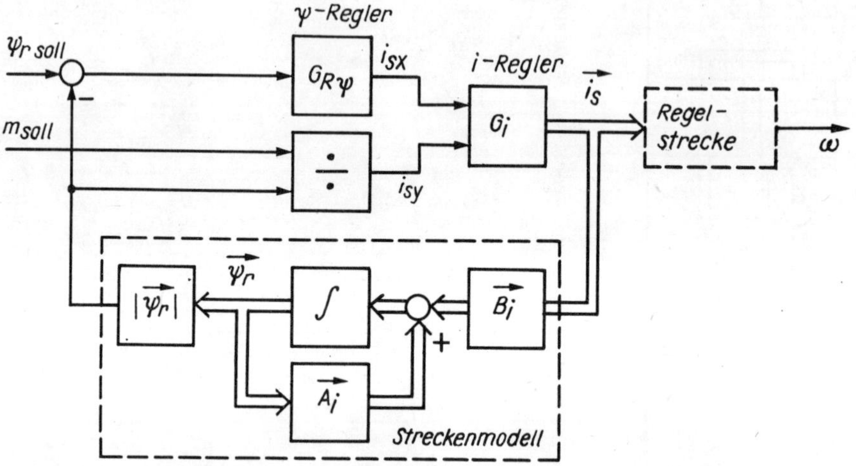

Bild 6.28. Regelung mit Parallelmodell

6.2.3. Stromregelung

6.2.3.1. Zweipunktregelung

Die in der analogen Signalverarbeitung angewendete Zweipunktregelung des Stroms kann auch in digitalen Regelungen eingesetzt werden. Die Einfachheit der Zweipunktregelung bleibt erhalten, wenn einfache Befehlsfolgen, Vergleichsoperationen usw. durch den als Regler vorgesehenen Rechner zyklisch abgearbeitet werden. Ein grundsätzlicher Unterschied zur analogen Signalverarbeitung entsteht durch die abtastende zeitmultiplexe Arbeitsweise des digitalen Reglers. Endliche Rechenzeit und Laufzeiten in den Signalwandlern begrenzen die maximale Pulsfrequenz.

Bei einer digitalen Zweipunktregelung wird der Soll-Istwert-Vergleich mit konstanter Abtastfrequenz ausgeführt. Die Sollwerte werden durch eine Sollwertquelle (die ebenfalls ein Rechner sein kann) zeitmultiplex dem Regler zugeführt. Am Beispiel von Reglerverfahren mit zyklischer Abtastung sollen einige Eigenschaften der dreisträngigen Verfahren erläutert werden.

- Regelung mit gespeichertem Schaltzustand

Wie beim analogen Zweipunktregler wird bei diesem Verfahren das Ergebnis des Sollwert-Istwert-Vergleichs bei der Abfrage einer Phase als Schaltzustand der jeweiligen Wechselrichterphase gespeichert. Zur Erläuterung sind der Zustandsgraph und die Logikbeschreibung im Bild 6.29 angegeben.

Zünd-zustände	c	b	a
Z0	0	0	0
Z1	0	0	1
Z2	0	1	0
Z3	0	1	1
Z4	1	0	0
Z5	1	0	1
Z6	1	1	0
Z7	1	1	1

Abfrage-modus	
X_a	0 1
X_b	1 0
X_c	0 0

Stromregler

$i_{soll_\nu} < i_{ist_\nu} \mathrel{\hat{=}} 0X_\nu$

$i_{soll_\nu} > i_{ist_\nu} \mathrel{\hat{=}} 1X_\nu$

a, b, c = 1 für $U_{a,b,c} = + U_d$

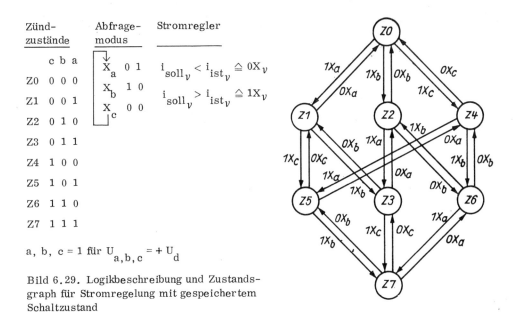

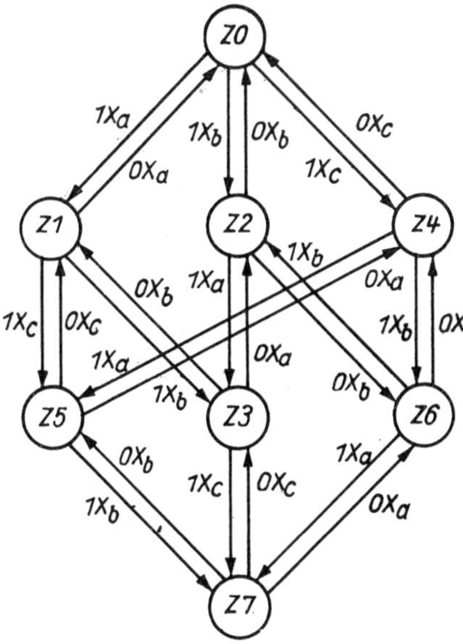

Bild 6.29. Logikbeschreibung und Zustandsgraph für Stromregelung mit gespeichertem Schaltzustand

Dieses Verfahren ist durch eine unkomplizierte Abarbeitung von Vergleichsbefehlen gekennzeichnet. Es können sowohl regelmäßige Zyklen mit $T_p = 6\ T$ als auch unregelmäßige stabile Schaltzyklen mit $T_p < 6\ T$ entstehen. Hierbei spielen vor allem die letzten beiden Vergangenheitswerte des „Ansteuervektors" (bestehend aus den Zündsignalen für die Haupt- und eventuell für die Löschventile) eine Rolle.

- Regelung mit definierten Schaltzuständen

Um von den genannten Vergangenheitswerten unabhängig zu werden, kann jedem Ergebnis des Sollwert-Istwert-Vergleichs ein Schaltzustand des Wechselrichters zugeordnet werden, der eine positive oder negative Stromänderung bewirkt. Bild 6.30 zeigt Programmablaufplan und Zustandsgraph. Es können normale regelmäßige Schaltzyklen mit $T_p = 6\ T$ und optimale Schaltzyklen mit $T = 3\ T_p$ erzeugt werden.

Um den Aufwand für die potentialfreie Strommessung zu verringern, sind auch zweisträngige Regelverfahren möglich, die im Prinzip im Nachführen des ungeregelten Phasenstroms durch die beiden anderen Phasen bestehen. Im stationären Betrieb können aber bei diesen Verfahren im Bereich hoher Frequenzen bzw. hoher Drehzahlen des Motors unsymmetrische Stromverläufe entstehen. Auch im dynamischen Betrieb weisen diese Verfahren Nachteile gegenüber den dreisträngigen auf.

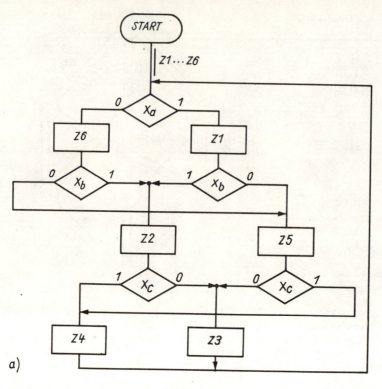

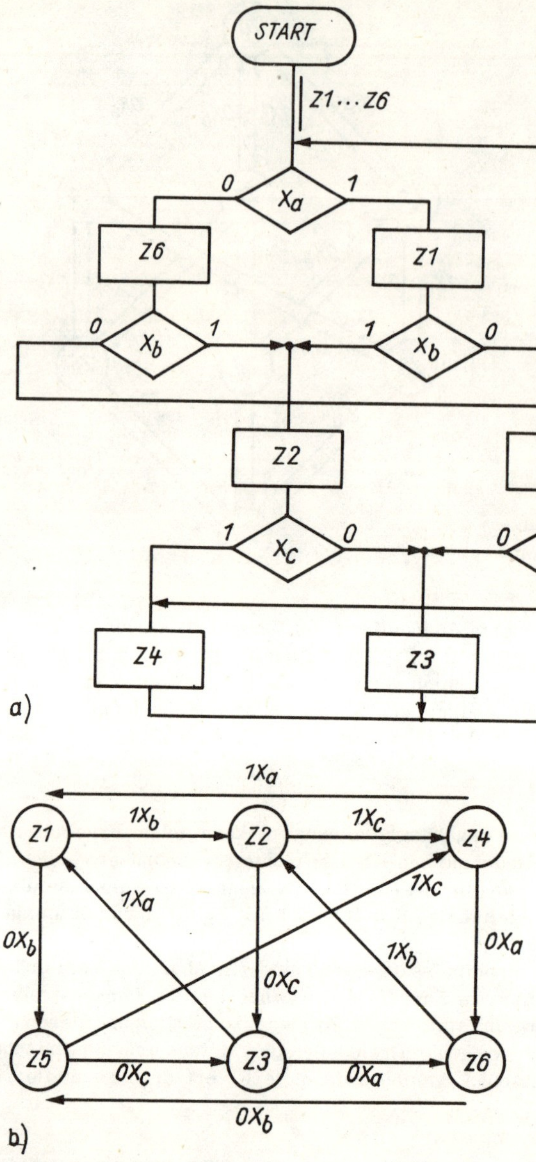

Bild 6.30. Stromregelung mit definierten Schaltzuständen

a) Programmablaufplan; b) Zustandsgraph

6.2.3.2. Stromkomponentenregelung

Wie bereits im Abschnitt 6.1.2.2 dargestellt wurde, ist die zweiachsige Stromregelung vor allem bei Stellgliedern mit relativ geringer Pulsfrequenz einzusetzen. Wie im Bild 6.31 dargestellt, können die Sollwertvorgabe, die Koordinatentransformation und die Abarbeitung der Regelalgorithmen von einem einzigen Mikrorechner ausgeführt werden. Die Ausgangssignale u_{stx} und u_{sty} oder u_{st} und φ_u sowie ϑ_s erzeugen in einem Pulsbreitenmodulator die Zündimpulse entsprechend dem gewählten Ansteuerverfahren (symmetrische Pulsbreitenmodulation, Unterschwingungsverfahren oder optimierte Zündmuster).

Die Stromregelstrecke soll durch folgende Differenzengleichungen beschrieben werden (Bild 6.32):

$$\vec{i}(k+1) = \vec{A}_k\, \vec{i}(k) + \vec{B}_k\, \vec{u}_{st}(k). \qquad (6.60)$$

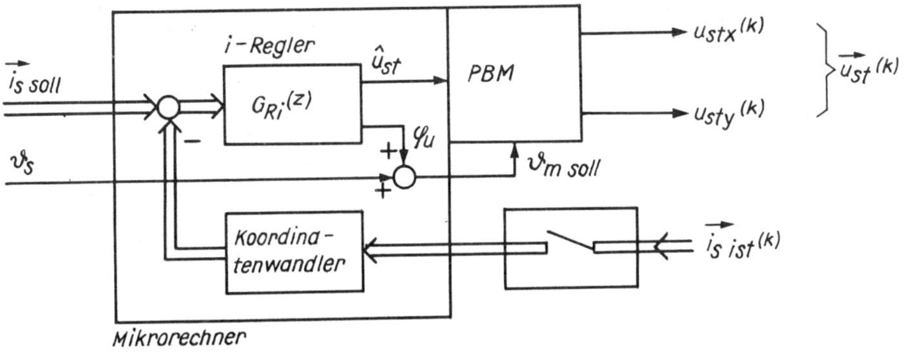

Bild 6.31. Strukturbild einer digitalen Stromkomponentenregelung

$G_{Ri}(z)$ Algorithmus der Übertragungsfunktion des Stromreglers

PBM Pulsbreitenmodulator

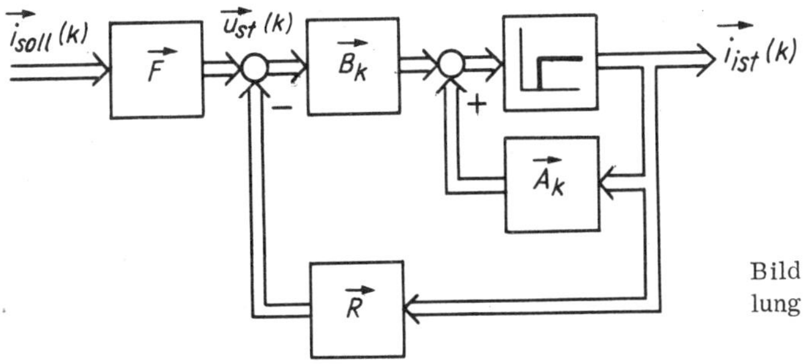

Bild 6.32. Zustandsregelung für Stromkomponenten

Für den Zustandsregler soll der nachstehende Ansatz gelten:

$$\vec{u}_{st}(k) = \vec{F}\,\vec{i}_w(k) - \vec{R}\,\vec{i}(k), \tag{6.61}$$

wobei $\vec{F}$ die Filtermatrix
$\vec{R}$ die Rückführmatrix

ist.
Damit gilt für den geschlossenen Regelkreis

$$\vec{i}(k+1) = (\vec{A}_k - \vec{B}_k\,\vec{R})\,\vec{i}(k) + \vec{B}_k\,\vec{F}\,\vec{i}_w(k). \tag{6.62}$$

Die Systemmatrix

$$\vec{S} = (\vec{A}_k - \vec{B}_k\,\vec{R})$$

(und damit die Eigenwerte des Systems) kann durch die Wahl der Elemente der Rückführmatrix beeinflußt werden. Die Filtermatrix $\vec{F}$ bestimmt die Verstärkung. Wichtig für eine einwandfreie Feldorientierung ist die vollständige Entkopplung beider Stromkomponenten über die Rückführmatrix $\vec{R}$. Dafür gibt es verschiedene Entwurfsverfahren:

- Entwurf für gute Dämpfung durch Polvorgabe /6.26/
- Entwurf auf hohe Genauigkeit in bezug auf das Störverhalten /6.27/
- Entwurf nach Optimalkriterien /6.28/.

Folgende Aufgaben sind dabei zu lösen:

- Entwurf der Rückführ- und Filtermatrix in solcher Weise, daß die beiden Stromkomponenten statisch und dynamisch entkoppelt sind
- Optimierung des PI-Reglers im Vorwärtszweig bei vorgegebener Dämpfung
- Modifizierung der Reglerparameter unter Berücksichtigung der Rechnerzeit.

Erreichbare Anregelzeiten liegen in der Größenordnung 3 ... 5T. Bei einer maximalen Pulsfrequenz $f_p = 300$ Hz sind Anregelzeiten von 4 ... 6 ms zu erreichen. Damit ergibt sich die Notwendigkeit, das Verhalten der Stromregelkreise bei der Parameterbestimmung des überlagerten Drehzahlregelkreises zu berücksichtigen.

6.2.4. Drehzahlregelung

6.2.4.1. PI-Regelung

Die PI-Regelung wird vor allem bei konstanten Streckenparametern angewendet und eignet sich für Antriebe kleiner Leistung bzw. für Antriebe mit Belastungen unterhalb des Nennmoments, da in diesen Fällen die durch die Fehler in der Feldorientierung entstehenden zusätzlichen Verkopplungen nur geringe Auswirkungen haben. Die Ausgleichsvorgänge verlaufen stark gedämpft. Bild 6.33 zeigt die Struktur des Regelkreises.

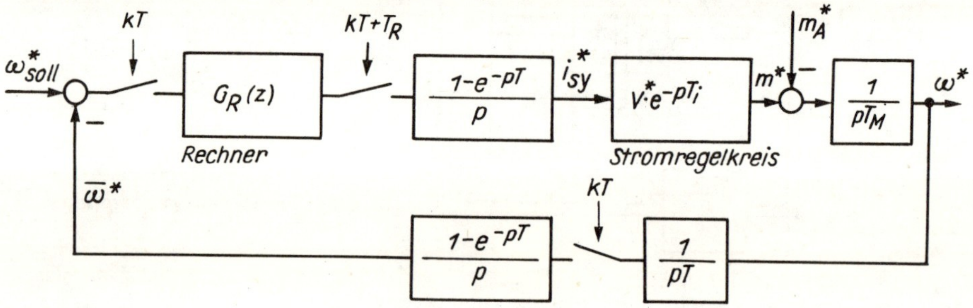

Bild 6.33. Signalflußplan des digitalen Drehzahlregelkreises

Bei Beachtung des Verhältnisses von nichtkompensierter Zeitkonstante T_i des Stromregelkreises und der Abtastzeit T des Drehzahlregelkreises mit $T/T_i > 1$ kann der Drehzahlregler nach einem modifizierten Frequenzgangverfahren /6.29/ optimiert werden. Betrachtet man den Drehzahlregelkreis zunächst als reine Abtastregelung, kann man zeigen /6.25/, daß folgende Differenzengleichung gilt (s. a. (6.55)):

$$\omega^*(k+\varepsilon) = \omega^*(k) + \varepsilon \frac{T}{T_m} V^* i^*_{sy}(k-1+\varepsilon), \tag{6.63}$$

wobei

$$\varepsilon = \frac{T_i + T_R}{T} \tag{6.64}$$

(T_R Eigenzeit des Rechners)

und

$$V^* = \frac{L^*_m}{L^*_r} \Psi^*_{rx} \tag{6.65}$$

(in normierten Größen) sowie

$$\omega^*(k+1) = \omega^*(k+\varepsilon) + (1-\varepsilon) \frac{T}{T_M} V^* i^*_{sy}(k+\varepsilon). \tag{6.66}$$

Aus (6.63) und (6.66) erhält man

$$\omega^*(k+1) = \omega^*(k) + V^* \frac{T}{T_M} \left[\varepsilon i^*_{sy}(k-1+\varepsilon) + (1-\varepsilon)\, i^*_{sy}(k+\varepsilon)\right]$$

sowie die Übertragungsfunktion für den als Abtastsystem arbeitenden Teil der Regelstrecke

$$G_1(z, \varepsilon) = \frac{\omega^*(z)}{i^*_{sy}(z)} = \frac{T}{T_M} V^* \frac{\varepsilon + (1-\varepsilon)\, z}{(z-1)\, z}. \qquad (6.67)$$

Wenn die Drehzahlerfassung durch eine Frequenzmessung innerhalb eines Abtastintervalls erfolgt, stellt das eine Mittelwertbildung dar:

$$\bar{\omega}^*(k+1) = \frac{1}{T}\left[\int_0^{\varepsilon T} \left(\omega^*(k) + V^* \frac{t}{T_M}\, i^*_{sy}(k-1+\varepsilon)\right)dt\right.$$

$$\left. + \int_0^{(1-\varepsilon)T} \left(\omega^*(k+\varepsilon) + V^* \frac{t}{T_M}\, i^*_{sy}(k+\varepsilon)\right)dt\right]. \qquad (6.68)$$

Dieser Mittelwert steht erst im folgenden Abtastintervall zur Verfügung, und es ergibt sich die Übertragungsfunktion

$$G_2(z, \varepsilon) = \frac{\bar{\omega}^*(z)}{i^*_{sy}(z)} = \frac{T}{T_M} V^* \frac{\varepsilon^2/2 + (1/2 + \varepsilon - \varepsilon^2)\, z + (1/2 - \varepsilon + \varepsilon^2/2)\, z^2}{(z-1)\, z^2}. \qquad (6.69)$$

Als Totzeit des Systems tritt die Abtastzeit T in Erscheinung. Die Optimierung kann nach folgenden Kriterien erfolgen:

- Optimierung nach der erforderlichen Phasenreserve
- Optimierung nach der Summe der quadratischen diskreten Regelabweichungen.

Bei der Verwirklichung einer PI-Drehzahlregelung mit Mikrorechner müssen neben der Bestimmung der Reglerparameter noch folgende Größen festgelegt werden:

- maximale Ausgangsgröße des Drehzahlreglers als Begrenzung des Stromsollwerts
- Maximalwert des I-Anteils
- Abtastperiode T.

Es zeigt sich, daß die nach dem Frequenzkennlinienverfahren ermittelten und nach dem Summenkriterium korrigierten Reglerparameter bei Vergrößerung der Abtastzeit T Drehzahlübergangsvorgänge ergeben, die sich durch erhöhtes Auflösungsvermögen auszeichnen und damit eine Erweiterung des Drehzahlstellbereichs nach unten gestatten. Bei Verringerung der Abtastzeit nimmt die Anregelzeit ab. Diese Reduzierung tritt aber nur ein, wenn das Stellglied eine ausreichende Regelreserve aufweist, d. h., für diesen Fall muß das Stellglied entsprechend überdimensioniert sein. Will man gleichzeitig eine Stellbereichserweiterung bei minimaler Anregelzeit erreichen, müssen die Abtastzeiten und die Reglerparameter durch Umschaltung an die jeweiligen Betriebsbedingungen angepaßt werden. Der Vorteil der PI-Drehzahlregelung besteht in der Unempfindlichkeit gegenüber Totzeitänderungen im unterlagerten Stromregelkreis.

6.2.4.2. PID-Regelung

Infolge der Erwärmung der Maschine ändern sich vor allem die ohmschen Widerstände und führen so besonders bei der gesteuerten Feldorientierung zu Abweichungen von den Steuergesetzen, was sich in Schwingungen der Regelgrößen äußern kann. Ein Regler für eine derartige Regelstrecke ist so zu entwerfen, daß mit festen Reglerparametern trotz Parameter- und Strukturänderungen der Regelstrecke ein brauchbares Verhalten der Regelgrößen erreicht wird. Es hat sich gezeigt, daß diese Eigenschaften durch einen PID-Regler mit der allgemeinen Übertragungsfunktion

$$G_R(z) = \frac{q_0 + q_1 z^{-1} + q_2 z^{-2}}{1 + p_1 z^{-1} + p_2 z^{-2}} \tag{6.70}$$

realisiert werden können. Aus den Frequenzgängen der Regelstrecke läßt sich die erforderliche Phasenreserve bestimmen, wenn die Durchtrittsfrequenz vorgegeben wird. Die Kompensation des Phasenabfalls kann nach dem in /6.30/ beschriebenen Verfahren erfolgen.

6.2.4.3. Schrittoptimale Regelung

Die Anwendung einer schrittoptimalen Regelung für die Drehzahl ist vor allem bei Positionierantrieben von Bedeutung. Bei einer solchen Regelung müssen die Parameter der Regelstrecke genau bekannt sein, was bei gesteuertem feldorientiertem Betrieb nicht immer der Fall ist. Ungenauigkeiten können auftreten

- durch Schwankungen der Ersatztotzeit der Zweipunktstromregelung,
- durch Schwankungen der Verstärkung V (6.57) der Steuerung des Moments,
- durch Änderung der Struktur der Regelstrecke bei nichtkonstantem Rotorfluß.

Die Reglerparameter werden entsprechend den Ausführungen im Abschnitt 6.2.1 durch Koeffizientenvergleich mit der Normalform der Reglerübertragungsfunktion bestimmt, wobei unter Berücksichtigung der Teilübertragungsfunktionen G_1 und G_2 gemäß (6.67) und (6.69) die Übertragungsfunktion des geschlossenen Regelkreises

$$G_g = \frac{G_R G_1}{1 + G_R G_2} \tag{6.71}$$

ist und damit

$$G_R = \frac{G_g}{G_1 - G_g G_2} \tag{6.72}$$

wird. Es kann gezeigt werden /6.25/, daß sich ein optimaler Regler für zwei Abtastschritte (m = 2) und ein suboptimaler Regler für drei Abtastschritte (m = 3) entwerfen lassen. Der suboptimale Regler zeichnet sich vor allem durch eine höhere Unempfindlichkeit gegenüber Parameterschwankungen aus. Versuchsergebnisse zeigen, daß schrittoptimale Regler für feldorientiert gesteuerte Asynchronmaschinen kleiner Leistung ohne Probleme anwendbar sind und eine wesentlich verbesserte Dynamik gegenüber herkömmlichen PI-Reglern bieten. Insgesamt muß aber betont werden, daß ein zufriedenstellendes Verhalten eines schrittoptimalen Drehzahlreglers nur bei ausreichender Kenntnis der Regelstreckenparameter zu erzielen ist.

Bei der praktischen Ausführung derartiger Regelalgorithmen muß man Begrenzungen für die Stellgrößen vorsehen. Diese Begrenzungen stellen eine weitere Nichtlinearität im Regelkreis dar. Deshalb wird das Rechenprogramm des Drehzahlreglers so organisiert, daß der Begrenzungswert durch den Reglerrechner zwar ausgegeben, aber intern mit dem unbegrenzten Stellgrößenwert weiter gerechnet wird. Ist die Rechenzeit des Strom- und Drehzahlreglers zu vernachlässigen ($\varepsilon = 0$), so kann man aus dem Verhältnis der rechnerisch erforderlichen Stellgröße u_{max} zum Begrenzungswert u_{gr} die zum Erreichen des Sollwerts notwendige Schrittzahl m bestimmen:

$$m = \frac{u_{max}}{u_{gr}}. \tag{6.73}$$

6.2.4.4. Drehzahlregelung mit Parameteradaption

Die oben bereits erwähnten Parameteränderungen beeinflussen die Dynamik der Drehzahlregelung. Man kann diesen Einfluß durch eine entsprechende parameterunempfindliche Reglereinstellung reduzieren, muß aber schlechteres dynamisches Verhalten in Kauf nehmen. Diese Verschlechterung kann durch eine adaptive Regelung umgangen werden. Zur Parameteradaption bestehen drei Möglichkeiten:

- Korrelationsmethode /6.31/

Die Komponenten der Steuergrößen (z. B. i_{sx} und i_{sy}) werden mit Testsignalen beaufschlagt, die bei Verstimmung des Flußvektormodells am Ausgang der Regelstrecke eine Abweichung der Korrelation ergeben. Die Läuferzeitkonstante T_r wird im Flußvektormodell korrigiert. Testsignal und Anwortsignal werden vom gleichen Mikrorechner erzeugt und verarbeitet. Die erforderliche Wortbreite beträgt mindestens 16 bit. Nachteilig ist eine relativ lange Apassungszeit.

- Gleichungsfehlermethode /6.19/

Die Änderung der Zeitkonstante T_r wird auf eine Blindleistungsänderung zurückgeführt. Der Gleichungsfehler zwischen Soll- und Istfunktion wird aus externen Größen (u, i) der Maschine berechnet und dient zur Korrektur von T_r im Steuergesetz. Die Adaption ist relativ schnell, hat aber folgende Nachteile:

– Aufwand für u-, i-Messung
– Filterung
– bleibender Fehler bei Störsignalen
– nicht anwendbar bei niedrigen Drehzahlen und bei Stillstand.

- Parameteradaptive Steuerung /6.25/

Die Parameteradaption wird durch Verwendung normaler Betriebssignale erreicht (Sprung- oder Stufenfunktion). Erforderlich ist eine Drehzahlmessung. Es können 8-bit-Mikrorechner mit 16-bit-Operationen verwendet werden. Das Belastungsmoment sollte während des Adaptionsvorgangs konstant sein. Um die Adaption während eines normalen Regelvorgangs vornehmen zu können, ist es zweckmäßig, den jeweiligen veränderlichen Parameter über die Berechnung der Markov-Parameter bzw. die Gewichtfaktoren aus den gemessenen Eingangs- und Ausgangssignalen zu bestimmen. Die Anfangswerte des Adaptionsvorgangs erhält man aus den stationären Flußkomponenten. Zur Bestimmung der Anfangswerte sind drei Abtastschritte notwendig. Die Abweichung der Anfangswerte der Flußkomponenten ist bei einem vorgegebenen Sprungregime

$$\Delta\Psi_{rx} = \frac{1}{K_1 T} \frac{\Delta\omega(2)}{\Delta i_{sy}(1)} - \Psi_{rx}$$

$$\Delta\Psi_{ry} = \frac{1}{K_1 T} \frac{i_{sy}(0)\,\omega(1) - i_{sy}(1)\,\omega(2)}{\Delta i_{sy}(1)} \qquad (6.74)$$

mit

$$K_1 = \frac{3}{2} p \frac{L_m}{L_m + L_{\sigma r}}.$$

Dieses Sprungregime kann ebenfalls vom Reglerrechner mit abgearbeitet werden. Aus den Anfangswerten der Flußkomponenten können die zu korrigierenden Parameter L_m und T_r berechnet werden. Aus dem Mittelwert für T_r wird der Betrag des Magnetisierungsstroms berechnet, mit dem aus der abgespeicherten Magnetisierungskennlinie eine erste Näherung für L_m bestimmt werden kann. Diese Näherung wird wiederum benutzt, um T_r zu korrigieren. Daraus ergibt sich ein verbesserter Wert für $i\mu$ und damit eine zweite Näherung für L_m. Die adaptive Struktur ist im Bild 6.34 dargestellt. Die durch die Messung nicht direkt zugänglichen Parameter $\vec{\Psi}_r$ und T_r müssen aus der Messung der Eingangs- und Ausgangsgrößen bestimmt werden.

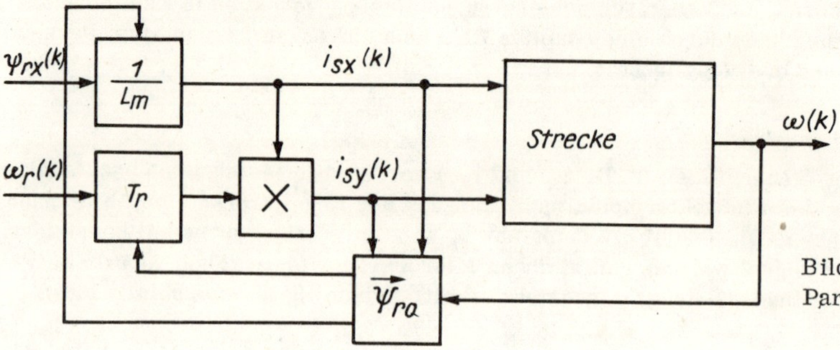

Bild 6.34. Prinzip der Parameteradaption

- Signaladaptive Steuerung

Eine direkte Korrektur der Läuferzeitkonstante T_r kann man umgehen, wenn entsprechend Bild 6.35 ein genaues Streckenmodell parallel zur realen Regelstrecke betrieben wird, dessen Ausgangsgröße mit der wirklichen Drehzahl verglichen wird. Die Differenz ist ein Maß für den Fehler der elektrischen Läuferfrequenz. Das Adaptionsgesetz muß aus den Grundgleichungen der Maschine abgeleitet werden. Eine Linearisierung am Arbeitspunkt verfälscht die Adaptionsbeziehungen.

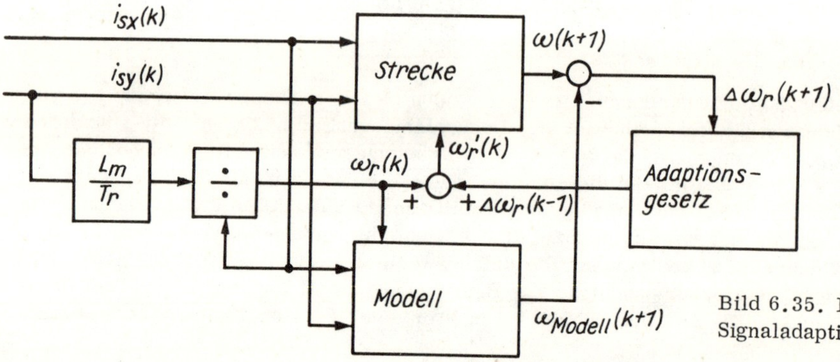

Bild 6.35. Prinzip der Signaladaption

Zusammenfassend können zwei Entwurfsgesichtspunkte für die Drehzahlregelung angegeben werden:

- Können die Änderungen der Läuferzeitkonstante T_r und ihre Auswirkungen auf den stationären Betrieb unberücksichtigt bleiben, so lassen sich parameterunempfindliche Einstellungen für PI-, PID- oder schrittoptimale Regler finden. Die Regler sind für den Mittelwert von T_r zu optimieren. Anregelzeiten von 3 T und Überschwingweiten von 5 ... 7% sind erreichbar. Eine Verarbeitungsbreite von 8 bit ist ausreichend.
- Bei allen anderen Fällen muß durch eine Nachführung von T_r bzw. ω_r eine Steuergesetzkorrektur erfolgen. Die Verarbeitung entsprechender Adaptionsgesetze erfordert im Hinblick auf die notwendige Genauigkeit und den Zeitbedarf 16-bit-Prozessoren.

6.2.5. Aufbau einer digitalen Signalverarbeitung

6.2.5.1. Funktionsaufteilung

Die digitale Signalverarbeitung eines frequenzgesteuerten Drehstromantriebs enthält vier wesentliche Funktionseinheiten:

- Ansteuereinrichtung
- Reglerrechner
- Arithmetikeinheit
- Meßglieder.

Für einen Antrieb, dessen Wechselrichter mit höherer Pulsfrequenz arbeitet, können folgende Aufgaben der genannten Funktionseinheiten angegeben werden:

- Ansteuereinrichtung mit mehrsträngiger Zweipunktstromregelung und Impulsverteilung /6.36/
- Reglerrechner zur Drehzahlregelung, Entkopplung und für weitere Koordinationsaufgaben
- schnelle Arithmetikeinheit zur Koordinatentransformation nach (6.53) und Übernahme arithmetischer Operationen zur Entlastung des Reglerrechners
- Meßglieder für Drehzahl, Drehwinkel und Strangströme.

Dem Regler können infolge der Entlastung durch die Arithmetikeinheit auch höhere Regelalgorithmen übertragen werden. Bei Antrieben mit geringen dynamischen Anforderungen (z. B. Strombetragsregelung) kann man auf die Arithmetikeinheit verzichten, und der Rechner übernimmt die Bildung der Strangstromsollwerte. Zwei Möglichkeiten zur Funktionsaufteilung sind im Bild 6.36 dargestellt.

Für einen Antrieb, dessen Wechselrichter mit niedriger Pulsfrequenz arbeitet, muß eine Stromkomponentenregelung vorgesehen werden. Dafür ist folgende Funktionsaufteilung sinnvoll (Bild 6.37):

- Ansteuerung mit Zündmusterspeicher und Impulsverteilung /6.36/,
- Reglerrechner für Stromkomponenten- und Drehzahlregelung sowie Entkopplung,
- Arithmetikeinheit zur Koordinatentransformation der Stromistwerte und Steuerspannungssignale,
- Meßglieder für Drehzahl, Drehwinkel und Ströme.

Ein wesentlicher Teil der Signalverarbeitung ist die Erzeugung von Ständer- bzw. Läuferfrequenzen oder Ständerwinkeln, die sowohl zur Koordinatentransformation als auch zur Ansteuerung (Auswahl der Zündmuster) benötigt werden. Hierfür gibt es zwei Möglichkeiten:

- Frequenzanaloge, digitale Signalverarbeitung mit Frequenzverrechnung

Die Steuereinrichtung arbeitet meistens mit der elektrischen Läuferfrequenz als Steuergröße. Während die Berechnung der Stromkomponenten digital erfolgen kann, muß die Läuferfrequenz als frequenzanaloges Signal mit der mechanischen Winkelgeschwindigkeit zur Ständerfrequenz verrechnet werden (Bild 6.38). Dazu sind folgende Programmschritte bzw. Unterprogramme abzuarbeiten:

- Unterprogramm Frequenzausgabe
- sequentielle Frequenzverrechnung
- Frequenzeingabe.

Die Frequenzverrechnung sollte mit einem Vielfachen der realen Frequenz durchgeführt werden, um durch die nachfolgende Impulsteilung eine Glättung und eine hohe Auflösung zur Koordinatentransformation zu erreichen. Die frequenzanaloge Signalverarbeitung ist sinnvoll, wenn folgende Voraussetzungen erfüllt sind:

- inkrementaler Impulsgeber
- beschränkte Anzahl von Ports bei Reglerrechner und Ansteuereinheit

– Zündmusteradressierung über Zähler
– PLL-Regelung bei kleinen Drehzahlen.

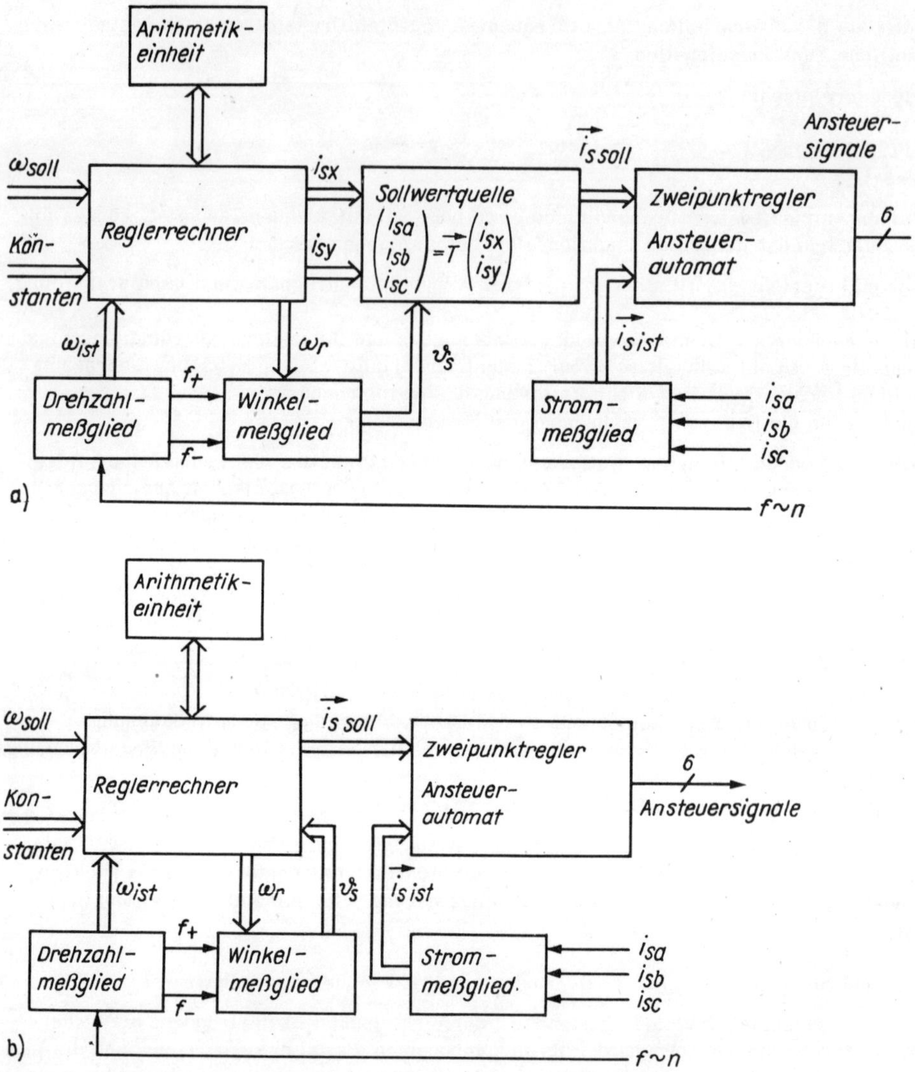

Bild 6.36. Struktur einer digitalen Zweipunktstromregelung

a) mit Hardware-Sollwertquelle
b) mit Sollwertberechnung im Reglerrechner

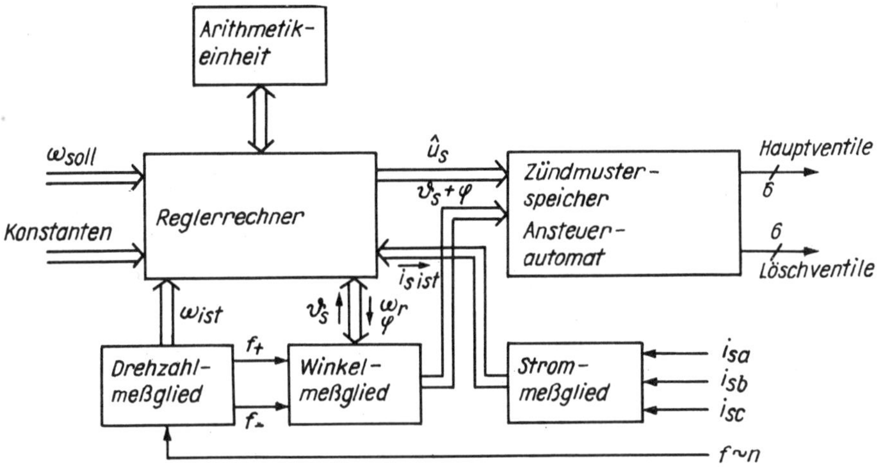

Bild 6.37. Signalverarbeitung bei einer digitalen Stromkomponentenregelung

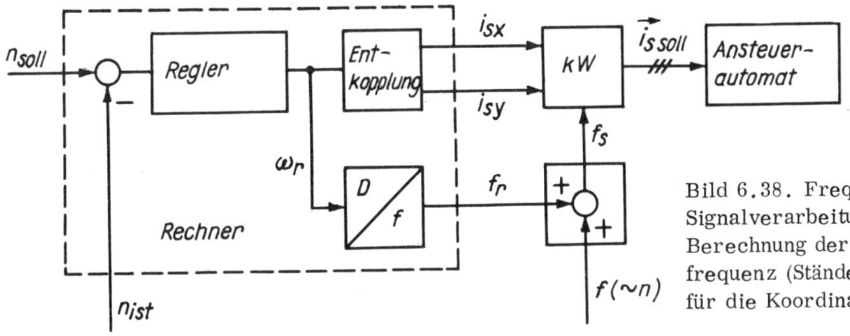

Bild 6.38. Frequenzanaloge Signalverarbeitung zur Berechnung der Ständerfrequenz (Ständerwinkel) für die Koordinatenwandlung

- Durchgängige digitale Signalverarbeitung mit Winkelverrechnung

Dieses Prinzip sollte bevorzugt angewendet werden. Der elektrische Läuferwinkel ergibt sich aus einer Integration der Läuferfrequenz ω_r und kann mit dem Drehwinkel zum Ständerwinkel gemäß (6.54) addiert werden. Der Flußvektor erhält damit eine definierte Lage im feldorientierten Koordinatensystem. An die Rechengeschwindigkeit werden höhere Anforderungen gestellt, und es werden Signale mit 10 ... 12 bit Wortbreite bei Spannungssteuerung über Zündmuster benötigt. Beide Forderungen können beispielsweise vom 8-bit-Rechner K 1520 nicht erfüllt werden, so daß ein spezielles Winkelmeßglied vorgesehen werden muß /6.32/ /6.33/. Die Winkelmessung sollte eingesetzt werden, wenn bereits digitale Drehwinkelsignale vorhanden sind und eine überlagerte Lageregelung gefordert wird. Frequenzvervielfachung und -teilung entfallen hier.

6.2.5.2. Beispiel einer durchgängig digitalen Signalverarbeitung

Für den Fall eines gesteuerten feldorientierten Betriebs einer Asynchronmaschine gibt /6.25/ eine Lösungsvariante für eine rein digitale Signalverarbeitung an, die im folgenden betrachtet werden soll.

- Ansteuerautomat mit digitaler Stromzweipunktregelung

Die Struktur enthält eine Ablaufsteuerung, einen Vergleicher und den eigentlichen Ansteuerautomaten (Bild 6.39).

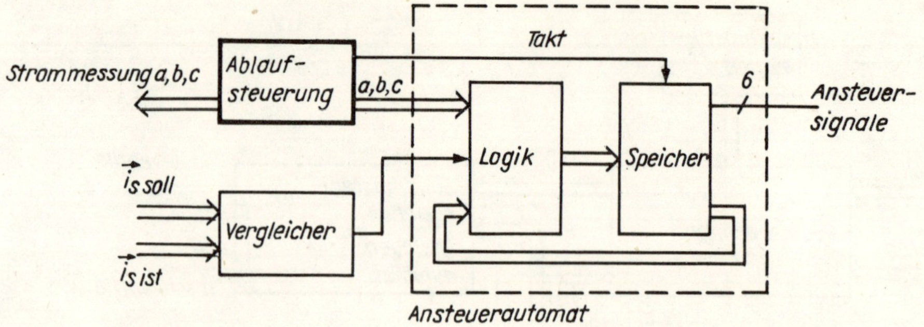

Bild 6.39. Ansteuerautomat mit digitaler Zweipunktstromregelung

Die Ablaufsteuerung muß die minimale und die maximale Abtastzeit und die notwendige Einschaltzeit eines Ventils gewährleisten. Die minimale Abtastzeit bei zyklischer Abfrage der Phasengrößen muß größer als die Summe der Eigenzeit der Komponenten des Stromreglers sein:

$$T_{min} > t_{ADU} + t_{AMUX} + t_i, \tag{6.75}$$

wobei t_{ADU} die AD-Umsetzzeit,

t_{AMUX} die Einschwingzeit des Analogmultiplexers,

t_i die Rechenzeit des Stromreglers

bedeuten.

Bei Verwendung eines Einchiprechners (z. B. CPU 4) wird T_{min} vor allem durch die Rechenzeit t_i bestimmt; bei Anwendung einer frei programmierbaren Hardwarestruktur /6.33/ durch die AD-Umsetzzeit. Die maximale Abtastzeit ergibt sich aus der zulässigen Schwankungsbreite des Stroms. Die minimale Einschaltzeit hängt von der Art der Wechselrichterventile ab. Bei Transistoren muß zum Beispiel der Kondensator der RCD-Beschaltung vollständig entladen werden.

Der Sollwert-Istwert-Vergleich liefert ein logisches Signal, das zusammen mit der Kodierung für den abgefragten Strangstrom im Ansteuerautomaten zur Impulsbildung verarbeitet wird.

Der Ansteuerautomat (Abschn. 5.2.4.1) realisiert neben der Impulsverteilung auch die erforderlichen Einschaltverzögerungen zur Vermeidung von Kurzschlüssen im Wechselrichter.

- Ansteuerautomat mit digitalem Pulsbreitenmodulator

Die Struktur läßt im wesentlichen einen Adreßwähler, einen Zündmusterspeicher mit Pulsmultiplexer und den Mooreautomaten erkennen (Bild 6.40).

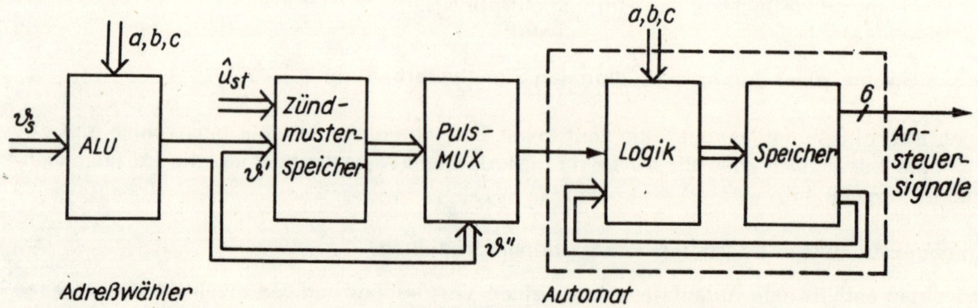

Bild 6.40. Ansteuerautomat mit digitalem Pulsbreitenmodulator

Der Adreßwähler ist auf den Ständerwinkel ϑ_S bezogen und stellt im Takt der zyklischen Phasenabfrage Adressen zur phasenrichtigen Zündwinkelauswahl zur Verfügung. Diese Adressen ermöglichen, zusammen mit einem entsprechend kodierten Signal für die Ständerspannungsamplitude, die Auswahl von Modulationsmustern im Zündmusterspeicher. Aus der vom Zündmusterspeicher ausgegebenen Bitmusterzeile wird im Pulsmultiplexer der benötigte Modulationspuls ausgewählt. Im Moore-Automaten wird dann durch Kombination des Phasenkodes mit dem Modulationspuls die aktuelle Verteilung der Zündimpulse für die Haupt- und Löschventile vorgenommen. Außerdem werden die notwendigen Verzögerungszeiten realisiert.

- Programmaufbau der Drehzahlregelung

Tafel 6.2. Programmablaufplan der Drehzahlregelung

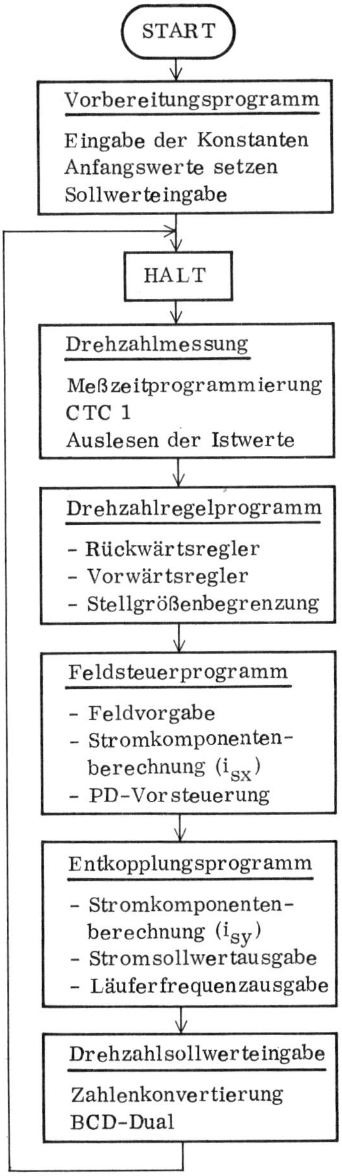

Das Drehzahlregelprogramm (Tafel 6.2) für einen Mikrorechner K 1520 enthält folgende Unterprogramme (die Stromregelung ist in diesem Programm nicht enthalten):

Eingabeprogramm: Durch dieses Programm wird die Eingabe neuer Sollwerte und aktueller Regler- und Streckenparameter verwirklicht. Außerdem erfolgt eine Konvertierung von BCD- in Dual-Kode; die Anfangswerte werden Null gesetzt.

Regelprogramm: Hier wird die Regelabweichung gebildet und der vorgegebene Regelalgorithmus unter Nutzung von bekannten Unterprogrammen für Multiplikation, Addition, Subtraktion, Begrenzung und Verschiebung abgearbeitet. Der PI-Algorithmus

$$G_R(z) = \frac{q_0 + q_1 z^{-1}}{1 - z^{-1}} \tag{6.76}$$

wird ersetzt durch

$$\omega_r(k) = \omega_r(k-1) + q_0 k_1 x_w(k) + q_1 k_2 x_w(k-1), \tag{6.77}$$

wobei ω_r die Stellgröße und

x_w die Regelabweichung darstellen.

Die Koeffizienten werden für $q_1 > 0$ zu

$$k_1 = 2^{-4} \quad \text{und} \quad k_2 = -2^{-4}$$

gewählt.

Für einen PID-Regler erhält man aus (6.70):

$$\omega_r(k) = \omega_r(k-1) + k_1 q_0 x_w(k) + k_2 q_1 x_w(k-1) + k_3 q_2 x_w(k-2) \tag{6.78}$$

mit $k_1 = 2^{-2}$; $k_2 = -2^{-10}$; $k_3 = -2^{-3}$; für $q_1, q_2 > 0$.

Feldvorgabeprogramm: In Abhängigkeit vom Drehzahlsollwert werden die in der Tabelle gespeicherten Werte für den Motorfluß entsprechend (3.45) abgefragt:

$$\psi_{rx} \approx \frac{k_i U_d}{L_m \omega_{soll}}$$

mit dem Stromgradienten bei konstanter Zwischenkreisspannung

$$k_i = \dot{i}_{sx}^2 + \dot{i}_{sy}^2.$$

Entkopplungsprogramm: Aus den Stellgrößen $\omega_r(k)$ und $\psi_{rx}(k)$ werden die Stromkomponenten i_{sx} und i_{sy} nach (3.45) berechnet und für die Koordinatentransformation (Strangstrom-Sollwertbildung) an die Arithmetikeinheit ausgegeben. Die Weiterverarbeitung der Stellgröße $\omega_r(k)$ zum elektrischen Läuferwinkel geschieht im Winkelmeßglied.

Meßzeit zur Drehzahlerfassung: Die Meßzeit wird durch einen CTC vorgegeben und ist in weiten Grenzen einstellbar. Die Nullimpulse liefern das Interruptsignal zur Unterbrechung des Meßzyklus und zum Starten des Regelalgorithmus.

- Programmaufbau einer Stromkomponentenregelung

Für die Zweikomponentenstromregelung ist der Programmablaufplan in Tafel 6.3 dargestellt.

Tafel 6.3. Programmablaufplan der Stromkomponentenregelung

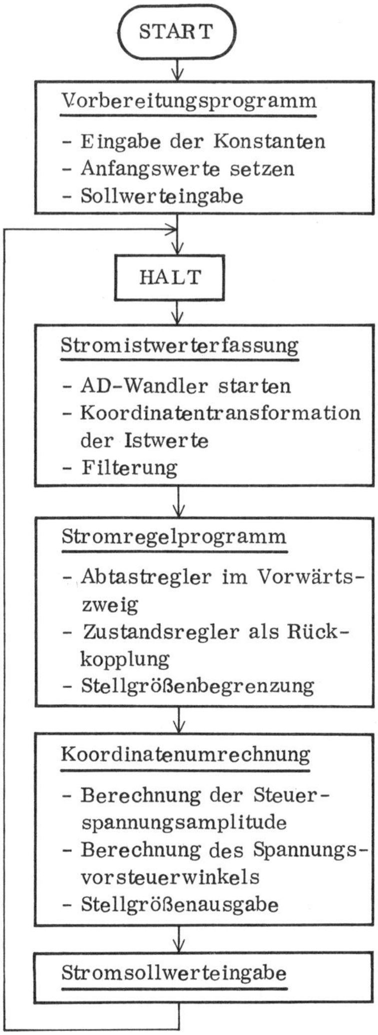

Folgende Unterprogramme sind abzuarbeiten:

Eingabeprogramm: Eingabe der Sollwertkomponenten i_{sx} und i_{sy} und der Reglerparameter.

Koordinatentransformation: Nach der Istwerterfassung müssen die Ständerströme in das feldorientierte Koordinatensystem transformiert werden. Im symmetrischen Drehstromsystem genügt die Messung von zwei Strömen. Es gilt deshalb

$$\begin{pmatrix} i_{sx} \\ i_{sy} \end{pmatrix} = \frac{2\sqrt{3}}{3} \begin{pmatrix} -\sin(\vartheta_s + \pi/3) & \sin\vartheta_s \\ \cos(\vartheta_s + \pi/3) & \cos\vartheta_s \end{pmatrix} \begin{pmatrix} i_{sa} \\ i_{sb} \end{pmatrix} . \tag{6.79}$$

Den Winkel ϑ_s liefert das Winkelmeßglied.

Stromregelalgorithmus: Entsprechend (6.61) werden die Stellgrößen u_{stx} und u_{sty} berechnet. Die Matrizengleichungen werden mit Unterstützung durch die Arithmetikeinheit gelöst, wobei die Parameter der Systemmatrix $\vec{A}_k$ und der Steuermatrix $\vec{B}_k$ in einem Speicher hinterlegt sind.

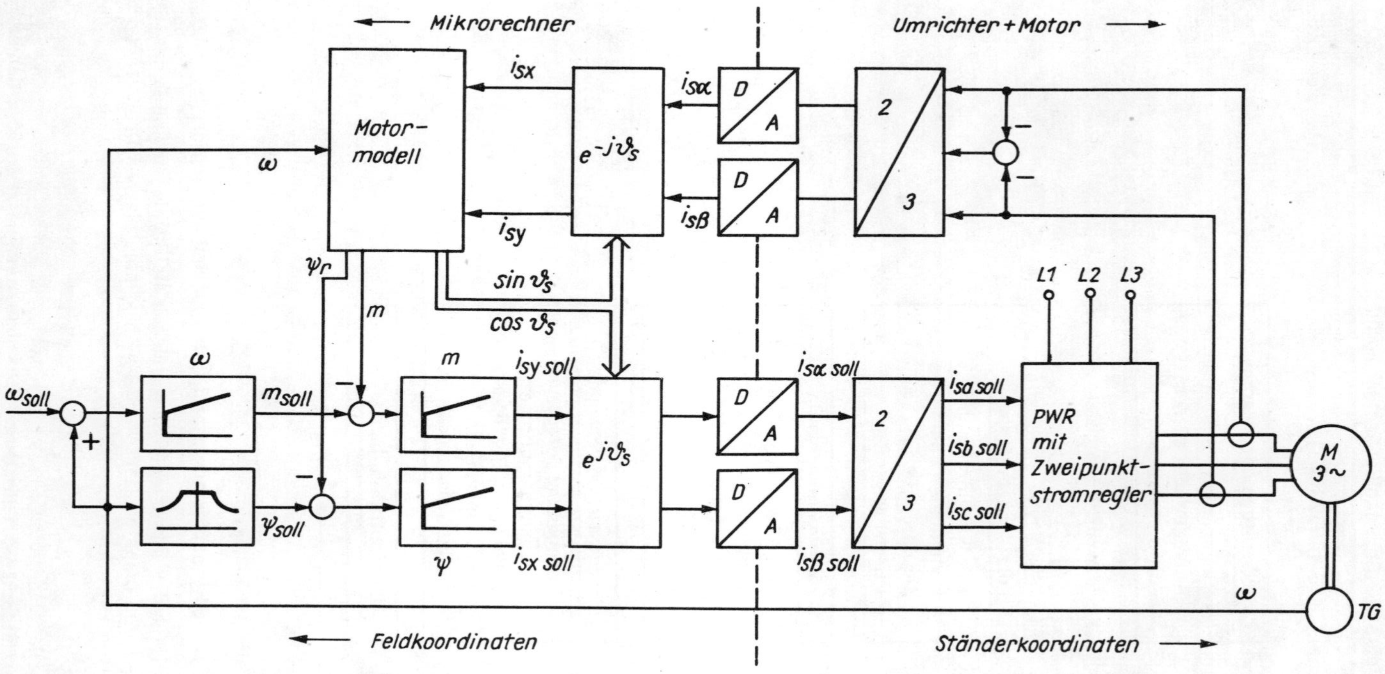

Bild 6.41. Feldorientierte Regelung mit Maschinenmodell

Polarkoordinatenumrechnung: Die Stellgrößen werden gemäß

$$\hat{u}_{st}(k) = \sqrt{u_{stx}^2(k) + u_{sty}^2(k)} \tag{6.80}$$

$$\varphi_u(k) = \arc\tan \frac{u_{sty}(k)}{u_{stx}(k)} \tag{6.81}$$

umgerechnet.

Ausgabeprogramm: Die Amplitude $\hat{u}_{st}(k)$ wird an den Ansteuerautomaten und der Steuerwinkel φ_u an das Winkelmeßglied ausgegeben.

Interrupt: Das Interruptsignal, das die Koordinatentransformation startet, wird vom Ansteuerautomaten geliefert; entweder als zündsynchrones Interruptsignal bezogen auf Strang a oder als neutrales Interruptsignal für einen bestimmten Winkel.

6.2.6. Regelungskonzept beim Einsatz von Mikrorechnern

Aus dem bisherigen Stand der Kenntnisse über die durchgängig digitale Signalverarbeitung in Regelungen lassen sich die Schlußfolgerungen ziehen, daß derartige Strukturen zukünftig ausschließlich mit Mikrorechnern (z. B. in Gestalt von Einchiprechnern) realisiert werden. Spezielle Hardwarelösungen werden nur einfacheren Varianten vorbehalten bleiben. Je nach Rechengeschwindigkeit, Signalverarbeitungsbreite und Speicherplatzbedarf werden Ein- oder Zweirechnersysteme vorherrschen. Die Funktionsaufteilung eines Zweirechnersystems kann folgendermaßen geschehen:

Reglerrechner (16 bit):
- Drehzahlregelung
- feldorientierte Steuerung
- Entkopplung
- Zweikomponentenstromregelung
- Koordinatentransformation
- Adaption

Ansteuerrechner (8 bit):
- Zweipunktstromregelung
- Pulsbreitenmodulation.

Die Mindestanforderungen an die Verarbeitungsbreite sind:

Drehzahl 16 bit	Ständerströme 8 ... 10 bit
Winkel 12 ... 16 bit	Steueramplitude 7 ... 8 bit
Schlupffrequenz 8 bit	Vorsteuerwinkel 8 ... 12 bit.

Zusätzlich haben die Rechner noch notwendige Steuer- und Überwachungsaufgaben zu übernehmen, die in gewissem Umfang Speicherkapazität und Rechenzeit beanspruchen. Diese Aufgaben bleiben hier jedoch unberücksichtigt.

Die notwendigen Verarbeitungszeiten liegen bei Stromregelungen bei 1 bis 2 ms. Die Drehzahlregelkreise kommen im allgemeinen mit Abtastzeiten von 6 bis 12 ms aus /6.33/ /3.17/, dagegen müssen die Entkopplungsalgorithmen bei Spannungssteuerung möglichst schnell (unter 1 ms) abgearbeitet werden.

Im Bild 6.41 /6.34/ ist nochmals das Prinzip der feldorientierten Regelung einer Asynchronmaschine dargestellt. Die Regelung verwendet ein Maschinenmodell zur Berechnung der Sollwerte für den Fluß (i_{sx}) und das Drehmoment (i_{sy}). Die Signale für Winkelgeschwindigkeit und Drehwinkel werden von einem analogen und einem digitalen Geber geliefert. Als Rechner wird ein leistungsfähiger 16-bit-Rechner (CPU 8086) eingesetzt /6.35/, der ein hohes Maß an interner Parallelverarbeitung aufweist und es gestattet, die gesamte Regelung des Asynchronmotors (einschließlich Stromregelung, Adaption der Läuferzeitkonstanten T_r und Modulation des Wechselrichters mit einer Pulsfrequenz von einigen kHz) zu übernehmen.

Literaturverzeichnis

Abschnitt 1

/1.1/ Abraham, L.; Heumann, K.; Koppelmann, F.: Zwangskommutierte Wechselrichter veränderlicher Frequenz und Spannung. ETZ-A 86 (1965) H. 8, S. 268 - 274

/1.2/ Steimel, K.: Unkonventionelle Thyristorelektronik. E und M 83 (1966) H. 10, S. 552 - 554

/1.3/ Abraham, L.; Koppelmann, F.: Die Zwangskommutierung - ein neuer Zweig der Stromrichtertechnik. ETZ-A 87 (1966) H. 18, S. 649 - 658

/1.4/ Heumann, K.: Elektronische Grundlage der Zwangskommutierung - neue Möglichkeiten der Stromrichtertechnik. E und M 84 (1967) H. 3, S. 99 - 112

/1.5/ Humphrey, A. J.: Inverter Commutation Circuits. IEEE-Trans. on IGA 4 (1968) H. 1, S. 104 - 110

/1.6/ Büchner, P.: Spannungskurvenformen selbstgeführter Wechselrichter bei aktiver Last. Elektrie 23 (1969) H. 8, S. 317 - 320

/1.7/ Bystron, K.: Einflüsse von Strom- und Spannungsoberschwingungen eines Zwischenkreisumrichters auf Asynchronmaschinen. Siemens-Zeitschr. 41 (1967) H. 3, S. 244 - 247

Abschnitt 2

/2.1/ Kovacs, K. P.; Raćz, I.: Transiente Vorgänge in Wechselstrommaschinen. Budapest: Verlag der Ungarischen Akademie der Wissenschaften 1959

/2.2/ Müller, G.: Elektrische Maschinen - Betriebsverhalten rotierender elektrischer Maschinen. Berlin: VEB Verlag Technik, Berlin (West), Offenbach: VDE-Verlag GmbH 1985

/2.3/ Schönfeld, R.; Habiger, E.: Automatisierte Elektroantriebe. 2. Auflage. Berlin: VEB Verlag Technik 1983, Heidelberg: Dr. Alfred Hüthig Verlag 1986

/2.4/ Hermeyer, A.: Einige Erkenntnisse über das Betriebsverhalten von Asynchron-Kurzschlußläufermotoren bei nichtsinusförmiger Speisespannung unter Berücksichtigung nichtlinearer Effekte in der Maschine. Dissertation A. TU Dresden 1981

/2.5/ Seefried, E.: Beitrag zur analytischen Darstellung des stationären Betriebsverhaltens eines frequenzgesteuerten Drehstromasynchronmotors bei nichtsinusförmiger Spannung und die technische Anwendung auf seinen Betrieb mit einem statischen Umformer. Dissertation. TU Dresden 1965

/2.6/ Büchner, P.: Verlustverhältnisse in Drehstrom-Asynchronmaschinen bei Speisung durch indirekte Umrichter. Der VEM-Elektroanlagenbau 3 (1967) H. 4, S. 190 - 193

/2.7/ Lagriader, H.: Gesichtspunkte für die Bemessung umrichtergespeister Asynchronmotoren für die Traktion. Brown-Boveri-Mitt. 57 (1970) H. 4, S. 152 - 167

/2.8/ Zweygbergk, S.; Sokolov, E.: Verlustermittlung im stromrichtergespeisten Asynchronmotor. ETZ-A 90 (1969) H. 23, S. 612 - 618

/2.9/ Pagano, E.; Isastia, V.; Perfetto, A.: Berechnungsrichtlinie umrichtergespeister Käfigläufer-Asynchronmotoren. ETZ-A 97 (1976) H. 10, S. 607 - 611

/2.10/ Zoubek, Z.; Valouch, V.: Nichtsinusförmige Speisung von Asynchronantrieben (in tschechischer Sprache). Elektrotechn. Obzor 65 (1976) H. 11, S. 641 - 649

/2.11/ Naunin, D.: Zur Berechnung des Drehmomentverlaufes einer Asynchronmaschine bei Speisung mit Rechteckströmen. ETZ-A 90 (1969) H. 8, S. 179 - 182

/2.12/ Körber, J.: Grundlegende Gesichtspunkte für die Auslegung elektrischer Triebfahrzeuge mit asynchronen Fahrmotoren. Elektr. Bahnen 45 (1974) H. 3, S. 52 - 59

/2.13/ Moritz, W. D.; Röhlk, J.: Drehstrom-Asynchronfahrmotoren für elektrische Triebfahrzeuge - Entwicklungs- und Auslegungskriterien. Elektr. Bahnen 50 (1979) H. 3, S. 65 - 71

Abschnitt 3
/3.1/ Wunsch, G.: Systemanalyse. Bd. 1. Berlin: VEB Verlag Technik 1972
/3.2/ Reinisch, K.: Kybernetische Grundlagen und Beschreibung kybernetischer Systeme. Berlin: VEB Verlag Technik 1974
/3.3/ Reinisch, K.: Analyse und Sythese kontinuierlicher Steuerungssysteme. Berlin: VEB Verlag Technik 1979
/3.4/ Bose, B. K.: Adjustable Speed AC Drives - A Technology Status Review. Proc. of the IEEE 70 (1982) H. 2, S. 116 - 135
/3.5/ Flügel, W.: Erweitertes Verfahren zur dynamisch richtigen Steuerung des Flusses bei der Drehzahlregelung von umrichtergespeisten Asynchronmaschinen. etz-a 99 (1978) H. 4, S. 185 - 188
/3.6/ Flügel, W.: Steuerung des Flusses von umrichtergespeisten Asynchronmaschinen über Entkopplungsnetzwerke. etz-Archiv 1 (1979) H. 12, S. 347 - 350
/3.7/ Weninger, R.: Verfahren zur dynamisch richtigen Steuerung des Flusses bei der Drehzahlregelung von Asynchronmaschinen mit Speisung durch Zwischenkreisumrichter mit eingeprägtem Strom. etz-Archiv 1 (1979) H. 12, S. 341 - 345
/3.8/ Hasse, K.: Zur Dynamik drehzahlgeregelter Antriebe mit stromrichtergespeisten Asynchron-Kurzschlußläufermaschinen. Dissertation Darmstadt 1969
/3.9/ Ender, H.: Beitrag zur Dynamik der wechselrichtergespeisten Asynchronmaschine und zur Dimensionierung des Regelsystems. Dissertation A. TU Dresden 1972
/3.10/ Schönfeld, R.; Seefried, E.; Ender, H.: Vergleichende Betrachtungen zum regelungstechnischen Verhalten frequenzgesteuerter Asynchronmaschinen. msr 21 (1979) H. 10, S. 595 - 599
/3.11/ Seefried, E.: Dynamisches Betriebsverhalten des frequenzgesteuerten Drehstrom-Asynchronmotors. msr 11 (1968) H. 2, S. 64 - 66
/3.12/ Naunin, D.: Die Darstellung des dynamischen Verhaltens der spannungsgesteuerten Asynchronmaschine durch ein komplexes VZ-2-Glied. Wiss. Ber. AEG-Telefunken 42 (1969) H. 1, S. 53 - 57
/3.13/ Schönfeld, R.; Habiger, E.: Automatisierte Elektroantriebe. 2. Auflage. Berlin: VEB Verlag Technik 1983, Heidelberg: Dr. Alfred Hüthig Verlag 1986
/3.14/ Habiger, E.: Übertragungsverhalten des Drehstrom-Schleifringläufers im Motorbetrieb und im Gleichstrombremsbetrieb. msr (1966) H. 9, S. 307 - 311
/3.15/ Habiger, E.: Einfluß der elektrischen Ausgleichsvorgänge auf das Übertragungsverhalten der Drehstrom-Asynchronmaschine. msr 10 (1967) H. 8, S. 303 - 308
/3.16/ Hofmann, W.; Seefried, E.: Frequenzgesteuerte Asynchronmotoren in geregelten Antrieben. Wiss. Z. TU Dresden 31 (1982) H. 4, S. 157 - 162
/3.17/ Seefried, E.: Neue Ergebnisse der Regelung von frequenzgesteuerten Asynchronmotoren. Elektrie 36 (1982) H. 9, S. 454 - 457
/3.18/ Sokolov, M. M.: Untersuchung elektromagnetischer Übergangsprozesse in Asynchronmotoren (in russischer Sprache. Električestvo 85 (1965) H. 12, S. 40 - 45
/3.19/ Naunin, D.: Ein Beitrag zur Darstellung und Berechnung des dynamischen Verhaltens von Drehfeldmaschinen unter besonderer Berücksichtigung der wechselrichtergespeisten Asynchronmaschine. Habilitationsschrift TU Berlin 1971
/3.20/ Schönfeld, R.: Das Signalflußbild der Asynchronmaschine. msr 8 (1965) H. 4, S. 122 - 128

Abschnitt 4
/4.1/ Abraham, L.; Heumann, K.; Koppelmann, F.: Wechselrichter zur Drehzahlsteuerung von Käfigläufermotoren. AEG-Mitt. 54 (1964) H. 1/2, S. 89 - 106
/4.2/ Heumann, K.; Stumpe, A.: Thyristoren. Stuttgart: B. G. Teubner 1969
/4.3/ Seefried, E.: Frequenzumformer mit Gleichstromzwischenkreis zur Speisung von Drehstrommaschinen. Elektrie 23 (1969) H. 1, S. 24 - 26
/4.4/ Schönung, A.; Stemmler, H.: Geregelter Drehstromumkehrantrieb mit gesteuertem Umrichter nach dem Unterschwingungsverfahren. BBC-Nachr. 46 (1964) H. 12, S. 699 - 722
/4.5/ Bedford, B. D.: Principles of Inverter Circuits. New York, London, Sidney: John Wiley & Sons 1964

/4.6/ McMurray, W.: SCR Inverter Commutated by an Auxiliary Impulse. Trans. AIEE ptI 83 (1964) H. 1, S. 824 - 829
/4.7/ Kohlhuber, E.: Selbstgeführter Umrichter mit Kommutierungsschwingkreis und Steuerung nach dem Unterschwingungsverfahren. BBC-Nachr. 46 (1964) H. 12, S. 694 - 698
/4.8/ Brenneisen, J.; Schönung, A.: Bestimmungsgrößen des selbstgeführten Stromrichters in sperrspannungsfreier Schaltung nach dem Unterschwingungsverfahren. ETZ-A 90 (1969) H. 14, S. 353 - 357
/4.9/ Brenneisen, J.; Futterlieb, E.; Müller, E.: A New Converter-Drive-System for a Diesel-Electric-Locomotive with Asynchronous Traction Motor. IEEE-Trans. on IA 9 (1973) H. 4, S. 482 - 490
/4.10/ Gumbrecht, P.; Hambach, J.; Hentschel, F.: Ein Pulsumrichter mit sanfter Kommutierung. Wiss. Ber. AEG-Telefunken 51 (1978) H. 1, S. 77 - 84
/4.11/ Bowes, S. R.; Mech, I. I.: New Sinusoidal Pulsewidth Modulated Inverter. Proc. IEE 122 (1978) H. 11, S. 1279 - 1285
/4.12/ Kronberg, M.: Beitrag zur Theorie der elektronischen Umformung von Gleichspannung in eine dreiphasige Wechselspannung und ihre technische Anwendung. Dissertation. TU Dresden 1967
/4.13/ Thorborg, K.: A Three-phase-inverter with Reactive Power Control. IEEE-Trans. on IA 9 (1973) H. 4, S. 473 - 481
/4.14/ Seefried, E.: Vergleichende Untersuchungen an frequenzgesteuerten Drehstromantrieben. Dissertation B. TU Dresden 1971
/4.15/ Bradley, D. A., u. a.: Adjustable-frequency Inverters and their Application to Variable-speed Drives. Proc. IEE 114 (1964) H. 11, S. 1833 - 1841
/4.16/ Krug, H.: Ein Umrichter zur Umformung einer einphasigen Wechselspannung in eine dreiphasige Wechselspannung zur Speisung von Drehfeldmaschinen. Elektrie 22 (1968) H. 12, S. 498 - 500
/4.17/ Deich, C. D.: Das stationäre Betriebsverhalten der Gleichstrommaschine mit elektrischem Kommutator. Elektrie 24 (1979) H. 9, S. 321 - 322
/4.18/ Krause, J.: Die Berechnung der Vorgänge bei Zwangskommutierung am Wechselrichter mit Phasenfolgelöschung. Elektrie 22 (1968) H. 9, S. 373 - 376
/4.19/ Seefried, E.: Vorausberechnung der Kommutierungseinrichtung eines Wechselrichters mit Phasenfolgelöschung bei vorgegebenen Ventilparametern. Der VEM-Elektroanlagenbau 3 (1967) H. 1, S. 29 - 35
/4.20/ Düll, E. H.; Golde, E.: Dreiphasenumrichter mit Gleichstromzwischenkreis 50/50 bis 500 Hz. AEG-Mitt. 54 (1964) H. 3/4, S. 165 - 171
/4.21/ Ueda, A., u.a.: GTO Inverter for AC Traction Drive. IEEE-Trans. on IA 19 (1983) H. 3, S. 343 - 348
/4.22/ Schröder, D.: Neue Bauelemente der Leistungselektronik. etz-Archiv 2 (1980) H. 17, S. 986 - 990
/4.23/ Roby, A. B.: Design Darlington Variable Frequency Inverters. Conf. Rec. on IEEE-IAS Annual Meeting 1976, S. 411 - 419
/4.24/ Bowler, P.: Power Transistors in Variable Speed Drives. Electronics and Power 24 (1978) H. 10, S. 730 - 736
/4.25/ Seefried, E.; Hofmann, W.: Wechselrichter zur Speisung von Asynchronmotoren auf der Basis von Leistungstransistoren. Elektrie 36 (1982) H. 5, S. 231 - 235
/4.26/ Melzer, F.: Transistorumrichter im Industrieeinsatz, Einsatzbeispiele und Erfahrungen. 10. Wiss. Konferenz d. Sektion Elektrotechnik der TU Dresden 1984, Reihe A, S. 41 - 47
/4.27/ Leitgeb, W.: Die Maschinenausnutzung von Stromrichtermotoren bei unterschiedlichen Phasenzahlen und Schaltungen. Archiv f. Elektrotechnik 57 (1975) H. 2, S. 71 - 84
/4.28/ Liska, M.: Elektrisch kommutierte Gleichstromkleinmotoren mit Permanenterregung. industrie-Elektrik + elektronik 19 (1974) H. 19, S. 405 - 410
/4.29/ Csaki, F.; Ganszky, K.; Ipsits, I.; Marti, S.: Power Electronics. Budapest: Verlag der Ungarischen Akademie der Wissenschaften 1975

/4.30/ Fischer, F.: Der Leistungstransistor als Bauelement der Energieelektronik. Elektrie 33 (1979) H. 4, S. 186, H. 5, S. 240

/4.31/ Handbuch Schalttransistoren. Firmenschrift Thomson CSF, Bereich Halbleiter, 1975

/4.32/ Boehringer, A.; Knöll, H.: Transistorschalter im Bereich hoher Leistungen und Frequenzen. etz 100 (1979) H. 13, S. 664 - 671

/4.33/ Schröder, D.: Selbstgeführter Stromrichter mit Phasenfolgelöschung und eingeprägtem Strom. ETZ-A 96 (1965) H. 11, S. 520 - 523

/4.34/ Agis, H.; Frey, H.: Drehzahlstellung von Käfigläufer-Asynchronmaschinen mit Stromzwischenkreisumrichter. ELIN-Zeitschr. 31 (1979) H. 4, S. 149 - 157

/4.35/ Moll, K.; Schulze, H.; Stoschek, J.: Umrichter mit Gleichstromzwischenkreis für industrielle Antriebe. BBC-Nachr. 60 (1978) H. 11, S. 485 - 492

/4.36/ Moll, K.; Schröder, D.: Applicable Frequency Range of Current Source Inverters. 2nd IFAC-Symposium Düsseldorf 1977, S. 231 - 234. Herausg. VDI/VDE - Gesellschaft für Meß- und Regelungstechnik Düsseldorf

/4.37/ Seefried, E.; Winkler, W.: Betriebserfahrungen mit einem Stromwechselrichter. Wiss.-techn. Informationen d. VEB Kombinat Automatisierungsanlagenbau 18 (1982) H. 4, S. 172 - 176

/4.38/ Backhaus, G.; Möltgen, G.: Kommutierung beim sechspulsigen selbstgeführten Wechselrichter für Betrieb mit eingeprägtem Strom. ETZ-A 90 (1969) H. 4, S. 327 - 331

/4.39/ Kampschulte, B.: Der Einfluß der Energiespeicher in Zwischenkreisumrichtern eines Asynchronmotorantriebes auf die Oberschwingungen. Archiv f. Elektrotechnik 62 (1980) H. 6, S. 359 - 367

/4.40/ Depenbrock, M.: Einphasen-Stromrichter mit sinusförmigem Netzstrom und gut geglätteten Gleichgrößen. ETZ-A 94 (1973) H. 8, S. 466 - 471

/4.41/ Stahn, A.: Statische Belastbarkeit und Überlastreserven von Thyristorstromrichtern unter besonderer Beachtung des Überstromschutzes bei Betrieb im Überlastbereich. Diss. A. TH Karl-Marx-Stadt 1978

/4.42/ Sone, S.: Solid-state traction controls of the economic point of balance. Railway Gazette International (1985) H. 6, S. 432 - 436

/4.43/ Lappe, R.; Conrad, H.; Kronberg, M.: Leistungselektronik. Berlin: VEB Verlag Technik, Heidelberg, Berlin, New York, Tokyo: Springer-Verlag 1987

Abschnitt 5

/5.1/ Schönung, A.; Stemmler, H.: Geregelter Drehstromumkehrantrieb mit gesteuertem Umrichter nach dem Unterschwingungsverfahren. BBC-Nachr. 46 (1964) H. 12, S. 699 - 722

/5.2/ Heintze, K.;Tappeiner, H.; Weibelzahl, M.: Pulswechselrichter zur Drehzahlsteuerung von Asynchronmaschinen. Siemens-Zeitschr. 45 (1971) H. 3, S. 154 - 161

/5.3/ Grant, D. A.: Technique for Pulse Dropping in Pulse Width Modulated Inverters. IEE Proc. B 128 (1981) H. 1, S. 67 - 72

/5.4/ Grand, D. A.; Seidner, R.: Ratio Changing in Pulse Width Modulated Inverters. IEE Proc. B 128 (1981) H. 5, S. 243 - 248

/5.5/ Grant, D. A.; Seidner, R.: Technique for Pulse Elimination in PWM Inverters with no Waveform Discontinuity. IEE Proc. B 129 (1982) H. 4, S. 205 - 210

/5.6/ Patel, H.; Hoft, R.: Generalized Techniques of Harmonic Elimination and Voltage Control in Thyristor Inverters. IEEE-Trans. on IA 9 (1973) H. 3, S. 310 - 317; 10 (1974) H. 5, S. 666 - 673

/5.7/ Mathys, P.: Microprocessor-Based Multimode Synchronous PWM. ETG-Fachber. Darmstadt Oktober 1982

/5.8/ Pollmann, A.; Gabriel, R.: Zündsteuerung eines Pulswechselrichters mit Mikrorechner. Regelungstechn. Praxis 22 (1980) H. 5, S. 145 - 150

/5.9/ Windmöller, R.: Sechsphasiger Pulsbreitenmodulator. Regelungstechn. Praxis 22 (1980) H. 5, S. 139 - 145

/5.10/ Seefried, E.; Müller, R.; Winkler, W.: Optimierte Steuerungsverfahren für Zwischenkreisumrichter. Elektrie 37 (1983) H. 10, S. 530 - 533

/5.11/ Hermeyer, A.: Einige Erkenntnisse über das Betriebsverhalten von Asynchronkurzschlußläufermotoren bei nichtsinusförmigen Speisespannungen unter Berücksichtigung nichtlinearer Effekte in der Maschine. Dissertation A. TU Dresden 1980

/5.12/ Weninger, R.: Einfluß der Maschinenparameter auf Zusatzverluste, Momentoberschwingungen und Kommutierung bei der Umrichtereinspeisung von Asynchronmaschinen. Archiv f. Elektrotechn. 63 (1981) H. 1, S. 19 - 29

/5.13/ Benzing, R.: Über den Einfluß von spannungseinprägenden Pulsumrichtern auf den Betrieb von Käfigläufermotoren. Dissertation. TH Darmstadt 1978

/5.14/ Feldmann, U.: Verluste in umrichtergespeisten Bahnmaschinen. Archiv f. Elektrotechn. 61 (1979) H. 4, S. 229 - 236

/5.15/ Winkler, W.: Steuerung von Pulsumrichtern und Stromwechselrichtern zur verlustgünstigen Speisung von Asynchronmotoren mit Kurzschlußläufer. Dissertation A. TU Dresden 1984

/5.16/ Kleine Enzyklopädie Mathematik. Leipzig: VEB Bibliographisches Institut 1977

/5.17/ Köllensperger, D.; Tevar, K.: Stromrichtermotoren größerer Leistung. Siemens-Zeitschr. 43 (1969) H. 8, S. 686 - 690

/5.18/ Kutman, T.: Optimierung des Pulsbetriebes beim Umrichter mit eingeprägtem Zwischenkreisstrom. etz-Archiv 1 (1979) H. 7, S. 223 - 228

/5.19/ Harders, H.: Das elektromechanische Verhalten der stromrichtergespeisten Asynchronmaschine im schwingungsfähigen Antriebssystem. Dissertation. TH Aachen 1979

/5.20/ Lienau, W.; Müller-Hellmann, A.: Möglichkeiten zum Betrieb von stromeinprägenden Wechselrichtern ohne niederfrequente Oberschwingungen. ETZ-A 97 (1976) H. 11, S. 663 - 667

/5.21/ Andresen, Ch.; Bienick, K.; Pfeiffer, R.: Pendelmomente und Wellenbeanspruchungen von Drehstrom-Käfigläufermotoren bei Frequenzumrichterspeisung. etz-Archiv 4 (1082) H. 1, S. 25 - 33

/5.22/ Robertson, St.; Hebbar, K. M.: Torque Pulsations in Induction Motors with Inverter Drives. IEEE-Trans. on IA 6 (1971) H. 1, S. 539 - 544

/5.23/ Winkler, W.; Seefried, E.: Ansteuerung eines Stromwechselrichters mit einem Einchiprechner. Elektrie 39 (1985) H. 5, S. 181 - 183

Abschnitt 6

/6.1/ Schönfeld, R.; Habiger, E.: Automatisierte Elektroantriebe. 2. Auflage. Berlin: VEB Verlag Technik 1983, Heidelberg: Dr. Alfred Hüthig Verlag 1986

/6.2/ Schönung, A.; Stemmler, H.: Geregelter Drehstromumkehrantrieb mit gesteuertem Umrichter nach dem Unterschwingungsverfahren. BBC-Nachr. 46 (1964) H. 12, S. 699 - 722

/6.3/ Schönfeld, R.: Stationäres und dynamisches Verhalten von Drehfeldmaschinen bei Speisung über ruhende Frequenzumformer. Elektrie 23 (1969) H. 6, S. 248 - 251

/6.4/ Schwarz, H.: Mehrfachregelungen. Bd. 1 u. 2. Berlin: Springer Verlag 1967 und 1971

/6.5/ Moré, W.: Asynchronmaschinen mit Strom-Nullsystemüberlagerung am vereinfachten Direktumrichter mit Beiträgen zur Struktur und Dynamik von Maschine und Umrichter. Dissertation. TH Darmstadt 1978

/6.6/ Bühler, H. R.: Einführung in die Theorie geregelter Drehstromantriebe. Bd. 1: Einführung; Bd. 2: Anwendungen. Stuttgart, Basel: Birkhäuser-Verlag 1978

/6.7/ Moll, K.; Schulze, H.; Steschek, J.: Umrichter mit Gleichstromzwischenkreis für industrielle Antriebe. BBC-Nachr. 60 (1978) H. 11, S. 485 - 492

/6.8/ Agis, H.; Frey, H.: Drehzahlstellung von Käfigläufer-Asynchronmaschinen mit Stromzwischenkreisumrichter. ELIN-Zeitschr. 31 (1979) H. 4, S. 149 - 157

/6.9/ Blaschke, F.: Regelung umrichtergespeister Asynchronmaschinen mit eingeprägtem Ständerstrom. Siemens-Zeitschr. 42 (1968) H. 9, S. 773 - 777

/6.10/ Zinser, A. S. S.: Ein neues System statischer Zwischenkreis-Frequenzumrichter zur Drehzahlregelung von Drehstrom-Asynchronmotoren. Firmenschrift Zinser AG 1979

/6.11/ Blaschke, F.: Das Verfahren der Feldorientierung zur Regelung der Asynchronmaschine. Siemens Forschungs- und Entwicklungsberichte 1 (1972)H. 1, S. 184 - 193
/6.12/ Blaschke, F.: Das Prinzip der Feldorientierung, die Grundlage für die TRANSVEKTOR-Regelung von Drehfeldmaschinen. Siemens-Zeitschr. 45 (1971) H. 10, S. 757 - 760
/6.13/ Langweiler, F.; Richter, M.: Flußerfassung in Asynchronmaschinen. Siemens-Zeitschr. 45 (1971) H. 10, S. 768 - 771
/6.14/ Hasse, K.: Zur Dynamik drehzahlgeregelter Antriebe mit stromrichtergespeisten Asynchron-Kurzschlußläufermaschinen. Dissertation. TH Darmstadt 1969
/6.15/ Jötten, R.: Dynamisches Verhalten stromrichtergespeister Asynchronmaschinen. ETG-Fachtagung Berlin (West) 1979
/6.16/ Ender, H.: Beitrag zur Dynamik wechselrichtergespeister Asynchronmaschinen. Dissertation A. TU Dresden 1972
/6.17/ Jötten, R.: Signalverarbeitung für die Regelung umrichtergespeister Drehstrommaschinen. 1. IFAC-Symposium Regelung und Steuerung in der Leistungselektronik und bei elektrischen Antrieben. Düsseldorf 1974
/6.18/ Warnecke, K. F.: Wechselwirkung zwischen Umrichter, Signalverarbeitung und Regelung bei einem Stromrichtermotor mit Käfigläufer. Dissertation. TH Darmstadt 1976
/6.19/ Garces, L. J.: Ein Verfahren zur Parameteranpassung bei der Drehzahlregelung der umrichtergespeisten Käfigläufermaschine. Dissertation. TH Darmstadt 1978
/6.20/ Brodovskij, V.: Antriebe mit Strom-Frequenzsteuerung (in russischer Sprache). Moskva: Verlag Energija 1974
/6.21/ Petrova, I. I.: Automatisierter Elektroantrieb (in russischer Sprache). Moskva: Verlag Energija 1978
/6.22/ Flügel, W.: Steuerung des Flusses von umrichtergespeisten Asynchronmaschinen über Entkopplungsnetzwerke. etz-Archiv 1 (1979) H. 12, S. 347 - 350
/6.23/ Flügel, W.: Erweitertes Verfahren zur dynamisch richtigen Steuerung des Flusses bei der Drehzahlregelung von Asynchronmaschinen. ETZ-A 99 (1978) H. 4, S. 185 - 189
/6.24/ Schönfeld, R.: Grundlagen der automatischen Steuerung. Berlin: VEB Verlag Technik, Heidelberg: Dr. Alfred Hüthig Verlag 1984
/6.25/ Hofmann, W.: Entwurf und Eigenschaften der digitalen Vektorregelung von Asynchronmaschinen bei gesteuertem Rotorfluß. Dissertation A. TU Dresden 1984
/6.26/ Kreisselmeier, G.; Steinhauser, R.: Zur Berücksichtigung der Stellausschläge bei der Anwendung des Polvorgabeverfahrens. Regelungstechnik 27 (1979) H. 7, S. 209 - 212
/6.27/ Preuss, H. P.: Störungsunterdrückung durch Zustandsregelung. Regelungstechnik 28 (1980) H. 7, S. 227 - 231, H. 8, S. 266 - 271
/6.28/ Schwarz, H.: Optimale Regelung und Filterung. Berlin: Akademie-Verlag 1981
/6.29/ Schneider, G.: Über die Beschreibung von Abtastsystemen im transformierten Zeitbereich. Regelungstechnik 25 (1977) H. 9, S. A 26 - A 28, H. 10, S. A 29 - A 32
/6.30/ Habel, F.: Ein Verfahren zur Bestimmung der Parameter von PI-, PD- und PID-Reglern. Regelungstechnik 28 (1980) H. 6, S. 199 - 205
/6.31/ Gabriel, R.; Leonhard, W.: Microprocessor Control of Induction Motors. Conf. Rec. IEEE Annual Meeting 1982, S. 385 - 396
/6.32/ Kazmierkowski, M. P.; Köpcke, H. J.: Ein Analoger Echtzeitrechner zur Untersuchung und Regelung von umrichtergespeisten Drehstromantrieben. etz-Archiv 4 (1984) H. 6, S. 171 - 176
/6.33/ Hofmann, W.; Seefried, E.: Frequenzgesteuerte Drehstromasynchronmotoren in geregelten Antrieben. Wiss. Zeitschr. TU Dresden 31 (1982) H. 4, S. 157 - 162
/6.34/ Leonhard, W.: Einsatz der Mikroelektronik zur Regelung elektrischer Drehstromantriebe. 10. Wiss. Konferenz d. Sektion Elektrotechnik d. TU Dresden 1984, Reihe A, S. 5 - 11
/6.35/ Schumacher, W.; Leonhard, W.: Transistor-fed AC Servo Drive with Microprocessor Control. Proc. Internat. Power Electronics Conf. Tokyo 1983, S. 1465

/6.36/ Bergner, H.; Seefried, E.: Möglichkeiten der Wechselrichtersteuerung mit Einchiprechnern. Elektrie 39 (1985) H. 7, S. 267 - 270
/6.37/ Kaźmierkowski, M. P.; Köpcke, H. J.: Ein Vergleich dynamischer Eigenschaften verschiedener Steuer- und Regelverfahren für umrichtergespeiste Asynchronmaschinen. etz-Archiv 4 (1982) H. 9, S. 269 - 277
/6.38/ Kaźmierkowski, M. P.; Köpcke, H. J.: Comparison of Dynamic Behaviour of Frequency Converter Fed Induction Machine Drives. IFAC Symposium Control in Power Electronics and Electrical Drives. Lausanne, 1983, S. 313 - 320
/6.39/ Kaźmierkowski, M. P.; Köpcke, H. J.: A Simple Control System for Current Source Inverter-fed Induction Motor Drives. Conf. Rec. on IEE-IAS Annual Meeting 1983, S. 588 - 595
/6.40/ Jardan, R. K.; Horvath, M.: Dynamic Behaviour of a Current-Source Inverter Drive Based on Direct Torque-Angle Control. 4. Leistungselektronik-Konferenz Budapest 1981, II S. 121 - 131
/6.41/ Becker, H.: Dynamisch hochwertige Drehzahlregelung einer umrichtergespeisten Asynchronmaschine. Regelungstechn. Praxis 15 (1973) H. 9, S. 217 - 221

Sachwörterverzeichnis